数据库原理及应用教程

（MySQL 8）

主　编●张　乾　王　娟

副主编●饶　彦　魏嘉银

潘仁龙　严晓波

清華大学出版社

北　京

内 容 简 介

本书以 MySQL 8 版本为平台，以图书管理系统的操作和管理为主线，通过案例和通俗易懂的语言，详细介绍了 MySQL 数据库的基础知识、基本操作、表的数据完整性、数据查询、索引及视图、数据库设计、MySQL 语言基础、存储过程、触发器与事件、事务与锁、用户与权限、数据备份与恢复、JDBC 数据库访问技术、数据库应用系统设计与开发实例等。

本书体系完整、内容丰富、可操作性强，涵盖了 MySQL 数据库的主要知识点，每章配备了大量的案例，所有案例均经过精心设计并予以验证，有助于读者理解和运用知识，达到学以致用的目的。本书包含配套课件、习题答案等配套资源。

本书既可以作为大学本科、高职高专院校计算机及相关专业的数据库原理与应用课程的教材，也可以作为数据库开发与应用人员、数据库爱好者的参考书。

图书在版编目（CIP）数据

数据库原理及应用教程：MySQL 8/张乾，王娟主编．—北京：清华大学出版社，2023.6
ISBN 978-7-302-63709-7

I．①数…　II．①张…　②王…　III．①SQL 语言－程序设计－教材　IV．①TP311.132.3

中国国家版本馆 CIP 数据核字（2023）第 102190 号

责任编辑：邓　艳
封面设计：刘　超
版式设计：文森时代
责任校对：马军令
责任印制：刘海龙

出版发行：清华大学出版社
网　　址：http://www.tup.com.cn，http://www.wqbook.com
地　　址：北京清华大学学研大厦 A 座　　**邮　　编：**100084
社 总 机：010-83470000　　**邮　　购：**010-62786544
投稿与读者服务：010-62776969，c-service@tup.tsinghua.edu.cn
质量反馈：010-62772015，zhiliang@tup.tsinghua.edu.cn
印 装 者：北京嘉实印刷有限公司
经　　销：全国新华书店
开　　本：185mm×260mm　　**印　　张：**17　　**字　　数：**403 千字
版　　次：2023 年 7 月第 1 版　　**印　　次：**2023 年 7 月第 1 次印刷
定　　价：59.80 元

产品编号：100612-01

前　言

中国共产党第二十次全国代表大会报告中明确指出“实施科教兴国战略，强化现代化建设人才支撑”“必须坚持科技是第一生产力、人才是第一资源、创新是第一动力，深入实施科教兴国战略、人才强国战略、创新驱动发展战略”。“数据库原理及应用”是聚数据库理论与应用技术为一体的教材，可以促进社会治理体系建设与社会治理能力提升，可以服务中华优秀传统文化传承，服务以人民为中心的发展思想等国家战略。

“数据库原理及应用”是计算机科学与技术、软件工程、数据科学与大数据技术、人工智能、数学与应用数学、统计学等专业的一门核心专业基础课，也是其他专业学生应学习的一门课程。随着互联网+、大数据、云计算等信息技术的快速发展，数据库课程的教学面临着诸多挑战，也迎来了前所未有的机遇。本课程的教学目标是：不仅要使学生掌握数据库的基本原理、应用、方法，更重要的是使学生能够将该课程与先修的高级语言程序设计结合起来，针对实际问题进行分析、设计和开发，具备开发数据库应用系统的能力；在素养方面，促进学生综合素养提升。

本书由长期担任数据库课程教学、具有丰富教学经验的一线教师编写。编者根据多年的实际教学经验，结合上述教学目标，在分析总结同类教材的基础上，编写了此书。本书针对性强，以提高学生的数据库应用能力为主要目的，基于 MySQL 8 采用案例教学的方式融入课程思政内容，由浅入深、循序渐进地讲解了 MySQL 数据库管理与开发过程中的知识。

本书体系完整、可操作性强，通过大量的例题对知识点应用进行示范，所有例题全部通过多次调试，内容涵盖了一个数据库应用系统要用到的主要知识，此外还以图书管理系统为例，介绍了系统分析、设计和开发过程，将数据库、软件工程和高级语言有机地结合起来，培养学生的实践能力。

本书共分为 14 章，各章的主要内容简单介绍如下。

第 1 章　数据库概述。介绍了数据库的基本概念、数据库系统的基本结构、数据模型、关系运算等。

第 2 章　MySQL 的安装与配置。以 MySQL 8 为例，介绍了 MySQL 的安装、配置、字符集配置以及图形管理工具 Navicat 的使用。

第 3 章　数据库和表的基本操作。介绍了数据库的创建及管理、数据表的创建及管理、增删改表数据等。

第 4 章　表的数据完整性。介绍了实体完整性、参照完整性、域完整性、用户自定义的完整性，以及如何管理这些完整性约束。

第 5 章　数据查询。介绍了简单查询、连接查询、子查询、组合查询及利用正则表达式进行查询。

第 6 章　索引及视图。介绍了索引及视图的基本概念、索引及视图的创建和管理、视图的应用等。

第 7 章　数据库设计。介绍了数据库设计的方法和步骤、概念结构设计和逻辑结构设计的方法、关系模式规范化理论，以及利用 PowerDesigner 工具进行数据库建模的方法。

第 8 章　MySQL 语言基础。介绍了 MySQL 的标识符、常量与变量、运算符与表达式、函数和流程控制语句等。

第 9 章　存储过程、触发器与事件。介绍了存储过程的创建及管理、触发器与事件的创建及应用。

第 10 章　事务与锁。介绍了事务的基本概念、事务的管理及应用、事务隔离级别的设置及应用、锁的基本概念、锁的分类及应用等。

第 11 章　用户与权限。介绍了 MySQL 的访问控制过程、用户管理、权限管理和角色管理等。

第 12 章　数据备份与恢复。介绍了数据库备份与还原、数据库迁移、表的导入和导出等。

第 13 章　JDBC 数据库访问技术。介绍了 JDBC 的工作原理、常用 API、JDBC 连接数据库的方法及案例等。

第 14 章　数据库应用系统设计与开发实例。介绍了图书管理系统的需求分析、概念结构设计、逻辑结构设计以及系统开发。

本书构思新颖、通俗易懂、案例丰富，既可作为大学本科、高职高专院校计算机及相关专业的数据库原理与应用课程的教材，也可作为数据库开发与应用人员、数据库爱好者的参考书。

本书由张乾、王娟、饶彦、魏嘉银、潘仁龙、严晓波编写，其中张乾编写第 1、2、12 章，王娟编写第 9、10、11 章，饶彦编写第 5、6 章，魏嘉银编写第 3、4 章，潘仁龙编写第 7、8 章，严晓波编写第 13、14 章。

本书在编写过程中，得到了贵州民族大学、清华大学出版社以及各位同事的支持和帮助，在此一并表示衷心的感谢。

本书属于 2022 年贵州省高等学校教学内容和课程体系改革项目：“新工科”背景下基于 OBE 教学模式的研究与实践——以“数据库课程设计”为例，2022 年贵州省金课“数据库系统与应用”，贵州省金师（教学名师），贵州民族大学 2022 年高等学校教学内容和课程体系改革项目：融课程思政与产出导向的“数据库原理及应用”教学改革与研究（GZMUJG202202）的阶段性成果，同时得到了贵州民族大学国家级一流专业数学与应用数学专业的支持。

由于编者水平有限、时间仓促，书中难免有疏忽和不妥之处，恳请广大读者批评指正。

编　者

目　　录

第 1 章　数据库概述

数据库是各种信息系统、应用程序及软件的核心和关键，也是信息科学技术的重要组成部分。数据库技术解决了信息处理过程中大量数据的组织、存储、管理、查询和统计等应用问题，使得在数据库系统中可以减少数据冗余，实现数据共享，保障数据一致性，实现数据快速检索及统计分析等。本章主要介绍数据库的概念、数据模型、关系运算等。

1.1　数据库的基本概念

数据库是便捷、高效、科学管理数据的重要平台，在大数据发展的背景下，数据库有效解决了海量数据管理、存储与应用的难题，因此被广泛应用于各行业领域。本节主要介绍信息与数据库、SQL 语言、数据库管理系统等。

1.1.1　信息与数据库

数据（data）是指描述事物属性的元素，包括金融数据、通信数据、教育数据等多种类型，同时数据具有多种形式，包括文本、图表、图像、声音、语言、视频等。而信息是按特定条件筛选的数据的集合，不仅具有存储、加工、传播等属性，还具有重要的使用价值。

数据库（database，DB）是由具有某些特性相互关联的数据组成的集合，可视为存储和管理数据的仓库，用户可对仓库中的数据进行增加、删除、修改等操作。同时，数据库具有数据结构化、共享化、独立性、统一性等特点。数据库不仅实现了面向整体的数据结构化管理，同时能够被多用户、多系统共享使用，并且数据库由数据管理员统一管理，因此极大地保障了数据的安全性、准确性与一致性，有效降低了数据丢失风险。

在实际应用中，可根据需求创建不同类型的数据库，例如银行可以创建一个用户数据库，将用户的姓名、出生日期、身份证号、账户金额等信息存放在一起，可以通过查询生成用户信息表、流水账单、交易明细表等；高校可以创建一个学生数据库，将学生的身份信息、上课时间、课程成绩等信息存放在一起，可以通过查询生成学生档案表、上课课表、成绩单等；同学可以建立一个就业信息数据库并发布，供同学们共享。

1.1.2　SQL 语言

SQL（structured query language，SQL）是一种用于程序设计以及数据查询、存取、更新的语言，不仅具有操作一体化、使用方式灵活、非过程化等特点，而且语言简洁、语法格式简单。SQL 语言主要由以下 6 部分组成。

（1）数据定义语言（data definition language，DDL），包括 CREATE、ALTER 和 DROP 等语句。DDL 的操作对象是数据库和表，主要用于创建和修改数据库、增加或删除表以及修改表的列或字段等。

（2）数据操作语言（data manipulation language，DML），包括 SELECT、INSERT、UPDATE 和 DELETE 等语句。DML 的操作对象是表中数据，主要用于插入、修改、删除表中数据等。其中，INSERT 语句用于向表中插入数据，UPDATE 语句用于修改表中数据，DELETE 语句用于删除表中一行、多行或全部数据。

（3）数据控制语言（data control language，DCL），包括 REVOKE、DENY 和 GRANT 等语句。DCL 的操作对象是数据库用户，主要用于设置和分配数据库用户或角色的操作权限。其中，REVOKE 语句用于回收数据库中当前用户或角色的权限，DENY 语句用于禁止数据库中当前用户或角色的权限，GRANT 语句用于分配数据库用户或角色权限。

（4）数据查询语言（data query language，DQL），主要为 SELECT 语句，常用 SELECT 语句与 FROM 和 WHERE 子句组合，用于查询表中数据。

（5）指针控制语言（cursor control language，CCL），包括 DECLARE CURSOR、FETCH INTO 和 UPDATE WHERE CURRENT 等语句。CCL 的操作对象是数据表，主要用于对一个或多个表进行单独的操作。

（6）事务处理语言（transaction processing language，TPL），包括 BEGIN TRANSACTION、COMMIT 和 ROLLBACK 等语句。TPL 的主要作用是保障每一条 DML 语句成功执行，从而使事务完成执行。

1.1.3 数据库管理系统

数据库管理系统（database management system，DBMS）是一种用于数据库管理的系统平台，由相互关联数据的集合和管理数据的程序模块组成。数据库管理系统设计的主要目的是方便、高效地管理海量数据，极大地提高了数据使用和维护的效率，不仅可以根据实际需求创建或删除数据库，还可对数据库对象进行管理。随着数据管理技术的不断发展，出现了多种数据库管理系统，较为常用的有 MySQL、SQL Server、Oracle 等。

数据库管理系统程序模块主要由存储管理程序、查询处理程序、事务管理程序、恢复管理程序组成。存储管理程序用于存储空间分配和数据存储，可自动分配服务器硬盘空间，将数据存入服务器的数据库中。查询处理程序主要用于处理用户输入的查询语句，一般为 SQL 语句。通常一个事务对应一个具体的工作任务，例如银行的面向用户的储蓄业务，事务管理程序主要用于数据库的事务处理，可控制和管理事务并发问题，有效保障数据库管理系统事务执行。恢复管理程序主要用于数据库管理系统操作日志管理，可记录用户在数据库上进行的操作，当发生异常情况时，可将数据库中的数据恢复到发生异常情况前的状态。DBMS 架构如图 1.1 所示。

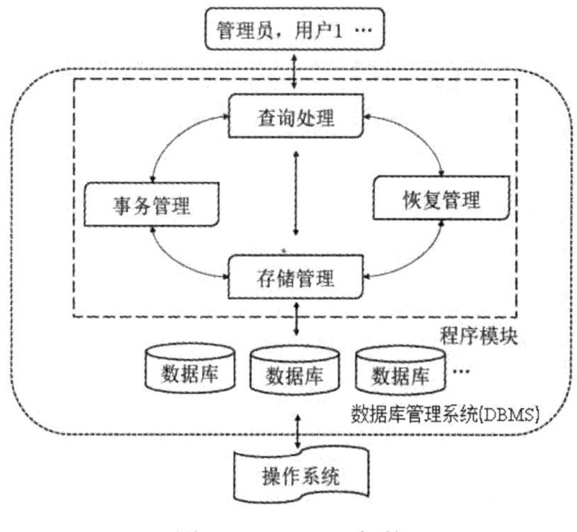

图 1.1　DBMS 架构

1.1.4　数据库系统

数据库系统（database system，DBS）是指引入数据库后的计算机应用系统。数据库系统通常包括硬件和软件，由数据库、数据库管理系统、应用程序及开发工具、数据库管理员（DBA）、用户等组成。

数据库、数据库管理系统、数据库系统的关系如图 1.2 所示，数据库系统的构成图示如图 1.3 所示。

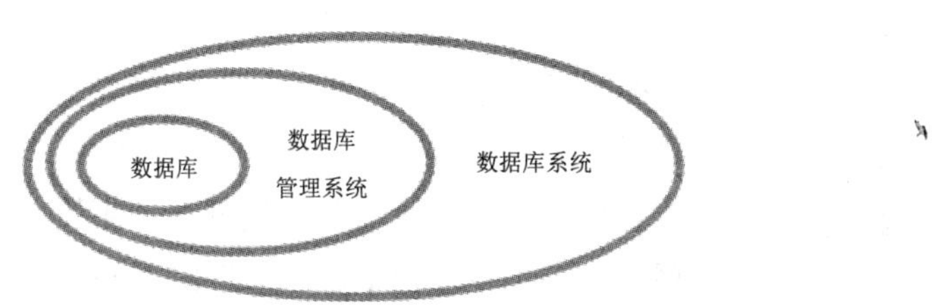

图 1.2　数据库、数据库管理系统、数据库系统的关系

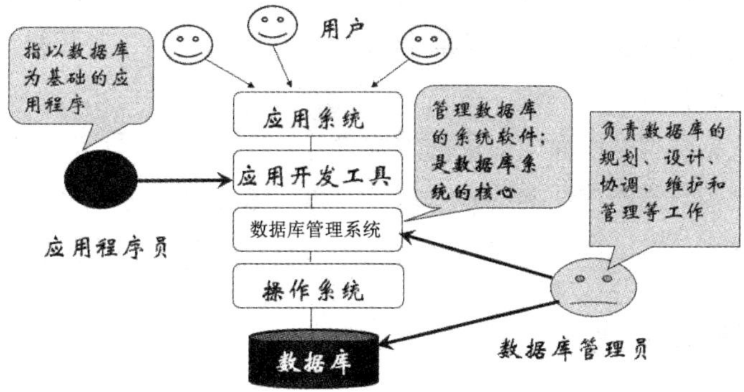

图 1.3　数据库系统的构成图示

1.2 数 据 模 型

数据模型是数据库的基础，包括网状型、层次型、关系型、面向对象型等类型，其中关系型数据模型是目前数据库系统常用的一种模型。本节主要介绍数据模型的类型、概念模型及其表示方法等。

1.2.1 数据模型简介

数据模型是数据库系统的核心，大多数数据库管理系统都是基于数据模型而设计的。数据模型一般由数据结构、数据操作、完整性约束条件 3 部分组成。其中，数据结构针对的是数据的类型、内容、特性以及数据间的关系，因此被用于描述数据库的静态特性；数据操作是指数据库中对象允许执行的操作，例如对数据表执行查询、删除、新增、修改等操作；为保证数据的准确性和相容性，完整性约束条件可规定数据库的状态以及状态变化时所应满足的条件。

按数据模型的特性进行划分，可将数据模型分为网状型、层次型、关系型和面向对象型，其中关系型数据模型是目前数据库系统常用的数据模型。

网状型数据模型是最早被用于数据库管理系统的数据模型，其采用网状结构表示实体以及实体间的联系，实体间的联系为多对多的联系（$m:n$），常用于处理数据类型为节点网状型数据模型的数据库。

层次型数据模型是仅次于网状型数据模型被用于数据库管理系统的数据模型，其采用树状结构表示实体间的联系，实体间的联系为一对多的联系（$1:n$）。层次型数据模型包含一个根节点以及多个子节点和叶节点，每个节点代表一个实体，除了叶节点，其他子节点不能脱离根节点而单独存在。在实际应用中，如果删除了根节点的数据，则子节点和叶节点的数据也会被删除。

关系型数据模型是使用数据表来表示实体间的联系，操作对象是二维表。关系型数据模型是目前使用最多的数据模型，许多数据库管理系统均使用该数据模型，如 MySQL、Oracle、SQL Server 等。

面向对象型数据模型是以面向对象的方式设计数据库系统，具有类和继承等特性。面向对象型数据模型的数据结构面向的是对象，并以对象为单位进行存储，其中每个对象包含对象的属性和联系。

1.2.2 概念模型及其表示

关系型数据库是建立在关系模型上的数据库系统，而关系模型由表及其中的联系组成，因此关系型数据库是由表组成的集合。例如在表 1.1 中记录了每个学生的基本信息，将一行的学号、姓名、年级联系在一起即可描述某个具体的学生，因此表中每一行代表了一种联系。

在关系模型的概念中，关系指对应的二维表。每一行代表一个实体，用元组指代表中的行。每一列代表一种属性，用属性指代表中的列，每个实体都有一个属性集合，能够唯一标识这个属性集合的属性或属性子集被称为主键。在数学领域中，某个元素的取值范围被称为值域，因此属性取值的集合被称为域，属性的取值可以是数字、文字、符号等。例如，在表 1.1 中每一行代表一个学生实体，有学号、姓名、年级 3 个属性，主键是“学号”，“学号”的域是所有学号的集合，“姓名”的域是所有学生姓名的集合，“年级”的域是学生所在年级的集合。

表 1.1　学生信息简况表

学　号	姓　名	年　级
2020001	张三	2020
2020002	李四	2020
2022003	王五	2022
…	…	…

设计数据库时，首先需要建立数据库的概念模型。用矩形表示实体，用椭圆表示实体的属性，并用直线将实体及其属性连接。在实际应用中，实体之间是存在联系的，分为一对一的联系（1∶1）、一对多的联系（1∶n）、多对多的联系（m∶n），用菱形表示实体间的联系，用直线将菱形与有关实体连接，并标注联系类型。概念模型的表示如图 1.4 所示。

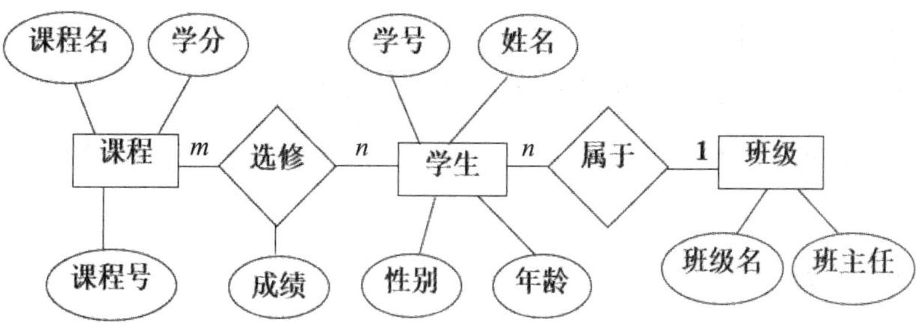

图 1.4　概念模型示例

1.3　关 系 运 算

关系运算是指作用于单个关系或多个关系最终得到运算结果为单个关系的运算方法，它也可作用于运算结果上。由前面的内容可知，关系模型中用关系指代表，那么关系运算实际上就是表格或表格之间的运算。由于关系是集合，因此可在关系上使用集合运算，如集合的并、交、差运算。

关系运算按运算符的不同可分为传统的集合运算和专门的关系运算两类。本节主要介绍专门的关系运算。

1.3.1　选择运算

选择运算是指从表中筛选出满足一定条件的记录组合为一张新表的运算，用符号σ表示。选择运算实质上是对表的行进行操作。

【例 1.1】 从学生信息表（见表 1.2）中查询 IS 系的全体学生。

$\sigma_{Sdept='IS'}(Student)$

或 $\sigma_{5='IS'}(Student)$

表 1.2　学生信息表 Student

Sno	Sname	Ssex	Sage	Sdept
95001	李勇	男	20	CS
95002	刘晨	女	19	IS
95003	王敏	女	18	MA
95004	张立	男	19	IS

1.3.2　投影运算

投影运算与选择运算类似，是从表中选出满足一定条件的列组合成一张新表，用符号Π表示。投影运算实质上是对表的列进行操作。

【例 1.2】 从学生信息表（见表 1.2）中选出学号和姓名列。

$\Pi_{Sno,Sname}(Student)$

1.3.3　连接运算

连接运算实质上是将两张表的行连接起来。它就是根据给定的条件，从两个已知的关系 R 和 S 的笛卡儿积中，选取满足连接条件的若干元组，组成一个新的关系。连接运算具体又分为以下几种。

（1）条件连接：选取满足条件的元组组成新关系。

（2）等值连接：选取满足等值条件的元组组成关系。

（3）自然连接：是一种特殊的等值连接，只不过它是选取满足公共属性等值条件的元组，组成关系。

【例 1.3】从学生信息表（见表 1.2）和选修表（见表 1.3）中查询李勇同学选修的课程号及成绩，结果如表 1.4 所示。

$$\Pi_{Cno,Score}(\sigma_{Sname='李勇'}(Student \bowtie SC))$$

表 1.3　选修表 SC

Sno	Cno	Score
95001	C1	89
95002	C2	88
95001	C3	90
95003	C2	92

表 1.4　连接运算的结果

Cno	Score
C1	89
C3	90

1.4　本章小结

本章介绍了数据库的基本概念、关系型数据库等，内容为数据库预备知识。通过本章的学习，读者可对数据库的基本概念和原理有较为清晰的认识。需要读者重点掌握的内容有 SQL 语言的基本组成、数据库系统的基本结构、关系运算、数据模型等。

1.5　本章练习

一、单选题

1. 数据库（DB）、数据库系统（DBS）和数据库管理系统（DBMS）之间的关系是（　　）。

　　A．DBS 包括 DB 和 DBMS　　B．DBMS 包括 DB 和 DBS

　　C．DB 包括 DBS 和 DBMS　　D．DBS 就是 DB，也就是 DBMS

2. （　　）是位于用户与操作系统之间的数据管理软件。

　　A．DBMS　　B．DBS　　C．DBA　　D．DB

3. 以下说法错误的是（　　）。

　　A．数据库中的数据是没有冗余的

　　B．数据库中的数据是长期存储的

　　C．数据库中的数据是按照一定方式组织的

　　D．数据库中的数据是可共享的

4．在关系数据库中，一个属性是指（　　）。

A．一个二维表　　B．表中的一行

C．表中的一列　　D．表中列的取值范围

5．以下选项中，不属于数据模型的是（　　）。

A．关系模型　　B．网状模型　　C．层次模型　　D．网络模型

6．在关系数据库中，一个关系是指（　　）。

A．一个二维表　　B．表中的一行　　C．表中的一列　　D．表中列的取值范围

7．数据模型通常由（　　）三要素构成。

A．网络模型、关系模型、面向对象模型

B．数据结构、网状模型、关系模型

C．数据结构、数据操纵、关系模型

D．数据结构、数据操纵、完整性约束

二、简答题

1．简述数据库系统的概念，并举例说明。

2．简述三种关系运算的特点。

第 2 章　MySQL 的安装与配置

MySQL 数据库支持 Windows、Linux、MacOS 等多个操作系统平台，因此被应用于多个领域，如银行金融、网站管理、高校教务管理等。本章主要介绍 MySQL 数据库在 Windows 系统平台的安装与配置。

2.1　MySQL 数据库介绍

数据库管理系统包括 MySQL、Oracle、SQL Server 等多种类型，其中 MySQL 数据库管理系统具有体积小、支持多线程和多平台等优点，因此被广泛应用于各行业的数据管理中。本节主要介绍 MySQL 数据库的发展和特性。

2.1.1　MySQL 的发展

1996 年，MySQL 1.0 版本发布，该版本为初始版，并不支持事务处理，因此只在小范围内发布和使用。经过不断发展，MySQL AB 公司于 1999 年成立，并开发出 BDB 引擎，至此 MySQL 开始支持事务处理；2000 年开发出 IDB 引擎，使得 MySQL 的事务处理能力更加强大。2003 年，MySQL 5.0 版本发布，MySQL 具备了视图和存储过程功能。2008 年，MySQL 5.1 版本发布，MySQL 具备了事件管理功能。2013 年至今，MySQL 由 5.7 版本升级到 8 版本。MySQL 8 是目前较为常用的版本。

MySQL 是一种可跨平台的小型数据库管理系统，并且支持多用户、多线程操作。MySQL 数据库管理系统不仅可在 Windows 系统平台上使用，还支持 Unix、Linux 及 Mac OS 等操作系统平台。由于 MySQL 具有体积小、运行速度快、运行维护成本低等特点，同时源代码是对外开放的，数据库设计人员可根据实际情况修改源代码，因此它被广泛应用于中小型企业数据管理以及中小型网站中。

2.1.2　MySQL 的特性

MySQL 数据库管理系统的源代码使用 C 语言和 C++编写，并且源代码具有较高的可移植性。MySQL 为 PHP、Java、Python 等编程语言提供 API 接口，可使普通用户、数据库管理员、开发人员使用更加方便，并且能够自动优化 SQL 查询语句，极大地提升了信息查询效率。

MySQL 具备所有数据库管理系统的常用功能，由于其采用多线程模式，不仅可以充分利用服务器资源，而且可以处理亿万条记录级的海量数据。MySQL 不仅可以作为独立的应用程序在服务器中运行，还可作为管理工具嵌入其他应用程序中，并且为用户提供了 TCP/IP、ODBC 及 JDBC 等多种数据库连接技术，同时为用户提供了多种存储引擎，以及优化和管理数据库操作的工具。

2.2　在 Windows 系统安装与配置 MySQL

Windows 系统的 MySQL 数据库有两个安装版本，一种是以.MSI 为后缀的图形向导版，另一种是以.ZIP 为后缀的直装版，两个版本的安装方法有略微差别。本节主要针对 MySQL 8.0 图形向导版（.MSI）的安装与配置进行介绍。

2.2.1　MySQL 的安装

1．安装准备

MySQL 数据库为用户提供了多个版本的安装包，本节主要以 MySQL 8.0 的安装为例进行介绍。在正式安装前，需要到官方网站找到需要安装的版本并下载，如图 2.1 所示。

图 2.1　MySQL 数据库下载页面

2．安装过程

（1）双击下载完成的安装包，弹出“打开文件-安全警告”界面，如图 2.2 所示。单击“运行”按钮进入安装类型界面。

（2）安装类型界面提供了 5 种安装类型供用户选择，默认选择 Developer Default 类型，如图 2.3 所示。Server only 表示仅作为服务器，Client only 表示仅作为客户端，Full 表示完全安装类型，Custom 表示自定义安装。

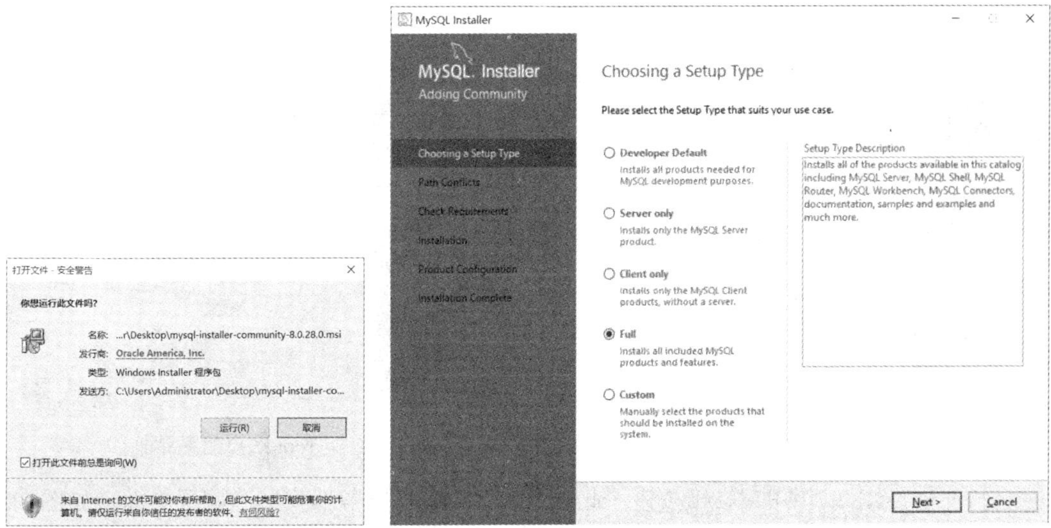

图 2.2　“打开文件-安全警告”界面　　图 2.3　安装类型界面

（3）单击图 2.3 中的“Next”按钮，此时会进入安装检测界面，主要检查服务器的软件安装，如图 2.4 所示。

（4）单击图 2.4 中的 Next 按钮，此时会弹出一个产品提示界面，但不会影响软件安装，如图 2.5 所示。

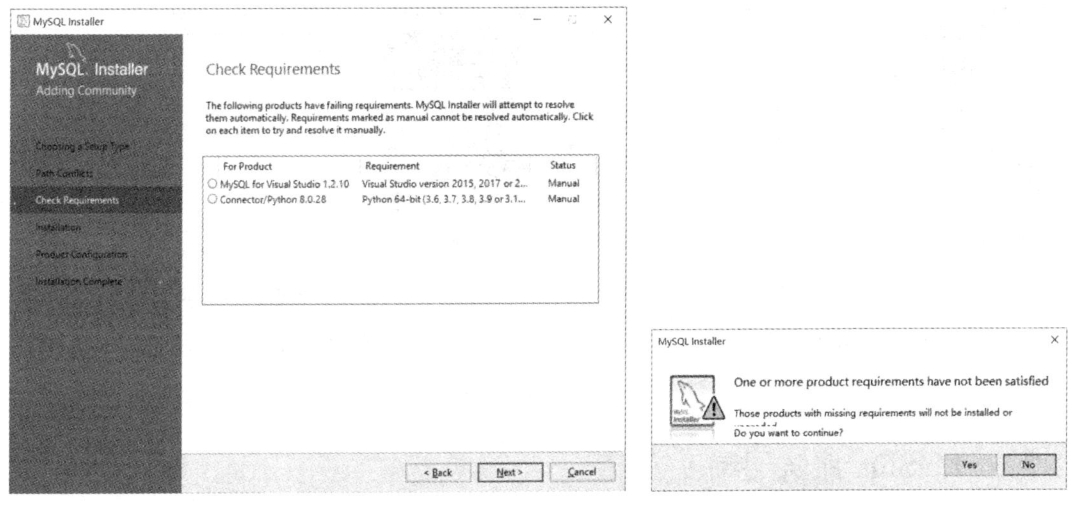

图 2.4　安装检测界面　　图 2.5　产品提示界面

（5）单击图 2.5 中的 Yes 按钮，进入将要安装或更新的应用程序界面，如图 2.6 所示。单击 Execute 按钮进入账户和角色配置界面。

（6）按要求设置 root 账户和密码，如图 2.7 所示。

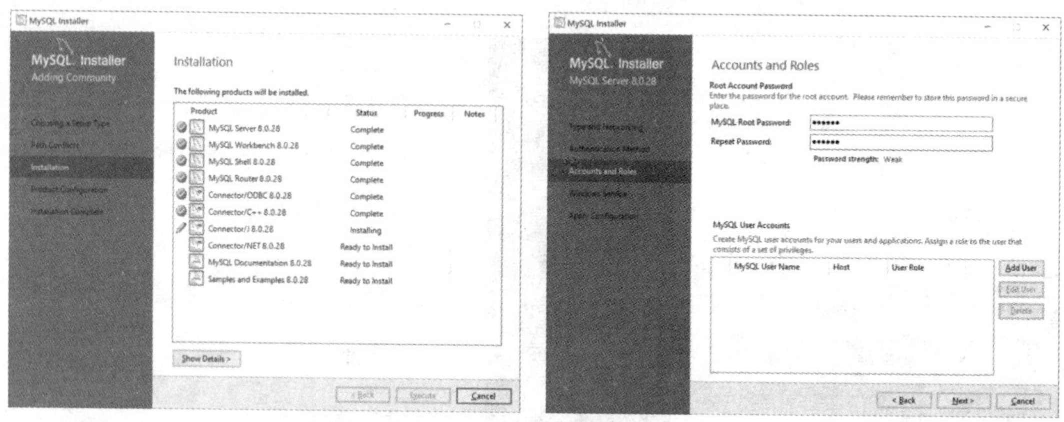

图 2.6　安装或更新的应用程序界面　　图 2.7　root 账户配置界面

（7）单击图 2.7 中的 Next 按钮，此时进入 MySQL 服务器安装和配置界面，如图 2.8 所示。此处用户只需要保持默认选项，按提示操作即可。安装和配置完成后的界面如图 2.9 所示。

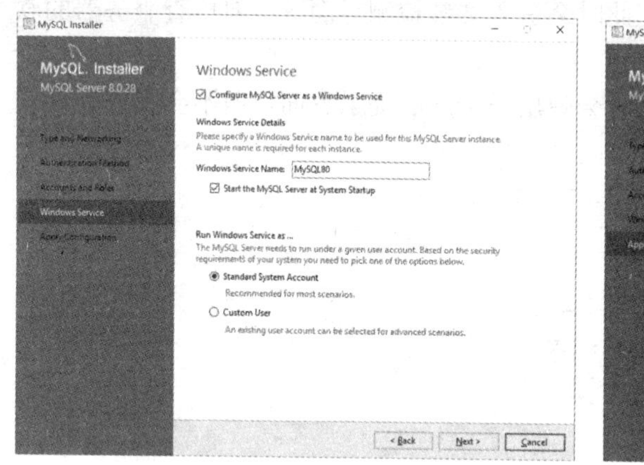

图 2.8　MySQL 服务器安装和配置界面

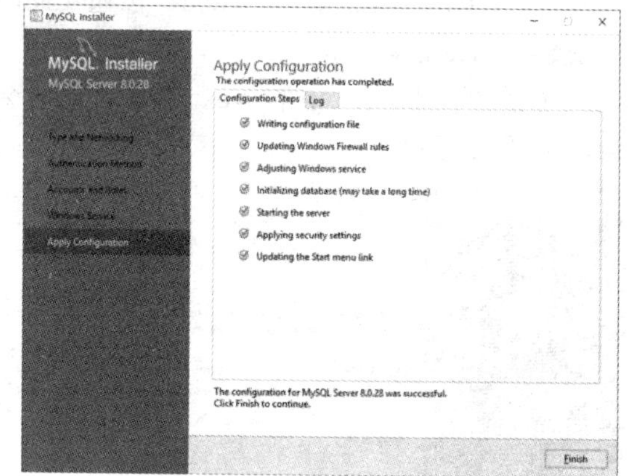

图 2.9　安装完成界面

（8）至此，MySQL 数据库的安装已经全部完成，单击图 2.9 中的 Finish 按钮运行 MySQL 数据库。

2.2.2　MySQL 服务配置

MySQL 数据库安装完成后，还必须进行环境配置才能正常使用，具体的配置过程如下。

（1）右击“此电脑”选择“属性”选项，在弹出的界面中选择“高级系统设置”选项，弹出“系统属性”对话框，如图 2.10 所示。

（2）在“系统属性”对话框中选择“高级”选项卡，单击“环境变量”按钮，弹出“环境变量”对话框，如图 2.11 所示。

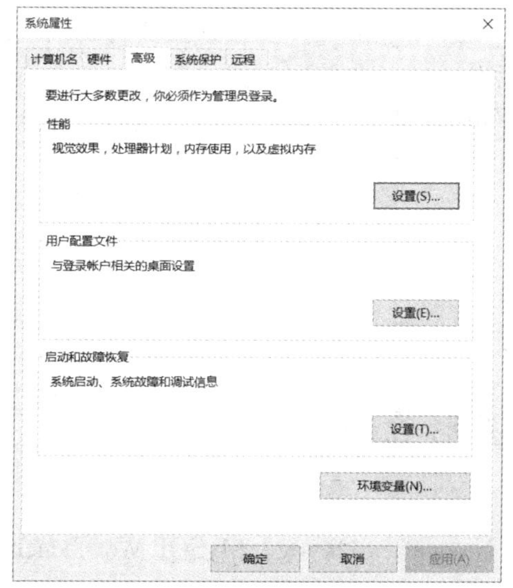

图 2.10　“系统属性”对话框

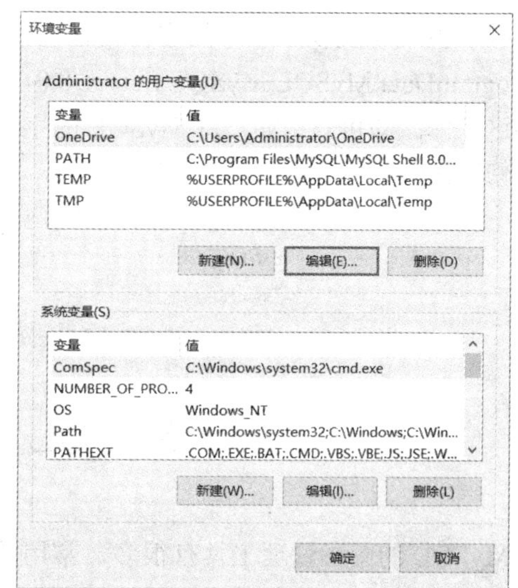

图 2.11　“环境变量”对话框

（3）在图 2.11 中首先选择“系统变量”中的 Path 选项，然后单击“编辑”按钮，弹出“编辑系统变量”对话框，最后将 MySQL 服务器的 bin 文件夹位置（C:\Program Files\MySQL\MySQL Server 8.0\bin）添加到“变量值”中，在添加环境变量时要用“;”与其他环境变量分隔开，如图 2.12 所示。添加完成后单击“确定”按钮即可。

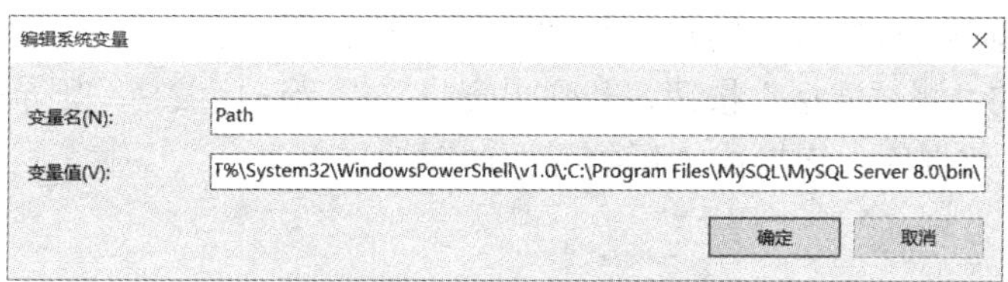

图 2.12　添加环境变量

（4）环境变量配置完成后，即可使用 MySQL 命令启动服务。

2.2.3　字符集配置

字符集是一套字符和编码规则的集合，字符集编码主要有 GBK、UTF8、UTF8MB4 等。MySQL 8.0 以上版本有 8 种字符集，在 MySQL 8.0 Command Line Client 中输入 show variables like '%char%';命令，可查看当前 MySQL 服务器支持的字符集，如图 2.13 所示。

Variable_name	Value
character_set_client	gbk
character_set_connection	gbk
character_set_database	utf8mb4
character_set_filesystem	binary
character_set_results	gbk
character_set_server	utf8mb4
character_set_system	utf8mb3
character_sets_dir	C:\Program Files\MySQL\MySQL Server 8.0\share\charsets\

图 2.13　查看当前 MySQL 服务器支持的字符集

MySQL 8.0 及以上版本的字符集配置信息存储于 my.ini 文件中，该文件的默认位置为 C:\ProgramData\MySQL\MySQL Server 8.0，如需修改字符集编码方式，在 my.ini 文件中按规则进行修改即可。例如，将 MySQL 的字符集编码设置为 utf8mb4，可将 my.ini 文件中的参数修改为：

```
[mysql]
default-character-set = utf8mb4
[mysqld]
character-set-server = utf8mb4
```

2.3　MySQL 的图形管理工具

MySQL 的图形管理工具有很多，常用的有 Navicat、SQLyog、MySQL Workbench 等。本节主要介绍 Navicat 的使用方法。

Navicat 是一套快速、可靠的数据库管理工具，它是以直觉化的图形用户界面而建立的，可以兼容 MySQL、Oracle、PostgreSQL、SQLite、SQL Server、MariaDB、MongoDB 等不同类型的数据库，支持多种操作系统。

下面以 Navicat 15 为例，演示其使用方法。打开软件后，在菜单栏中执行“文件”—“新建连接”—MySQL，打开“MySQL-新建连接”对话框，输入连接名（如 con_mysql)、主机名（或 IP 地址)、端口号、用户名和密码，如图 2.14 所示。

单击左下角的“测试连接”按钮，若弹出窗口，提示连接成功，则单击“确定”按钮，即可连接 MySQL 数据库，连接成功后的界面如图 2.15 所示。

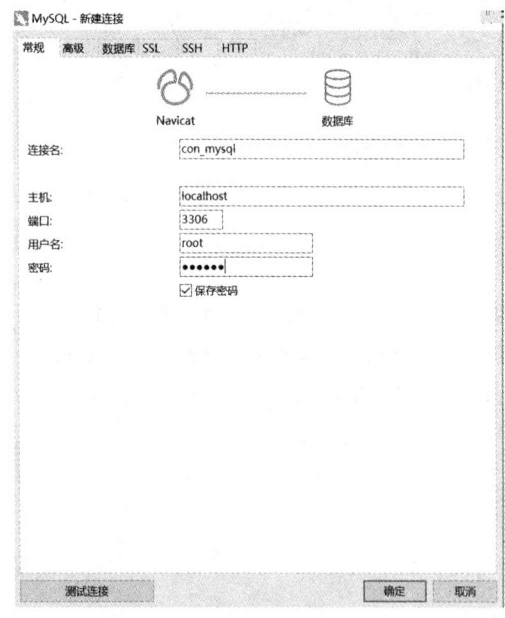

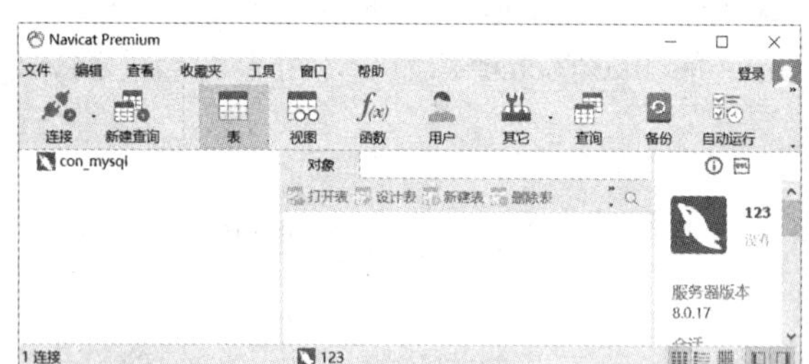

图 2.14　“MySQL-新建连接”对话框

图 2.15　Navicat 成功连接 MySQL 主界面

单击工具栏中的“新建查询”按钮，可以执行 SQL 语句。

2.4　本 章 小 结

本章主要以 MySQL 8.0 版本为例，详细介绍了 MySQL 在 Windows 系统上的安装方法、用户配置、环境变量设置以及字符集设置，还介绍了 MySQL 图形管理工具 Navicat 的使用方法，其中需要读者重点掌握的是用户配置和环境变量设置。

2.5　本 章 练 习

单选题

1．下列选项中，（　　）是配置 MySQL 服务器默认使用的用户。

A．admin　　B．scott　　C．root　　D．test

2．下列命令中，可以在命令提示符下启动 MySQL 服务器的命令是（　　）。

A．net start　　B．net start mysql

C．net stop mysql　　D．start mysql

3．下列命令中，可以在命令提示符下停止 MySQL 服务器的命令是（　　）。

A．net start　　B．net start mysql

C．net stop mysql　　D．start mysql

4．MySQL 数据库服务器的默认端口号是（　　）。

A．80　　B．8080　　C．3306　　D．1433

5．命令行客户端工具的选项中，（　　）用于指定连接的端口号。

A．-h　　B．-u　　C．-p　　D．-P

6．在命令窗口连接 MySQL 数据库的命令是（　　）。

A．mysql　-p root –u　　B．mysql　-u root -p

C．mysql　-u -p root　　D．mysql　root -u -p

7．以下选项中，不属于 MySQL 特点的是（　　）。

A．界面良好　　B．跨平台　　C．体积小　　D．速度快

第 3 章　数据库和表的基本操作

在数据库的管理与维护过程中，对数据库、数据表、数据的操作是管理者最为基础的必备能力，也是对数据库进行深入优化与运用的基础。

3.1　数据库操作

在数据库服务器中可以同时对多个数据库进行管理，根据应用系统对于数据管理的需要，可以将数据分门别类地存储在相应的一个或多个数据库中。常用的数据库操作有创建数据库、查看数据库、选择数据库、修改数据库和删除数据库等。

3.1.1　创建数据库

为了将数据交由数据库服务器进行自动化的组织与管理，首先需要创建一个数据库，以便在数据库服务器中划分一块专用的数据存储空间。在 MySQL 中，创建数据库的 SQL 语句为 CREATE DATABASE，其语法如下：

语法：创建数据库 CREATE DATABASE

```
CREATE {DATABASE | SCHEMA} [IF NOT EXISTS] db_name
    [create_option] ...
create_option: [DEFAULT] {
CHARACTER SET [=] charset_name
  | COLLATE [=] collation_name
  | ENCRYPTION [=] {'Y' | 'N'}
}
```

【注】上述语法中，用“{}”括起来的选项是必需的参数，例如：{DATABASE | SCHEMA}是指在执行语句时，必须输入 DATABASE 或 SCHEMA，在 MySQL 中 CREATE DATABASE 与 CREATE SCHEMA 的含义是相同的。用“[]”括起来的选项是非必需的参数，例如：[IF NOT EXISTS]是指在执行语句时，可以输入该选项，也可以不输入该选项。在“{}”和“[]”中的多个参数选项之间以“|”作为分隔符。

上述语法中各参数的含义如下：

（1）IF NOT EXISTS：在创建数据库之前先判断是否已经存在同名的数据库，若存在，则不进行数据库的创建操作，否则执行当前创建数据库的操作。

（2）db_name：所要创建数据库的名称，可以是由字母、数字和下画线组成的任意字符串，为了使用方便，建议采用能够比较好地揭示数据库中所存储数据用途的名称，而非毫无意义的字符串。另外，需要注意的是，在同一个数据库服务器中数据库名称不能重复。

（3）create_option：数据库创建选项，其中，CHARACTER SET 参数用于指定所创建数据库的默认字符集；COLLATE 参数用于指定所创建数据库的默认排序规则；ENCRYPTION 是在 MySQL 8.0.16 版本中引入的参数，用于指定默认数据库加密与否，允许的值为'Y'（启用加密）或'N'（禁用加密）。

【注】为避免中文无法插入或者出现乱码等问题，建议创建数据库的同时指定字符集 gbk 或 utf8；创建数据库后，MySQL 将在其 data 文件夹中自动创建一个与数据库同名的文件夹用于存储相关的数据文件。

【例 3.1】创建名为 library 的数据库用于存储图书馆的相关数据，并指定默认字符集为 utf8。

```
CREATE DATABASE library DEFAULT CHARACTER SET utf8;
```

或

```
CREATE DATABASE library DEFAULT CHARSET utf8;
```

上述语句执行完成后，会在 MySQL 的 data 文件夹中自动创建一个名为 library 的文件夹。在 MySQL 中可以使用如下语句查看其当前的 data 文件夹在系统中的具体位置。

```
SHOW   VARIABLES   LIKE   '%datadir%';
```

运行结果如图 3.1 所示。

```
mysql> SHOW VARIABLES LIKE '%datadir%';
+---------------+----------------------------------------+
| Variable_name | Value                                  |
+---------------+----------------------------------------+
| datadir       | C:\Program Files\mysql-5.7.19-winx64\data\ |
+---------------+----------------------------------------+
1 row in set (0.02 sec)
```

图 3.1　【例 3.1】运行结果

3.1.2　查看数据库

1. 查看系统中有哪些数据库

在 MySQL 服务器中可以同时对多个数据库进行组织和管理，为了查看当前数据库服务器有哪些数据库，可以使用 SHOW DATABASES 语句来实现，其语法如下：

语法：查看系统中有哪些数据库 SHOW DATABASES

```
SHOW {DATABASES | SCHEMAS}
 [LIKE 'pattern' | WHERE expr]
```

上述语法中各参数的含义如下：

（1）LIKE 'pattern'：指明根据'pattern'条件筛选当前数据库服务器中名称符合相应匹配

条件的数据库。

（2）WHERE expr：指明根据 expr 条件筛选当前数据库服务器中名称符合相应匹配条件的数据库。

【例 3.2】在当前数据库服务器中查看已有的所有数据库。

```
SHOW   DATABASES;
```

【例 3.3】在当前数据库服务器中筛选名称包含 lib 或等于 library 的数据库。

```
SHOW DATABASES LIKE '%lib%';
SHOW DATABASES WHERE 'Database' LIKE '%lib%';
SHOW DATABASES WHERE 'Database'='library';
```

2．查看指定数据库的详细信息

在创建好数据库之后，若要查看指定数据库在创建时的语句，可以使用 SHOW CREATE DATABASE 语句，其语法如下：

语法：查看指定数据库的详细信息 SHOW CREATE DATABASE

```
SHOW CREATE {DATABASE | SCHEMA} db_name;
```

上述语法中的 db_name 参数用于指定所要查看的数据库的名称。

【例 3.4】查看 library 数据库的创建语句信息。

```
SHOW   CREATE   DATABASE   library;
```

3.1.3 选择数据库

在 MySQL 中数据的存储是由数据库中的各个数据表来实现的，而一个数据库服务器可以同时对多个数据库进行组织和管理，因此在对 MySQL 中的数据表进行各类操作之前需要先选择相应的数据库。MySQL 中可以使用 USE 语句来选择数据库，其语法如下：

语法：选择数据库 USE

```
USE  db_name;
```

上述语法中的 db_name 参数用于指定所要选择的数据库的名称。

【例 3.5】选择 library 数据库。

```
USE   library;
```

3.1.4 修改数据库

数据库创建完成之后，若发现创建数据库时的某些参数设置不合适，例如数据库的默认字符集设置错误，可以运用 ALTER DATABASE 对数据库的相关参数进行修改，其语法如下：

语法：修改数据库 ALTER DATABASE

```
ALTER {DATABASE | SCHEMA} [db_name]
alter_option ...

alter_option: {
 [DEFAULT] CHARACTER SET [=] charset_name
 | [DEFAULT] COLLATE [=] collation_name
 | [DEFAULT] ENCRYPTION [=] {'Y' | 'N'}
 | READ ONLY [=] {DEFAULT | 0 | 1}
}
```

上述语法中各参数的含义如下：

（1）db_name：指定所要修改的数据库的名称。

（2）alter_option：指定所要修改的数据库的参数信息，其中：CHARACTER SET 用于修改字符集，COLLATE 用于修改数据库排序规则，ENCRYPTION 用于修改默认数据库加密与否。READ ONLY 参数是在 MySQL 8.0.22 中引入的，用于控制是否允许修改数据库及其中的对象。READ ONLY 参数在进行数据库迁移时非常有用，因为在正常迁移数据库到另一个 MySQL 服务器之前，若启用了该数据库的 READ ONLY 选项，则不必担心在迁移的过程中数据库可能会更改，从而确保迁移操作前后的数据库及其数据表内容是完全一致的。

【例 3.6】修改 library 数据库的默认字符集为 gbk。

```
ALTER DATABASE library DEFAULT CHARSET gbk;
```

3.1.5　删除数据库

当数据库使用完毕且数据库中的数据信息不再需要时，可以使用 DROP DATABASE 语句从数据库服务器中删除数据库并回收为该数据库所分配的存储空间，其语法如下：

语法：删除数据库 DROP DATABASE

```
DROP {DATABASE | SCHEMA} [IF EXISTS] db_name;
```

上述语法中各参数的含义如下：

（1）db_name：指定所要删除的数据库的名称。

（2）IF EXISTS：指明在删除数据库之前先对数据库是否存在进行判断，若存在名为 db_name 的数据库，则执行删除操作；若没有提供此参数且当前数据库服务器中不存在名为 db_name 的数据库，则执行 DROP DATABASE 语句时会报[1008] Can't drop database 'db_name'; database doesn't exist 的错误。

【例 3.7】删除 library 数据库。

```
DROP DATABASE IF EXISTS library;
```

3.2　数据表操作

在数据库中，所有的数据都存储在数据表中，因此创建数据库之后还无法真正实现对数据的组织与管理，为了能够实现对数据进行添加、查看、修改和删除等相关操作，需要在数据库中创建和维护相应的数据表。

3.2.1　MySQL 数据类型

在创建数据表时，需要为数据表的每一列（字段）指定一个数据类型以明确该列（字段）可以存储什么样的数据。为一张数据表的各个字段选择合适的数据类型，可以有效提升存储空间的利用率及对数据表的访问性能。

MySQL 提供的数据类型有数值类型、日期和时间类型、字符串（字符和字节）类型、地理空间类型、JSON 数据类型和复合数据类型，下面对这些数据类型进行介绍。

1．数值类型

MySQL 支持所有标准的 SQL 数值数据类型，其中，精确数值数据类型有整数类型（TINYINT、SMALLINT、MEDIUMINT、INT/INTEGER、BIGINT）、定点数据类型（DECIMAL 和 NUMERIC）和位值数据类型 BIT，近似数值数据类型（浮点数据类型）有 FLOAT、REAL 和 DOUBLE。

1）整数类型

MySQL 提供了 5 种整数类型：TINYINT、SMALLINT、MEDIUMINT、INT/INTEGER、BIGINT，这些类型所占的字节数依次增加，相应的可存储的数值范围也依次增大，具体如表 3.1 所示。

表 3.1　MySQL 的整数类型

类　型	存储空间/字节	有符号取值范围	无符号取值范围
TINYINT	1	-128～127	0～255
SMALLINT	2	-32 768～32 767	0～65 535
MEDIUMINT	3	-8 388 608～8 388 607	0～16 777 215
INT/INTEGER	4	-2 147 483 648～2 147 483 647	0～4 294 967 295
BIGINT	8	-2^{63}～$2^{63}-1$	0～$2^{64}-1$

由表 3.1 可知，不同整数类型所需的存储空间（字节数）不尽相同，TINYINT 所需的存储空间最小，而 BIGINT 所需的存储空间最大。根据各类型所占用的存储空间，结合计算机的二进制与十进制数值的转换关系，可以很容易地计算出其在存储有符号或无符号数值时的取值范围。例如：SMALLINT 所需的存储空间为 2 字节（即 2×8bit=16bit），在计算机中 1bit 可以存储的值为 0 或 1，因此 SMALLINT 在保存有符号数值时，其可存储的数值范围为-2^{15}～$2^{15}-1$（即-32 768～32 767）；保存无符号数值时，其可存储的数值范围为 0～

2^{16}-1（即 0～65535）。

【注】在 MySQL 中定义有符号数据类型时，直接使用相应类型的关键字来定义即可；在定义无符号数据类型时，需要在相应类型的关键字右边加上 UNSIGNED 关键字加以明确，如 TINYINT UNSIGNED。

2）定点数据类型

MySQL 支持两种定点数据类型：DECIMAL 和 NUMERIC。当应用中所需要保存的数据必须保持精确度时，如货币数据，则会使用这些数据类型来进行定义。在 MySQL 中 NUMERIC 被实现为 DECIMAL，因此两者是一致的。

在使用 DECIMAL 定义字段时，通常会使用 DECIMAL(M,D)的形式来定义以同时指定其精度 *M*（即存储数据的有效位数，不含小数点）和小数位数 *D*，例如 salary DECIMAL(5,2)，其中 5 表示精度，2 表示小数位数。若没有提供 *D* 或 *M*，则其 *D* 的默认值为 0，M 的默认值为 10。

3）位值数据类型

MySQL 中提供的位值数据类型是 BIT。BIT 类型用于保存二进制数据，例如 BIT(M) 可以存储一个有 *M* 位进制位的数据，*M* 的取值范围是 1～64。

在 MySQL 中，可以用 b'value'的形式来指定一个位值数据，其中 value 是仅含有 0 和 1 的二进制值，例如：b'111'和 b'10000000'分别对应十进制的 7 和 128。在赋值时，若提供的 value 位数小于定义列时指定的位数 *M*，则会自动在其左侧填充零以达到指定的 *M* 位。例如，在给数据类型定义为 BIT(6)的列赋值为 b'101'时，其结果等价于赋值为 b'000101'。

4）浮点数据类型

MySQL 中提供的浮点数据类型有 FLOAT、REAL 和 DOUBLE，其中 REAL 与 DOUBLE 是同义语，如表 3.2 所示。在 MySQL 中使用浮点数据类型定义字段时，与 DECIMAL 数据类型类似，可以采用 FLOAT(M,D)或 DOUBLE(M,D)的形式来定义以同时指定其精度 *M* 和小数位数 *D*，对于 FLOAT 而言，*M* 的取值范围是 0～23；对于 DOUBLE 而言，*M* 的取值范围是 24～53。

表 3.2　MySQL 的浮点数据类型

类　型	存储空间/字节	有符号取值范围	无符号取值范围
FLOAT	4	(−3.402 823 466 E+38，−1.175 494 351 E−38)，0，(1.175 494 351 E−38，3.402 823 466 351 E+38)	0，(1.175 494 351 E−38，3.402 823 466 E+38)
DOUBLE	8	(−1.797 693 134 862 315 7 E+308，−2.225 073 858 507 201 4 E−308)，0，(2.225 073 858 507 201 4 E−308，1.797 693 134 862 315 7 E+308)	0，(2.225 073 858 507 201 4 E−308，1.797 693 134 862 315 7 E+308)

2．日期和时间类型

MySQL 提供了 5 种日期和时间数据类型：DATE、TIME、DATETIME、TIMESTAMP 和 YEAR。MySQL 中的每个日期和时间类型都有一个合法的取值范围和一个“零”值（用于指定 MySQL 无法表示的无效值），具体取值范围及“零”值如表 3.3 所示。在 MySQL

中，日期和时间类型数据需要用单引号或者双引号括起来。

表 3.3　MySQL 的日期和时间数据类型

数据类型	格　式	取值范围	“零”值
DATE	'YYYY-MM-DD'	'1000-01-01'～'9999-12-31'	'0000-00-00'
TIME	'hh:mm:ss'	'-838:59:59'～'838:59:59'	'00:00:00'
DATETIME	'YYYY-MM-DD hh:mm:ss'	'1000-01-01 00:00:00'～'9999-12-31 23:59:59'	'0000-00-00 00:00:00'
TIMESTAMP	'YYYY-MM-DD hh:mm:ss'	'1970-01-01 00:00:01'UTC～'2038-01-19 03:14:07'UTC	'0000-00-00 00:00:00'
YEAR	'YYYY'	'1901'～'2155'	'0000'

表 3.3 中，“格式”列各符号的含义为：YYYY（年）、MM（月）、DD（日）、hh（时）、mm（分）、ss（秒）。值得注意的是，TIME 类型的“时”部分取值之所以不是 0～24，是因为其不仅可以表示一天之内的时间，还可以表示一个时间间隔的时差，所以取值可能远大于 24，甚至可以为负数。

3．字符串类型

字符串类型用于存储由单引号或双引号括起来的字符串数据。MySQL 提供了 12 种字符串类型，分别是 CHAR、VARCHAR、BINARY、VARBINARY、TINYBLOB、BLOB、MEDIUMBLOB、LONGBLOB、TINYTEXT、TEXT、MEDIUMTEXT 和 LONGTEXT。表 3.4 列出了 MySQL 字符串类型的相关信息，其中“类型”列括号中的 *M* 表示长度（以字节为单位）。

表 3.4　MySQL 的字符串类型

类　型	存储空间	说　明
CHAR[(M)]	0≤*M*≤255，*M* 默认值为 1	定长字符串，若给定值长度小于 *M*，则自动在右侧填充空格
VARCHAR(M)	0≤*M*≤65 535	变长字符串，当 *M*<255 字节时，需要保存 1 字节的前缀数据；当 *M*≥255 字节时，需要保存 2 字节的前缀数据。前缀数据用于指明实际数值中有多少字节数据
BINARY[(M)]	0≤*M*≤255，*M* 默认值为 1	定长二进制字符串
VARBINARY(M)	0≤*M*≤65 535	变长二进制字符串
TINYBLOB	长度≤255（即 2^8-1）	变长的极小长度二进制字符串，需要保存 1 字节的前缀数据，以指明实际数值中有多少字节数据
BLOB[(M)]	*M*≤65535（即 $2^{16}-1$）	变长二进制字符串，需要保存 2 字节的前缀数据，以指明实际数值中有多少字节数据
MEDIUMBLOB	长度≤16777215（即 $2^{24}-1$）	变长的中等长度二进制字符串，需要保存 3 字节的前缀数据，以指明实际数值中有多少字节数据
LONGBLOB	长度≤4 294 967 295 或 4GB（即 $2^{32}-1$）	变长的大长度二进制字符串，需要保存 4 字节的前缀数据，以指明实际数值中有多少字节数据
TINYTEXT	长度≤255（即 2^8-1）	变长的极小长度字符串，需要保存 1 字节的前缀数据，以指明实际数值中有多少字节数据
TEXT[(M)]	*M*≤65 535（即 $2^{16}-1$）	变长字符串，需要保存 2 字节的前缀数据，以指明实际数值中有多少字节数据

续表

类　型	存储空间	说　明
MEDIUMTEXT	长度≤16 777 215（即 $2^{24}-1$）	变长的中等长度字符串，需要保存 3 字节的前缀数据，以指明实际数值中有多少字节数据
LONGTEXT	长度≤4 294 967 295 或 4GB（即 $2^{32}-1$）	变长的大长度字符串，需要保存 4 字节的前缀数据，以指明实际数值中有多少字节数据

表 3.4 中的 CHAR[(M)]、VARCHAR(M)、TINYTEXT、TEXT[(M)]、MEDIUMTEXT 和 LONGTEXT 用于保存字符串数据，BINARY[(M)]、VARBINARY(M)、TINYBLOB、BLOB[(M)]、MEDIUMBLOB 和 LONGBLOB 用于保存二进制数据。对于保存字符串数据的类型，其长度指的是字符长度而非字节数；对于保存二进制数据的类型，其长度指的是字节数。在 MySQL 中采用的默认字符集是 utf8，在 utf8 编码中，一个数字或英文字母占用 1 字节，一个汉字占用 3～4 字节。

（1）CHAR[(M)]和 VARCHAR(M)：CHAR[(M)]是定长字符串，VARCHAR(M)是变长字符串，其主要区别是 CHAR[(M)]存储数据所占用的存储空间取决于 *M*，若所要存储的数据长度小于 *M*，则会自动在数据的右侧填充空格以满足指定的长度 *M*；VARCHAR(M)存储数据所占用的存储空间取决于数据的实际长度，其有效最大长度取决于最大行大小（即所有列共享的 65 535 字节）和所使用的字符集。在未启用严格 SQL 模式的情况下（MySQL 默认是启用的），若为 CHAR 或 VARCHAR 列指定一个超过其最大长度的值，则该值将被截断至合适的长度。在启用了严格 SQL 模式的情况下，只能对超过最大长度的末尾空格进行截断，若截断空格后依然超过最大长度，将导致错误并禁止插入该值。

【例 3.8】将不同的字符串保存到 CHAR(4)和 VARCHAR(4)列，以观察 CHAR 和 VARCHAR 之间的差别，如表 3.5 所示。

表 3.5　不同数据在 CHAR(4)和 VARCHAR(4)中的存储情况对比

值	CHAR(4)	存储空间/字节	VARCHAR(4)	存储空间/字节
''	''	4	''	1
'ab'	'ab'	4	'ab'	3
'abcd'	'abcd'	4	'abcd'	5
'abcdefgh'	'abcd'	4	'abcd'	5

通过对表 3.5 的观察和对比可知，CHAR(M)类型定义之后，不论其要存储的数据实际长度是多少，MySQL 都会自动进行填充或截断处理，以使其最终存储数据的长度符合定义时指定的长度。对于 VARCHAR(M)类型而言，若所要存储数据的长度小于或等于定义时指定的长度，则其占用的存储空间与数据的实际长度是一致的（因示例中的数据长度为 4 字节，小于 255 字节，所以根据表 3.4 中关于 VARCHAR(M)的说明可知，此时的实际长度应为 5 字节）。

（2）BINARY[(M)]和 VARBINARY(M)：这两个类型与 CHAR[(M)]和 VARCHAR(M)类似，只是它们所存储的数据是二进制数据。若所要存储的数据长度小于 *M*，对于 BINARY[(M)]类型则会自动在数据的右侧填充 0x00 以满足指定的长度 *M*，对于 VARBINARY(M)类型则存储的是数据的实际值而无须进行填充处理。

（3）TEXT 和 BLOB：TEXT 类型用于保存变长的字符串数据，有 TINYTEXT、TEXT[(M)]、MEDIUMTEXT 和 LONGTEXT 4 种类型，其区别在于可保存数据的最大长度依次增大。BLOB 类型用于保存变化的二进制数据，有 TINYBLOB、BLOB[(M)]、MEDIUMBLOB 和 LONGBLOB 4 种类型，其区别在于可保存数据的最大长度依次增大。在实际应用中，若所要存储的数据均是字符数据，可以根据可能的数据长度从 TEXT 类型中选择大小最为合适的类型，尽量不要不加以区分全部选用 LONGTEXT 类型；若所要存储的数据中含有图片、文档等且希望将这类数据直接存储进数据库中而非先存储到磁盘上再在数据库中记录相应的存储位置，则可从 BLOB 类型中选择大小最为合适的类型。

4．地理空间类型

MySQL 提供了以下用于保存地理空间信息数据的类型：POINT（点）、LINESTRING（线）、POLYGON（面）、GEOMETRY（几何）和其对应的集合类型 MULTIPOINT（多点）、MULTILINESTRING（多线）、MULTIPOLYGON（多面）、GEOMETRYCOLLECTION（混合数据类型），其中 GEOMETRY 类型可以存储 POINT、LINESTRING 和 POLYGON 中的任意一种数据，如表 3.6 所示。

表 3.6　MySQL 的地理空间类型

类　型	名　称	示　例
POINT	点坐标	POINT(55 100)
LINESTRING	线坐标	LINESTRING(55 100,60 110,90 120,110 223)
POLYGON	面坐标	POLYGON(10 075,10 577,10 578,10 066,10 575)
MULTIPOINT	多点	MULTIPOINT(55 100,60 110,90 120)
MULTILINESTRING	多线	MULTILINESTRING((10 075,10 577), (10 578,10 066))
MULTIPOLYGON	多面	MULTIPOLYGON(((10 075,10 577,10 578,10 066,10 575)),((10 077,10 579,10 580,10 068,10 577)))
GEOMETRYCOLLECTION	混合型	GEOMETRYCOLLECTION(POINT(10 075), LINESTRING(10 075,10 577), POLYGON(10 075,10 577,10 578,10 066,10 575))

地理空间类型主要在开发 GIS 系统时会运用，其他时候用得较少，感兴趣的读者可以自行查阅相关资料进行更深入的了解。

5．JSON 数据类型

MySQL 支持 RFC 7159 定义的本机数据类型，可以有效地访问 JSON（JavaScript object notation）文档中的数据。在对 JSON 数据进行存储时，定义为 JSON 类型相较于定义为字符串类型（如 VARCHAR）具有以下优点：

（1）自动验证存储在列中的 JSON 文档，若是无效 JSON 文档，则会产生错误，从而确保数据的有效性。

（2）优化的存储格式：存储在 JSON 列中的 JSON 文档将转换为允许对文档元素进行快速读取访问的内部格式。当服务器稍后必须读取以此二进制格式存储的 JSON 值时，无须从文本表示形式解析该值。二进制格式的结构使服务器能够直接通过键或数组索引查找子对象或嵌套值，而无须读取文档中它们之前或之后的所有值。

MySQL 针对 JSON 类型提供了诸多函数和操作运算符的支持，在此不做深入探讨，有兴趣的读者可以查阅 MySQL 官方文档进行研究学习。

6．复合数据类型

MySQL 提供了两种复合数据类型：ENUM 和 SET。其中，ENUM 是一个字符串对象列表，列表中给定了所有可能的取值。定义为 ENUM 类型的列，在插入或更新数据时将只能设置为给定取值中的一种，如此便可以有效限定和确保所存储数据的合法性。定义 ENUM 类型字段的语法如下：

语法：定义 ENUM 类型字段

```
ColumnName  ENUM('value1','value2',...)
```

【例 3.9】 定义一个取值为男或女的 ENUM 类型字段 sex。

```
sex  ENUM('男','女')
```

该语句定义一个名为 sex 的字段，当为 sex 字段设置值时只能是男或女，而不能是其他值，如表 3.7 所示。

表 3.7　ENUM('男' ,'女')的值与其索引 INDEX 的关系

值	索引 INDEX
NULL	NULL
''	0
'男'	1
'女'	2

SET 是一个字符串对象集合，集合中给定了所有可能的取值。定义为 SET 类型的列，在插入或更新数据时可以是给定取值中的零个或多个取值的组合。定义 SET 类型字段的语法如下：

语法：定义 SET 类型字段

```
ColumnName  SET('value1','value2',...)
```

【例 3.10】 定义一个含有 3 个成员的 SET 类型字段。

```
size SET('small', 'medium', 'large')
```

该语句定义一个名为 size 的字段，其类型为 SET('small', 'medium', 'large')。在 MySQL 中会为 SET 类型采用独热编码的方式按顺序依次为每个成员分配一个值，对于 SET('small', 'medium', 'large')类型，其成员与值之间的对应关系如表 3.8 所示。

表 3.8　SET('small', 'medium', 'large')类型的成员与值的对应关系

成　员	二进制值	十进制值
'small'	001	1
'medium'	010	2
'large'	100	4

在为 SET('small', 'medium', 'large')类型的 size 字段设置值时，可以是表 3.9 中的任意一种，赋值时可以使用值的方式，也可以使用索引的方式。

表 3.9　SET('small', 'medium', 'large')类型的合法可选值与索引的对应关系

值	索　引
''	0
'small'	1
'medium'	2
'large'	4
'small, medium'	3
'small, large'	5
'medium, large'	6
'small, medium, large'	7

表 3.9 中各个可选值的索引是其对应成员的十进制值之和。例如，'small, large'的索引值为'small'与'large'的十进制值之和，即 1+4=5（二进制值为 101），这刚好是其独热编码的按位与运算结果。

3.2.2　创建数据表

数据表是数据库中存储数据的载体，为了对数据进行组织和管理，需要先创建相应的数据表。在 MySQL 中可以使用 SQL 语句 CREATE TABLE 来创建数据表，其语法如下：

语法：创建数据表 CREATE TABLE

```
CREATE [TEMPORARY] TABLE [IF NOT EXISTS] tbl_name
 (col_namedata_type [NOT NULL | NULL] [DEFAULT {literal | (expr)} ]
[AUTO_INCREMENT] [UNIQUE [KEY]] [[PRIMARY] KEY] [COMMENT 'string']
,...)
 [table_options]
 [partition_options]
```

上述语法中关于表的参数及其含义如下：

（1）TEMPORARY：在实际运用的过程中有时需要可以保存临时数据信息的临时表，即只在当前会话可用，会话销毁之后便自动删除的数据表。为此，可以在 CREATE TABLE 语句中使用 TEMPORARY 选项以指明创建的是临时表。

（2）IF NOT EXISTS：通常情况下，若当前数据库中已经存在与所要创建的数据表同名的数据表，则创建表的操作将会失败并报错，为此可以在 CREATE TABLE 语句中使用 IF NOT EXISTS 选项，以便能够在创建数据表之前先判断是否已经存在同名的数据表，若存在，则不进行数据表的创建操作，否则执行当前创建数据表的操作。

（3）tbl_name：用于指定所要创建的数据表的名称。

（4）table_options：表选项，用于指定数据表的默认字符集、存储引擎、加密选项、记录数、表空间等。合理设置这些参数有助于更加高效地对表进行各种操作，例如指定表

中计划存储的最大记录数（MAX_ROWS）或最小记录数（MIN_ROWS），以便 MySQL 能据此来优化内存的使用。除了有特殊要求，通常可以不用设置此选项，采用 MySQL 的默认参数值即可。

（5）partition_options：指定表按照何种方式进行分区存储。

（6）NOT NULL | NULL：若为数据表字段（列）指定了 NOT NULL 参数，则该字段（列）不允许有空值（即 NULL）；若为数据表字段（列）指定了 NULL 参数，则该字段（列）允许有空值。若既没有指定 NOT NULL 参数也没有指定 NULL 参数，则默认为 NULL（即允许有空值）。

（7）DEFAULT {literal | (expr)}：用于指定字段（列）的默认值，可以直接指定为具体数值或计算表达式。

（8）AUTO_INCREMENT：指定字段（列）的值是自动增长的，定义有 AUTO_INCREMENT 约束的字段必须定义为键（主键、唯一键或外键均可）。

（9）UNIQUE [KEY]：指定字段（列）的值是唯一的（即不存在重复值）。

（10）[PRIMARY] KEY：指定字段（列）作为表的主键使用，定义为主键的字段（列）隐式表明其值是唯一的且不允许为空。

（11）COMMENT 'string'：指定最长可达 1024 个字符的字段注释，使用时将 string 替换为相应的注释即可。

其中，（6）～（11）均为可选参数。

在创建表的过程中，除了设置与表相关的参数，最为关键的是为其定义好各个字段（列）的参数。在上述语法中，关于表中字段（列）的定义放在一对小括号中，多个字段之间由英文逗号“,”间隔开。对于字段的定义可以划分为 3 部分：字段名、数据类型和约束。具体的参数及其含义如下。

（1）col_name：用于指定字段（列）名。

（2）data_type：用于指定字段（列）的数据类型，具体可选的数据类型详见“3.2.1 MySQL 数据类型”。

【例 3.11】在数据库 library 中创建名为 t_book 的数据表，根据实际需要为各字段指定相应的数据类型并给定字段注释信息。

```
CREATE  TABLE  t_book (
  book_id  INT  NOT  NULL  COMMENT  '图书编号',
  book_name  VARCHAR(255)  NOT  NULL  COMMENT  '书名',
  author  VARCHAR(255)  COMMENT  '主编',
  publisher  VARCHAR(48)  DEFAULT ''  COMMENT '出版社',
  introduction  TEXT  COMMENT  '详情',
  publisher_year  VARCHAR (32)  DEFAULT  '1900'  COMMENT  '出版年份',
  ISBN VARCHAR(128)  COMMENT  'ISBN',
  classification_symbol  VARCHAR(20)  COMMENT  '分类编码',
  num INT UNSIGNED  NOT  NULL  DEFAULT  0  COMMENT  '库存数量',
  is_enable BIT(1)  NOT NULL  DEFAULT  b'1'  COMMENT '是否启用（1:启用，0:禁用）',
  PRIMARY KEY (book_id)  USING  BTREE,
  UNIQUE  INDEX  book_id(book_id)  USING  BTREE  COMMENT '图书编号要求是唯一值',
```

```
    UNIQUE INDEX ISBN(ISBN) USING BTREE COMMENT '图书 ISBN 要求是唯一值',
    INDEX book_name(book_name) USING BTREE,
    INDEX classification_symbol(classification_symbol) USING BTREE,
    INDEX author(author) USING BTREE
) ENGINE = InnoDB CHARACTER SET = utf8 COMMENT = '图书表';
```

3.2.3 查看数据表

数据库是存放数据库对象的容器，其中最重要的数据库对象就是数据表，一个数据库可以容纳多张数据表，并且同一个数据库中的数据表通常是相互关联的。为了查看当前数据库有哪些数据表，可以使用 SHOW TABLES 语句来实现，其语法如下：

语法：查看数据库中的所有数据表 SHOW TABLES

```
SHOW [EXTENDED] [FULL] TABLES [{FROM | IN} db_name] [LIKE 'pattern' | WHERE expr]
```

SHOW TABLES 语句用于列举指定数据库中的非临时表。若提供了 LIKE 子句，则表示筛选名称包含指定模式的数据表；WHERE 子句用于指定更多的条件以更精准地筛选符合要求的数据表。

【例 3.12】查看数据库 library 中名称符合指定条件的数据表。

```
SHOW TABLES IN library;                    -- 显示数据库 library 中的所有表
SHOW TABLES IN library LIKE '%book%';      -- 显示数据库 library 中名称含有 book 的表
```

3.2.4 修改表结构

随着系统设计要求的变化或系统开发的需要，有时需要对已创建的表结构进行修改或调整，主要是指对表名、字段、约束和选项等的修改。

在 MySQL 中，可以使用 ALTER TABLE 语句来完成表结构的修改，其语法如下：

语法：修改表结构 ALTER TABLE

```
ALTER TABLE tbl_name [alter_option [, alter_option] ...]
```

1．表名的修改

在 MySQL 中，可以使用 ALTER TABLE 语句来实现表名的修改，其语法如下：

语法：ALTER TABLE 语句修改表名

```
ALTER TABLE tbl_name RENAME [TO | AS] new_tbl_name
```

修改表名时，除了可以使用 ALTER TABLE 语句，还可以使用 RENAME TABLE 语句来实现，其语法如下：

语法：RENAME TABLE 语句修改表名

```
RENAME TABLE tbl_name TO new_tbl_name;
```

【例 3.13】使用 ALTER TABLE 语句将数据库 library 中 t_book 表的名称修改为 books。

```
ALTER TABLE t_book RENAME TO books;
```

2．字段的修改

在 MySQL 中，对于数据表字段的修改包括增加字段、删除字段、修改字段名和数据类型、修改字段的排列位置，这些字段修改操作均可以使用 ALTER TABLE 语句来实现。

1）增加字段

在 MySQL 中，向已有的数据表中添加字段的语法如下：

语法：增加字段

```
ALTER TABLE tbl_name
ADD [COLUMN] col_name column_definition [FIRST | AFTER col_name]
```

column_definition 的语法与创建数据表时的字段定义语法相同，具体如下：

语法：column_definition 语法信息

```
col_name data_type [NOT NULL | NULL] [DEFAULT {literal | (expr)} ]
[AUTO_INCREMENT] [UNIQUE [KEY]] [[PRIMARY] KEY] [COMMENT 'string']
```

其中，col_name（字段名称）、data_type（数据类型）是必不可少的，其他参数均为可选的约束条件。

（1）FIRST：用于指明将字段添加到数据表的第一列。

（2）AFTER：用于指明将新字段添加到指定字段之后。

【例 3.14】使用 ALTER TABLE 语句向数据库 library 的 t_book 表中增加一个名称为 price、数据类型为 DECIMAL(10,2)的字段。

```
ALTER TABLE library.t_book ADD COLUMN price DECIMAL(10,2);
```

2）删除字段

在 MySQL 中，将已有数据表中的某些字段删除的语法如下：

语法：删除字段

```
ALTER TABLE tbl_name DROP [COLUMN] col_name;
```

【例 3.15】使用 ALTER TABLE 语句将数据库 library 的 t_book 表中名称为 price 的字段删除。

```
ALTER TABLE library.t_book DROP COLUMN price;
```

3）修改字段名和数据类型

在 MySQL 中，若发现已有数据表中的某些字段名称或其数据类型不合适，也可以使用 ALTER TABLE 语句来进行修改，其语法如下：

语法：修改字段名和数据类型——CHANGE COLUMN 子句

```
ALTER TABLE tbl_name
CHANGE [COLUMN] old_col_name new_col_name column_definition
[FIRST | AFTER col_name]
```

对于字段名和数据类型，可以只修改其中一个信息，也可以两个都修改，若修改，则给出新的字段名（数据类型）；若不修改，则还是要给出原来的字段名（数据类型）。

【例 3.16】使用 ALTER TABLE 语句对 t_book 表中名称为 author 的字段进行修改。

```
--同时修改字段名和数据类型
ALTER TABLE t_book CHANGE COLUMN author authors VARCHAR(150)
--只修改数据类型
ALTER TABLE t_book CHANGE COLUMN author author VARCHAR(150);
```

通过上述示例可以发现，在使用 CHANGE 子句对字段名和数据类型进行修改时，若只修改字段名（或数据类型），还需要给出原来的数据类型（或字段名），这在操作上是稍微麻烦的，为了简化操作，可以使用 RENAME COLUMN 子句对字段名进行修改，以及使用 MODIFY COLUMN 子句对数据类型进行修改。

（1）若只修改字段名，则可以使用 RENAME COLUMN 子句，其语法如下：

语法：修改字段名——RENAME COLUMN 子句

```
ALTER TABLE tbl_name
RENAME COLUMN old_col_name TO new_col_name;
```

【例 3.17】使用 RENAME COLUMN 子句将 t_book 表中名称为 author 的字段更名为 authors。

```
ALTER TABLE t_book RENAME COLUMN author TO authors;
```

（2）若只修改数据类型，则可以使用 MODIFY COLUMN 子句，其语法如下：

语法：修改数据类型——MODIFY COLUMN 子句

```
ALTER TABLE tbl_name
MODIFY [COLUMN] col_namecolumn_definition [FIRST | AFTER col_name];
```

【例 3.18】使用 ALTER TABLE 语句对 t_book 表中名称为 author 的字段进行修改。

```
ALTER TABLE t_book MODIFY COLUMN author VARCHAR(100);
```

3．选项的修改

在 MySQL 中，对于数据表选项的修改包括存储引擎、默认字符集、索引关键字是否压缩以及自增字段的初始值等。MySQL 的 ALTER TABLE 语句提供的可修改数据表选项如下所示。

语法：ALTER TABLE 语句提供的可修改数据表选项

```
table_option: {
    AUTOEXTEND_SIZE [=] value
    | AUTO_INCREMENT [=] value
    | AVG_ROW_LENGTH [=] value
    | [DEFAULT] CHARACTERSET [=] charset_name
    | CHECKSUM [=] {0 | 1}
    | [DEFAULT] COLLATE [=] collation_name
```

```
      | COMMENT [=] 'string'
      | COMPRESSION [=] {'ZLIB' | 'LZ4' | 'NONE'}
      | CONNECTION [=] 'connect_string'
      | {DATA | INDEX} DIRECTORY [=] 'absolute path to directory'
      | DELAY_KEY_WRITE [=] {0 | 1}
      | ENCRYPTION [=] {'Y' | 'N'}
      | ENGINE [=] engine_name
      | ENGINE_ATTRIBUTE [=] 'string'
      | INSERT_METHOD [=] { NO | FIRST | LAST }
      | KEY_BLOCK_SIZE [=] value
      | MAX_ROWS [=] value
      | MIN_ROWS [=] value
      | PACK_KEYS [=] {0 | 1 | DEFAULT}
      | PASSWORD [=] 'string'
      | ROW_FORMAT [=] {DEFAULT | DYNAMIC | FIXED | COMPRESSED | REDUNDANT
| COMPACT}
      | SECONDARY_ENGINE_ATTRIBUTE [=] 'string'
      | STATS_AUTO_RECALC [=] {DEFAULT | 0 | 1}
      | STATS_PERSISTENT [=] {DEFAULT | 0 | 1}
      | STATS_SAMPLE_PAGES [=] value
      | TABLESPACE tablespace_name [STORAGE {DISK | MEMORY}]
      | UNION [=] (tbl_name[,tbl_name]...)
}
```

下面将对常用的 4 个选项进行介绍，其他选项读者可自行查阅 MySQL 官方文档。

1）修改存储引擎

语法：ALTER TABLE 语句修改存储引擎

```
ALTER  TABLE  tbl_name ENGINE [=]engine_name;
```

【例 3.19】将数据库 library 中 t_book 表的存储引擎修改为 InnoDB。

```
ALTER  TABLE  t_book  ENGINE = InnoDB;
```

在 MySQL 中，数据表的默认存储引擎是 InnoDB，对于数据库有哪些存储引擎可选，可以使用 SHOW ENGINES 语句来查看，其运行结果如图 3.2 所示。

```
mysql> SHOW ENGINES;
+--------------------+---------+----------------------------------------------------------------+--------------+------+------------+
| Engine             | Support | Comment                                                        | Transactions | XA   | Savepoints |
+--------------------+---------+----------------------------------------------------------------+--------------+------+------------+
| InnoDB             | DEFAULT | Supports transactions, row-level locking, and foreign keys     | YES          | YES  | YES        |
| MRG_MYISAM         | YES     | Collection of identical MyISAM tables                          | NO           | NO   | NO         |
| MEMORY             | YES     | Hash based, stored in memory, useful for temporary tables      | NO           | NO   | NO         |
| BLACKHOLE          | YES     | /dev/null storage engine (anything you write to it disappears) | NO           | NO   | NO         |
| MyISAM             | YES     | MyISAM storage engine                                          | NO           | NO   | NO         |
| CSV                | YES     | CSV storage engine                                             | NO           | NO   | NO         |
| ARCHIVE            | YES     | Archive storage engine                                         | NO           | NO   | NO         |
| PERFORMANCE_SCHEMA | YES     | Performance Schema                                             | NO           | NO   | NO         |
| FEDERATED          | NO      | Federated MySQL storage engine                                 | NULL         | NULL | NULL       |
+--------------------+---------+----------------------------------------------------------------+--------------+------+------------+
9 rows in set (0.07 sec)
```

图 3.2　【例 3.19】运行结果

2）修改默认字符集

语法：ALTER TABLE 语句修改默认字符集

```
-- 仅修改数据表的默认字符集
```

```
ALTER TABLE tbl_name [DEFAULT] CHARACTERSET [=] charset_name [COLLATE [=]
collation_name]
-- 同时将数据表的默认字符集和所有字符类型（CHAR、VARCHAR、TEXT）字段的字符集修改为新的字符集
ALTER TABLE tbl_name  CONVERT TO CHARACTER SET charset_name [COLLATE collation_name]
```

【例 3.20】将数据库 library 中 t_book 表的默认字符集修改为 utf8。

```
ALTER TABLE t_book CONVERT TO CHARACTER SET utf8;
```

【例 3.21】将数据库 library 中 t_book 表的默认字符集和所有字符类型（CHAR、VARCHAR、TEXT）字段的字符集修改为 utf8。

```
ALTER TABLE t_book CONVERT TO CHARACTER SET utf8;
```

3）设置自增字段初始值

语法：ALTER TABLE 语句设置自增字段的初始值

```
ALTER TABLE tbl_name AUTO_INCREMENT [=] value;
```

【注】用户可以通过 AUTO_INCREMENT 参数将计数器重置为一个小于或等于当前已用数值的值，此时 MySQL 将自动把该值设置为自增列已用的最大值加 1。

4）修改索引关键字压缩方式

语法：ALTER TABLE 语句修改索引关键字压缩方式

```
ALTER TABLE tbl_name  PACK_KEYS [=] {0 | 1 | DEFAULT}
```

压缩索引选项 PACK_KEYS 的可选取值为 0、1 和 DEFAULT，各取值的作用如下。

（1）0：取消所有的关键字压缩，此时索引更新速度快，但查询速度慢。

（2）1：对字符串和整数均进行压缩，此时索引更新速度较慢，但查询速度快。

（3）DEFAULT：只压缩长的 CHAR 或 VARCHAR 字段。

3.2.5 查看表结构

1．查看指定表的表结构

创建数据表之后，有时需要查看表的结构，表包含的字段名、字段数据类型、是否为主键、是否有默认值等表结构信息。在 MySQL 中，可以使用 DESCRIBE 语句查看指定表的表结构，其语法如下：

语法：查看指定表的表结构 DESCRIBE

```
{EXPLAIN | DESCRIBE | DESC} tbl_name
```

其中，EXPLAIN 和 DESCRIBE（可以简写为 DESC）是同义词，在实际应用中，DESCRIBE 关键字通常用于获取有关表结构的信息，而 CONSELAIN 关键字则用于获取查询执行计划（即 MySQL 如何执行查询的说明）。

【例 3.22】查看数据库 library 中 t_book 表的结构信息。

```
DESC  t_book;
```

2．查看数据表的创建语句

在创建好数据表之后，若要查看指定数据表在创建时的语句，可以使用 SHOW CREATE TABLE 语句，其语法如下：

语法：查看数据表的创建语句 SHOW CREATE TABLE
SHOW CREATE TABLE tbl_name;

上述语法中的 tbl_name 参数用于指定所要查看的数据表的名称。

【例 3.23】查看数据库 library 中 t_book 表的创建语句信息。

```
SHOW CREATE TABLE t_book;
```

【例 3.24】在 library 数据库中创建一个 test 表，然后查看该表的创建语句信息。

```
CREATE  TABLE  test (
id  INT(11)  PRIMARY KEY  AUTO_INCREMENT,
name  CHAR(60));
SHOW  CREATE  TABLE  test;
```

3.2.6　删除数据表

随着业务的发展或系统开发的进度变化，可能不再需要原先创建的某些表及其存储的数据，此时可以将这些不再需要的表从数据库中删除，可以使用 DROP TABLE 语句来删除数据表，其语法如下：

语法：删除数据表 DROP TABLE
DROP [TEMPORARY] TABLE [IF EXISTS] tbl_name [, tbl_name] ...

DROP TABLE 语句用于删除一个或多个数据表，该语句会将数据表的定义、在该表上定义的触发器和表内的数据一并删除，若被删除的数据表是分区表，还会将所有相应的分区及分区内的数据一并删除。

【注】对于存在外键约束关系的数据表而言，若要删除的是主表（被引用的表），则需要在子表中删除子表与主表之间的外键约束，解除外键约束关系后，才能删除主表。删除表时，针对该表授予的权限不会自动删除，必须手动删除它们。

【例 3.25】删除数据库 library 中的 test 表。

```
DROP  TABLE  test;
```

【例 3.26】删除带有外键约束关系的数据表。

首先，在数据库 library 中创建两个带有外键约束关系的表 test1 和 test2，命令如下：

```
CREATE TABLE test1(
    id INT(11) PRIMARY KEY AUTO_INCREMENT,
    name CHAR(60)
);

CREATE TABLE test2 (
    id INT(11) PRIMARY KEY AUTO_INCREMENT,
    fid INT(11) NOT NULL,
    name CHAR(60),
    CONSTRAINT FK_FID FOREIGN KEY (fid) REFERENCES test1 (id)
);
```

上述语句创建了两个表 test1 和 test2，并且在 test2 表中创建了一个外键约束 FK_FID 关联了 test1 表的 id 字段。下面删除 test1 表，命令如下：

```
DROP TABLE test1;
-- 尝试删除 test1 表，由于 test2 表有一个外键约束关联了 test1 表，无法删除
ALTER TABLE test2 DROP FOREIGN KEY FK_FID; -- 删除 test2 表的外键约束
DROP TABLE test1;                          -- 删除 test1 表，此时无外键约束，可以正常删除
```

因为 test2 表有一个外键约束 FK_FID 关联了 test1 表的 id 字段，所以第一次执行 DROP TABLE 语句时无法正常删除 test1 表；在执行 ALTER TABLE 语句删除 test2 表的外键约束 FK_FID 之后，再执行 DROP TABLE 语句就可以正常删除 test1 表。上述语句的运行结果如图 3.3 所示。

```
mysql> DROP TABLE test1;
3730 - Cannot drop table 'test1' referenced by a foreign key constraint 'FK_FID' on table 'test2'.
mysql> ALTER TABLE test2 DROP FOREIGN KEY FK_FID;
Query OK, 0 rows affected (0.02 sec)
Records: 0  Duplicates: 0  Warnings: 0

mysql> DROP TABLE test1;
Query OK, 0 rows affected (0.03 sec)
```

图 3.3　【例 3.26】运行结果

3.3　表数据操作

在 MySQL 中创建数据库及相应的数据表，就是定义好了相应的数据存储容器，接下来可以使用相应的数据操作语句将数据添加到数据表、查看存储在数据表中的数据、修改数据表中存储的数据或删除数据表中的数据。

3.3.1　添加数据

在将数据添加至数据表时，需要指明要往哪张数据表的哪些字段添加什么样的数据值。在 MySQL 中可以使用 INSERT 语句或 REPLACE 语句将数据添加至数据表中。

1. INSERT 语句

INSERT 语句的语法如下：

语法：INSERT 语句

```
----------------形式一------------------
INSERT [INTO] tbl_name
[(col_name [, col_name] ...)]
{ {VALUES | VALUE} (value_list) [, (value_list)] ... }
----------------形式二------------------
INSERT [INTO] tbl_name
SET assignment_list
----------------形式三------------------
INSERT [INTO] tbl_name
[(col_name [, col_name] ...)]
{   SELECT ...
    | TABLEtable_name
    | VALUESrow_constructor_list
}
----------------各参数的具体形式------------------
value:
    {expr | DEFAULT}
value_list:
    value [, value] ...

row_constructor_list:
    ROW(value_list)[, ROW(value_list)][, ...]

assignment:
    col_name = value

assignment_list:
    assignment [, assignment] ...
```

MySQL 提供了 3 种形式的 INSERT 语句，INSERT ... VALUES（形式一）和 INSERT ... SET（形式二）用于将显示指定数值的行插入数据表，而 INSERT ... SELECT（形式三）用于将从其他一个或多个表中查询得到的数据结果插入数据表。

上述语法中各参数的含义如下。

（1）tbl_name：指明即将插入数据的数据表的名称。

（2）col_name：指明插入数据时，数据将按照给定的字段及其顺序给定。

（3）value：可以设定为一个表达式或指定为 DEFAULT（此时将该位置对应的字段设置为定义数据表时指定的默认值）。

【例 3.27】向数据库 library 的 t_reader_type 表中插入记录。

```
-- 指明全部字段名及其值
INSERT  INTO  t_reader_type(reader_type_id, type_name, limit_num, borrow_term)
VALUES(1, '本科生', 3, 20);
```

```
-- 按照数据表中字段的顺序给定全部值，则字段名列表可省略
INSERT  INTO  t_reader_type
VALUES(2, '硕士研究生', 5, 20);

-- 对于自增列或带有默认值的列，可以不列举在字段名列表中，而且可以不用给定其数值
-- 对于字段名列表中未给定的字段，数据库将其自动设置为相应的自增值或默认值
INSERT  INTO  t_reader_type(type_name, limit_num, borrow_term)
VALUES('博士研究生', 5, 30);

-- 给定的字段名列表可以和数据表中的字段顺序不一致，数值需按照给定的字段名列表顺序给定
INSERT  INTO  t_reader_type(limit_num, borrow_term, type_name)
VALUES(8, 30, '普通教师');
```

执行上述语句之后，t_reader_type 表中的记录如图 3.4 所示。

reader_type_id	type_name	limit_num	borrow_term
1	本科生	3	20
2	硕士研究生	5	20
3	博士研究生	5	30
4	普通教师	8	30

图 3.4　【例 3.27】运行结果

【例 3.28】向数据库 library 的 t_reader_type 表中插入多条记录。

```
-- 使用 VALUES 子句给定多条记录
INSERT  INTO  t_reader_type(type_name, limit_num, borrow_term)
VALUES('本科生', 3, 20), ('硕士研究生', 5, 20), ('博士研究生', 5, 30);

-- 使用 VALUES ROW()子句给定多条记录
INSERT  INTO  t_reader_type(type_name, limit_num, borrow_term)
VALUES  ROW('普通教师', 8, 30), ROW('硕士生导师', 10, 60), ROW('博士生导师', 15, 90);
```

执行上述语句之后，t_reader_type 表中的记录如图 3.5 所示。

reader_type_id	type_name	limit_num	borrow_term
1	本科生	3	20
2	硕士研究生	5	20
3	博士研究生	5	30
4	普通教师	8	30
5	硕士生导师	10	60
6	博士生导师	15	90

图 3.5　【例 3.28】运行结果

【例 3.29】创建一张与 t_reader_type 结构完全相同的数据表并命名为 t_reader_type1，然后使用 INSERT ... SELECT（形式三）语句将 t_reader_type 表中的数据查询出来并插入 t_reader_type1 表中。

```
-- 创建 t_reader_type1 表，其结构与 t_reader_type 表相同
CREATE  TABLE  t_reader_type1  LIKE  t_reader_type;

-- 将 t_reader_type 表的查询结果插入 t_reader_type1 表
```

```
INSERT   INTO   t_reader_type1
SELECT   reader_type_id, type_name, limit_num, borrow_term
FROM     t_reader_type
WHERE    reader_type_id<4;
```

执行上述语句之后，t_reader_type1 表中的记录如图 3.6 所示。

```
mysql> SELECT * FROM 't_reader_type1';
+----------------+------------+-----------+-------------+
| reader_type_id | type_name  | limit_num | borrow_term |
+----------------+------------+-----------+-------------+
|              1 | 本科生     |         3 |          20 |
|              2 | 硕士研究生 |         5 |          20 |
|              3 | 博士研究生 |         5 |          30 |
+----------------+------------+-----------+-------------+
```

图 3.6　【例 3.29】运行结果

需要注意的是，目标表的字段名列表与 SELECT 子句后的字段名列表的字段名称顺序及个数必须相同且对应字段的数据类型应保持一致。

2. REPLACE 语句

REPLACE 语句的语法如下：

语法：REPLACE 语句

```
----------------形式一-------------------
REPLACE [INTO] tbl_name
    [(col_name [, col_name] ...)]
    { {VALUES | VALUE} (value_list) [, (value_list)] ...
      |
      VALUESrow_constructor_list
    }
----------------形式二-------------------
REPLACE [INTO] tbl_name
    SET  assignment_list
----------------形式三-------------------
REPLACE [INTO] tbl_name
    [(col_name [, col_name] ...)]
    { SELECT ... | TABLEtable_name}
----------------各参数的具体形式-------------------
value:
    {expr | DEFAULT}

value_list:
    value [, value] ...
row_constructor_list:
    ROW(value_list)[, ROW(value_list)][, ...]

assignment:
```

```
    col_name = value

assignment_list:
    assignment [, assignment] ...
```

通过对比 INSERT 语句和 REPLACE 语句的语法格式可知，两个语句在功能上是极其相似的，唯一的不同之处是若表中已有的数据记录与待插入的新记录存在主键值或者具有唯一性约束的字段值相同，则 REPLACE 语句将自动先删除原有的数据记录，再将新记录插入数据表。

3.3.2　查看数据

在 MySQL 中，将数据添加至数据表之后，可以使用 SELECT 语句查看该数据表中满足指定条件的数据记录。SELECT 语句的语法如下：

语法：SELECT 语句

```
SELECT select_expr [, select_expr] ...
    FROM tbl_name
    [WHERE where_condition]
```

上述语法中各参数的含义如下。

（1）select_expr：指明要检索的列（字段），可以是数据表中实际的列，也可以是一个数值表达式，还可以用“*”表示检索数据表的所有列。值得注意的是，在 SELECT 语句中必须至少有一个 select_expr。

（2）tbl_name：指明要查询的数据表。

（3）where_condition：指明查询条件。

【例 3.30】查询 t_reader_type 表的所有数据。

```
SELECT * FROM t_reader_type;
```

上述语句的运行结果如图 3.7 所示。

```
mysql> -- 查询所有数据
SELECT * FROM t_reader_type;
+----------------+------------+-----------+-------------+
| reader_type_id | type_name  | limit_num | borrow_term |
+----------------+------------+-----------+-------------+
|              1 | 本科生     |         3 |          20 |
|              2 | 硕士研究生 |         5 |          20 |
|              3 | 博士研究生 |         5 |          30 |
|              4 | 普通教师   |         8 |          30 |
|              5 | 硕士生导师 |        10 |          60 |
|              6 | 博士生导师 |        15 |          90 |
+----------------+------------+-----------+-------------+
```

图 3.7　【例 3.30】运行结果

【例 3.31】查询 t_reader_type 表中 reader_type_id 和 type_name 的数据。

```
SELECT reader_type_id, type_name FROM t_reader_type;
```

上述语句的运行结果如图 3.8 所示。

```
mysql> -- 查询reader_type_id和type_name的数据
SELECT reader_type_id, type_name FROM t_reader_type;
+----------------+-------------+
| reader_type_id | type_name   |
+----------------+-------------+
|              1 | 本科生      |
|              2 | 硕士研究生  |
|              3 | 博士研究生  |
|              4 | 普通教师    |
|              5 | 硕士生导师  |
|              6 | 博士生导师  |
+----------------+-------------+
```

图 3.8　【例 3.31】运行结果

【例 3.32】查询 t_reader_type 表中 borrow_term 的值小于或等于 30 的数据。

```
SELECT * FROM t_reader_type WHERE borrow_term<=30;
```

上述语句的运行结果如图 3.9 所示。

```
mysql> -- 查询borrow_term<=30的数据
SELECT * FROM t_reader_type WHERE borrow_term<=30;
+----------------+-------------+-----------+-------------+
| reader_type_id | type_name   | limit_num | borrow_term |
+----------------+-------------+-----------+-------------+
|              1 | 本科生      |         3 |          20 |
|              2 | 硕士研究生  |         5 |          20 |
|              3 | 博士研究生  |         5 |          30 |
|              4 | 普通教师    |         8 |          30 |
+----------------+-------------+-----------+-------------+
```

图 3.9　【例 3.32】运行结果

关于 SELECT 语句的深入运用，将在后续章节中进行详细介绍，在此不做过多叙述。

3.3.3　修改数据

当数据存储到数据表之后，有时需要根据业务发展对数据进行修改，例如将普通教师的借阅期限（borrow_term）修改为 50 天。数据的修改可以使用 UPDATE 语句来完成，其语法如下：

语法：UPDATE 语句

```
UPDATE tbl_name
    SET  assignment_list
    [WHERE where_condition]

value:
    {expr | DEFAULT}

assignment:
    col_name = value
```

```

assignment_list:
    assignment [, assignment] ...
```

上述语法中各参数的含义如下。

（1）tbl_name：指明要对哪张数据表的数据进行更新。

（2）assignment_list：指明对数据表的哪些字段进行修改，这是一个以逗号分隔的赋值列表，即一次可以对多个字段的数据进行修改。

（3）where_condition：指明对哪些符合条件的记录进行修改。

【注】WHERE 子句为可选项，若不指定，则对数据表中所有的记录进行修改。

【例 3.33】将 t_reader_type 表中 type_name 含有“研究生”记录的借阅期限增加 10 天。

```
UPDATE  t_reader_type   SET   borrow_term = borrow_term + 10
WHERE   type_name   LIKE   '%研究生%';
```

上述语句的运行结果如图 3.10 所示。

```
mysql> SELECT * FROM t_reader_type;
+----------------+------------+-----------+-------------+
| reader_type_id | type_name  | limit_num | borrow_term |
+----------------+------------+-----------+-------------+
|              1 | 本科生     |         3 |          20 |
|              2 | 硕士研究生 |         5 |          20 |
|              3 | 博士研究生 |         5 |          30 |
|              4 | 普通教师   |         8 |          30 |
|              5 | 硕士生导师 |        10 |          60 |
|              6 | 博士生导师 |        15 |          90 |
+----------------+------------+-----------+-------------+
6 rows in set (0.20 sec)

mysql> UPDATE t_reader_type SET borrow_term = borrow_term + 10 WHERE type_name LIKE '%研究生%';
Query OK, 2 rows affected (0.02 sec)
Rows matched: 2  Changed: 2  Warnings: 0

mysql> SELECT * FROM t_reader_type;
+----------------+------------+-----------+-------------+
| reader_type_id | type_name  | limit_num | borrow_term |
+----------------+------------+-----------+-------------+
|              1 | 本科生     |         3 |          20 |
|              2 | 硕士研究生 |         5 |          30 |
|              3 | 博士研究生 |         5 |          40 |
|              4 | 普通教师   |         8 |          30 |
|              5 | 硕士生导师 |        10 |          60 |
|              6 | 博士生导师 |        15 |          90 |
+----------------+------------+-----------+-------------+
6 rows in set (0.24 sec)
```

图 3.10　【例 3.33】运行结果

由运行结果可知，执行上述语句之后，只修改了 type_name 含有“研究生”记录的借阅期限（borrow_term）值，其他记录不受影响。

【例 3.34】将 t_reader_type 表中所有记录的借阅期限各增加 15 天。

```
UPDATE  t_reader_type  SET  borrow_term = borrow_term + 15;
```

上述语句的运行结果如图 3.11 所示。

```
mysql> UPDATE t_reader_type SET borrow_term = borrow_term + 15;
Query OK, 6 rows affected (0.01 sec)
Rows matched: 6  Changed: 6  Warnings: 0

mysql> SELECT * FROM t_reader_type;
+----------------+------------+-----------+-------------+
| reader_type_id | type_name  | limit_num | borrow_term |
+----------------+------------+-----------+-------------+
|              1 | 本科生     |         3 |          35 |
|              2 | 硕士研究生 |         5 |          45 |
|              3 | 博士研究生 |         5 |          55 |
|              4 | 普通教师   |         8 |          45 |
|              5 | 硕士生导师 |        10 |          75 |
|              6 | 博士生导师 |        15 |         105 |
+----------------+------------+-----------+-------------+
6 rows in set (0.25 sec)
```

图 3.11 【例 3.34】运行结果

由运行结果可知，执行上述语句之后，所有记录的借阅期限（borrow_term）值都增加了 15 天。

3.3.4 删除数据

对于数据表中已存在的数据记录，若不再需要，则可以使用 DELETE 语句进行删除。需要注意的是，删除数据是以行为单位，不能只删除某个字段或者某几个字段的值。DELETE 语句的语法如下：

语法：DELETE 语句
DELETE FROM tbl_name [WHERE where_condition];

上述语法中各参数的含义如下。

（1）tbl_name：指明要对哪张数据表的数据进行删除。

（2）where_condition：指明对哪些符合条件的记录进行删除。

【注】 WHERE 子句为可选项，若不指定，则删除数据表中的所有记录。

【例 3.35】 删除 t_reader_type 表中 reader_type_id>4 的记录。

```
DELETE FROM t_reader_type WHERE reader_type_id>4;
```

上述语句的运行结果如图 3.12 所示。

```
mysql> DELETE FROM t_reader_type WHERE reader_type_id>4;
Query OK, 2 rows affected (0.01 sec)

mysql> SELECT * FROM t_reader_type;
+----------------+------------+-----------+-------------+
| reader_type_id | type_name  | limit_num | borrow_term |
+----------------+------------+-----------+-------------+
|              1 | 本科生     |         3 |          35 |
|              2 | 硕士研究生 |         5 |          45 |
|              3 | 博士研究生 |         5 |          55 |
|              4 | 普通教师   |         8 |          45 |
+----------------+------------+-----------+-------------+
4 rows in set (0.20 sec)
```

图 3.12 【例 3.35】运行结果

DELETE 语句对数据记录的删除是逐条记录进行删除，若使用该语句来清空一张包含大量数据的表，则是比较耗时的，为此可以使用 TRUNCATE 语句来快速清空一张包含大量数据的表。TRUNCATE 语句的语法如下：

语法：TRUNCATE 语句
TRUNCATE [TABLE] tbl_name;

在逻辑上，DELETE 语句和 TRUNCATE 语句是相似的，都是用于清空一张数据表，两者的主要区别如下：

（1）TRUNCATE 语句是通过删除数据表（DROP TABLE）再重新创建数据表（CREATE TABLE）的方式来实现清空数据表的功能，这往往比 DELETE 语句采用的逐行删除的方式更快。

（2）TRUNCATE 操作会导致隐式提交，因此是无法回滚的，而 DELETE 语句是可以回滚的。

（3）如果待 TRUNCATE 数据的表存在引用该表的其他表的任何约束，则 TRUNCATE 操作将失败，而 DELETE 语句只有当要删除的数据记录存在外键引用时才会失败。

（4）TRUNCATE 语句不会调用该表上的 ON DELETE 触发器，而 DELETE 语句会。

（5）删除主表中的表记录时，如果子表中的外码引用了待删除记录的主码，将导致删除失败，如果仍需删除，首先需要在子表中删除外码约束以解除两表之间的“父子”关系，然后删除即可成功。

3.4　本 章 小 结

本章主要介绍了数据库操作、数据表操作及表数据操作。数据库和表的基本操作是数据库系统中非常基础且重要的内容，通过这些操作才能完成数据库的构建以及为后续数据的存储与分析提供基础。在学习本章内容时，读者应该多加练习，尝试一题多解，举一反三，才能灵活运用相关知识。

3.5　本 章 练 习

一、单选题

1．CREATE DATABASE 语句的功能是（　　）。

A．打开数据库设计器　　B．创建数据库
C．查看数据库　　D．选择数据库

2．修改数据库的语句是（　　）。

A．UPDATE DATABASE　　B．SHOW CREATE DATABASE
C．ALTER DATABASE　　D．以上都不是

3．在 MySQL 提供的几种整数类型中，BIGINT 类型所占存储空间的大小为（　　）。

A．1 字节　　B．8 字节　　C．2 字节　　D．4 字节

4. （　　）是 MySQL 的复合数据类型。

A. ARRAY　　B. LIST　　C. SET　　D. STRUCT

5. 表结构中空值（NULL）的含义是（　　）。

A. 空格　　B. 尚未确定　　C. 默认值　　D. 0

6. 创建数据表时，为字段添加（　　）约束条件可以使该列的值唯一。

A. AUTO_INCREMENT　　B. UNIQUE [KEY]

C. [PRIMARY] KEY　　D. 以上都是

7. 下列关于数据库和表的说法中，正确的是（　　）。

A. 表包含数据库

B. 表和数据库无关

C. 数据库只包含表

D. 数据库不仅包含表，而且包含表间的关系和相关的操作

8. 下列选项正确的是（　　）。

A. 修改表结构中的字段名称，其中的字段值不会变化

B. 空格字符在字符串中没有意义

C. 当前工作区是指建立表时所在的工作区

D. 不同记录的相同字段值不允许相同

二、填空题

1. 若要查看当前数据库服务器有哪些数据库，可以使用________________语句来实现。

2. 对 MySQL 中的数据表进行各类操作之前需要先选择相应的数据库。MySQL 中可以使用______________________语句来选择数据库。

3. 当数据库中存储的数据信息不再需要时，可以使用____________________语句从数据库服务器中删除数据库并回收为该数据库所分配的存储空间。

4. MySQL 提供的数据类型有____________、_____________、___________、地理空间类型、JSON 数据类型和复合数据类型。

5. MySQL 提供的近似数值数据类型（浮点数据类型）有____________、__________和____________。

6. 在 MySQL 中采用的默认字符集编码是________________。

7. 在用 SHOW TABLES 语句查看有哪些数据表时，_________________子句用于筛选名称包含指定模式的数据表，_________________子句用于指定更多的条件以更精准地筛选符合要求的数据表。

8. 在对数据表的字段进行调整时，可以分别对字段名和_________________进行修改。

三、简答题

1. 简述 CHAR(M)和 VARCHAR(M)的区别。

2. 简述 INSERT 语句和 REPLACE 语句的区别。

3. 简述 DELETE 语句和 TRUNCATE 语句的区别。

四、上机实践题

学校为了对学生的学籍信息进行数字化管理，欲借助数据库工具来完成该工作，试根据以下要求完成相应数据库和表的创建。

（1）建立 stu 数据库；

（2）创建数据表 t_student，该表的字段要求如表 3.10 所示。

表 3.10　t_student

字 段 名	数 据 类 型	长　度	主　键	说　明
no	char	9	是	学号
name	varchar	10		姓名
birthdate	date			出生日期
gender	char	2		性别
major	varchar	8		专业

（3）创建数据表 t_teacher，该表的字段要求如表 3.11 所示。

表 3.11　t_teacher

字 段 名	数 据 类 型	长　度	主　键	说　明
id	char	8	是	工号
name	varchar	6		姓名
phone	varchar	11		联系电话

（4）创建数据表 t_course，该表的字段要求如表 3.12 所示。

表 3.12　t_course

字 段 名	数 据 类 型	长　度	主　键	说　明
id	char	5	是	课程 ID
name	varchar	30		课程名
course_number	char	8		课程号

第 4 章　表的数据完整性

为了防止不符合规范（如字段值不允许为空、不允许存在重复值等）的数据进入数据库，在用户对数据进行添加、修改和删除等操作时，数据库管理系统会自动按照一定的约束条件对数据进行监测，使不符合指定规范的数据无法进入数据库，从而确保数据库中存储的数据是正确、有效和相容的。

常见的数据完整性约束有实体完整性、参照完整性、域完整性和用户自定义的完整性。其中，实体完整性和参照完整性是关系模型必须满足的完整性约束条件，称为关系的两个不变性。

4.1　实体完整性

实体完整性（又称行完整性）要求表中每一行的记录是唯一的。那么，依据什么来判定两行记录是不同的？针对这一需求，主要由主键约束和唯一性约束实现。

4.1.1　主键约束

主键约束（primary key constraint）是指将表中的一个字段或多个字段定义为主键，它（们）的值用于唯一标识表中的每一行数据。

在关系模型中，若某一属性或属性组的值能唯一地标识一个元组，则称该属性或属性组为候选键。候选键应遵守以下两个规则。

（1）唯一性：关系中的任意两个元组，其候选键中的属性或属性组的值是不同的。

（2）最小化：组成候选键的属性组中，任一属性都不能从属性组中删掉，否则将破坏唯一性规则。

若一个关系有多个候选键，被选定用于唯一标识元组的候选键称为主键。主键可以是表中的某一属性或者多个属性的组合，其中由多个属性组合构成的主键称为复合主键。主键应遵守以下规则。

（1）一个表可以有多个候选键，但是每个表只能定义一个主键。

（2）主键值必须能唯一标识表中的每一行，且不能为 NULL。

在 MySQL 中可以使用关键字 PRIMARY KEY 来定义主键约束，被定义为主键的字段是不能为 NULL 且不能重复的。

【例 4.1】单一主键：创建一个学生信息表，并将学号字段设置为主键。

```
CREATE   TABLE   t_student
(
    class_id   INT   COMMENT   '班级编号',
    stu_no   INT   PRIMARY KEY   COMMENT   '学号',
    name   VARCHAR(10)   COMMENT   '姓名',
    gender   BIT(1)   COMMENT   '性别'
);
```

【例 4.2】复合主键：创建一个学生信息表，并将班级和姓名字段设置为主键。

```
CREATE   TABLE   t_student
(
    class_id   INT   COMMENT   '班级编号',
    stu_no   INT   COMMENT   '学号',
    name   VARCHAR(10)   COMMENT   '姓名',
    gender   BIT(1)   COMMENT   '性别',
    PRIMARY KEY(class_id, name)
);
```

4.1.2 唯一性约束

唯一性约束（unique constraint）是指将表中的一个字段或多个字段的组合定义为唯一键，它（们）的取值是唯一的。

在 MySQL 中，唯一性约束与主键约束的区别如下：

（1）一个表只能创建一个主键，但可以定义多个唯一键。

（2）定义主键约束时，系统会自动创建 PRIMARY KEY 索引；而定义唯一键约束时，系统会自动创建 UNIQUE 索引。

（3）主键自带非空和唯一性约束，无须显式声明，非主键但取值具有唯一性的字段可以增加 UNIQUE 约束；唯一键可以取值为空，但最多只允许有一个记录出现 NULL 值。

【例 4.3】创建一个民族信息表，并将名称字段设置为唯一键。

```
CREATE   TABLE   t_nation
(
    id   INT   PRIMARY   KEY   COMMENT   '编号',
    name   VARCHAR(20)   UNIQUE   COMMENT   '名称',
    REMARK   VARCHAR(50)   COMMENT   '备注'
);
```

除了主键约束和唯一性约束，还经常会对数据是否允许为空、值的增长规则进行限定。

4.1.3 空约束和非空约束

空约束（null constraint）用于指明字段的取值允许为空。空约束可以使用关键字 NULL 来定义。默认情况下，字段的取值均是可以为空的，即空约束可以省略不写。

非空约束（not null constraint）用于指明字段的取值不允许为空。非空约束可以使用关键字 NOT NULL 来定义。对于设定为非空约束的字段，若在添加数据时没有为其指定值，则会报错并无法成功添加数据。

4.1.4　自增约束

自增约束（auto_increment constraint）用于指明字段的取值由系统设定，其值依次递增且不重复。自增约束可以使用关键字 AUTO_INCREMENT 来定义。在 MySQL 中，自增字段应遵守以下规则：

（1）一张表最多只能定义一个自增字段。

（2）自增字段的数据类型必须为数值型且不能有默认值。

（3）自增字段的取值默认从 1 开始，若添加数据时未给定自增字段的值或者给定一个大于或等于 0 且小于或等于该自增字段当前最大值的值，则系统自动将该值设定为该自增字段取值序列的最大值加 1。

4.2　参照完整性

参照完整性是指通过定义一张表中的某个字段（外键）与另一张表中的主键之间的引用规则来约束两张表之间的参照关系。

4.2.1　参照完整性的相关概念

与参照完整性相关的概念有主表、从表、外键和被参照列。

（1）主表：被其他表参照的表，如图书表（t_book）。主表又称父表或被参照的表。

（2）从表：含有外键且参照其他表的表，如借阅表（t_borrow）。从表又称子表或参照表。

（3）外键：从表中的参照列称为外键，外键需要与被参照的主表中相应主键（或唯一键）的数据类型完全一致，但其名称可以不同。外键应遵守以下规则：

①一个表可以没有外键，也可以有多个外键。

②主表的被参照列和子表的外键数据类型必须相同。

③外键和相应的被参照列的名称可以不同。

④一个子表可以参照多个主表，一个主表也可以被多个子表所参照。

（4）被参照列：主表中的被参照列通常为主表的主键（也可以是非主键的唯一键）。

4.2.2　参照完整性的规则

将一张表的某个字段定义为外键之后，则该字段的取值应遵守以下规则：

（1）空值，表示不知道、不清楚。

（2）等于主表中相应被参照列已有的值。

4.2.3　外键约束

参照完整性是通过定义外键约束来实现的，外键约束可以使用关键字 FOREIGN KEY 来定义。通过 FOREIGN KEY 可以指定某一个字段或一组字段作为外键。

在创建外键之前，主表必须是已存在或者当前正在创建的表。若是后一种情况，则主表与子表必须是同一个表，这样的表称为自参照表，这样的结构称为自参照完整性。

外键的定义可以在创建数据表（CREATE TABLE）或修改数据表（ALTER TABLE）时完成，其语法如下：

语法：FOREIGN KEY

```
FOREIGN KEY
    (col_name, ...)
    REFERENCES tbl_name (col_name,...)
    [ON DELETE reference_option]
    [ON UPDATE reference_option]
reference_option:
    RESTRICT | CASCADE | SETNULL | NOACTION
```

上述语法中各参数的含义如下。

（1）col_name：指明从表的参照列，即外键。

（2）REFERENCES tbl_name (col_name,...)：指明主表的名称 tbl_name 及其被参照列 col_name。

（3）ON DELETE reference_option：指明该参照完整性的删除规则。

（4）ON UPDATE reference_option：指明该参照完整性的更新规则。

参照完整性的删除规则和更新规则的可选项相同，其含义如表 4.1 所示。

表 4.1　参照完整性的删除规则和更新规则各选项的含义

名　称	选　项	含　义
删除规则	RESTRICT	删除主表被参照列的值时，若该值已经在从表中引用，则禁止该删除操作
	CASCADE	若删除主表被参照列的值，则系统自动删除从表引用该值的所有行
	NO ACTION	在 MySQL 中，该选项等同于限制（RESTRICT）
	SET NULL	删除主表被参照列的值时，若从表引用了该值，则系统自动将从表相应外键的值设置为 NULL
更新规则	RESTRICT	更新主表被参照列的值时，若该值已经在从表中引用，则禁止该更新操作
	CASCADE	若更新主表被参照列的值，则系统自动将从表引用该值的所有行外键的值更新为主表被参照列更新后的值
	NO ACTION	在 MySQL 中，该选项等同于限制（RESTRICT）
	SET NULL	更新主表被参照列的值时，若从表引用了该值，则系统自动将从表相应外键的值设置为 NULL

【例 4.4】创建一个读者信息表，并将其字段 reader_type_id 创建为外键，参数关联 t_reader_type 表的 reader_type_id 字段。

```
CREATE TABLE t_reader (
  reader_id CHAR(6) NOT NULL COMMENT '读者 ID',
  name VARCHAR(10) NOT NULL COMMENT '姓名',
  gender ENUM('男','女') COMMENT '性别',
  reader_type_id INT(0) COMMENT '读者类型',
  borrowed_num TINYINT(0) COMMENT '已借阅数量',
  phone VARCHAR(11) NOT NULL DEFAULT '0' COMMENT '联系电话',
  is_enable BIT(1) NOT NULL DEFAULT b'1' COMMENT '是否启用（1:启用，0:禁用）',
  PRIMARY KEY (reader_id) USING BTREE,
  INDEX FK_reader_type(reader_type_id) USING BTREE,
  CONSTRAINT FK_reader_type FOREIGN KEY (reader_type_id) REFERENCES
t_reader_type(reader_type_id) ON DELETE CASCADE ON UPDATE CASCADE
);
```

4.3 域完整性

域完整性用于对表中的字段属性进行约束，以限定该字段可存储数据的有效性，主要包括数据类型、取值范围、精度等约束。通过域完整性可以确保不会保存无效的值。

例如，创建 t_book 数据表时，指定 book_id 字段的数据类型为 INT，其限定了该字段只能存储整数值，若要将该列的值更新为小数或字符串，则是非法且无法更新成功的。又如，创建 t_book 数据表时，指定 book_name 字段的数据类型为 VARCHAR(255)，其限定了该字段只能存储长度不超过 255 字符的字符串，若要将该列的值更新为长度大于 255 字符的字符串，则是非法且无法更新成功的。

4.4 用户自定义的完整性

用户自定义的完整性是针对具体应用必须满足的语义要求来定义相应的完整性约束。例如，在建设图书管理系统时，根据读者的情况，其性别只能设置为“男”或“女”，可借阅图书数量为 0～20 本。对于这种语义要求无法通过域完整性来限定，此时可以使用用户自定义的完整性约束来实现。

用户自定义的完整性可以通过唯一性（UNIQUE）约束、空（NULL）约束、非空（NOT NULL）约束、默认值（DEFAULT）约束和检查（CHECK）约束实现。唯一性约束、空约束和非空约束已经在 4.1 节介绍过，此处不再赘述，下面对默认值约束和检查约束进行介绍。

4.4.1 默认值约束

默认值约束用于指定数据表某个字段的默认值。默认值约束可以用关键字 DEFAULT 来实现。为字段设置默认值约束后，向该表中添加数据时，如果没有为该字段指定取值，则该字段将自动设置为相应的默认值。

例如，读者中本科生较多，则在创建读者表时，可以为该表的“读者类型”设置默认值约束，默认值设置为“本科生”。

4.4.2 检查约束

检查约束用于限定字段的取值范围，可以用关键字 CHECK 来实现。MySQL 的早期版本是不支持检查约束的，从 MySQL 8.0.16 版本开始，为所有存储引擎增加了定义检查约束这一功能，其语法如下：

```
语法：检查约束 CHECK
[CONSTRAINT [symbol]] CHECK (expr) [[NOT] ENFORCED]
```

上述语法中各参数的含义如下。

（1）symbol：指定约束的名称，这是一个可选参数，若省略该参数，MySQL 将自动生成一个由“表名_chk_编号”构成的约束名，其中的表名是当前数据表的名称，编号是从 1 开始的整数。

（2）expr：指定一个取值为布尔值的约束条件表达式，对于数据表中的每一行，该表达式的值为 TRUE 或 UNKNOWN（对于字段的取值为 NULL 而言），若该表达式的值为 FALSE，则该数据是违反约束且无法保存在该数据表中的。

（3）[[NOT] ENFORCED]：用于指定该约束是否为强制性的，若省略或指定为 ENFORCED，则创建该约束并作为强制性约束；若指定为 NOTENFORCED，则创建该约束但不作为强制性约束。

【例 4.5】创建一个含有检查约束的表 t1。

```
CREATE  TABLE  t1
(
    CHECK (c1 <> c2),
    c1  INT  CHECK (c1 >10),
    c2  INT  CONSTRAINT c2_positive  CHECK (c2 >0),
    c3  INT  CHECK (c3 <100),
    CONSTRAINT  c1_nonzero  CHECK (c1 <>0),
CHECK (c1 > c3)
);
```

创建表之后，可以使用 SHOW CREATE TABLE t1\G;语句来查看该表的相关信息，如图 4.1 所示。

```
mysql> SHOW CREATE TABLE t1\G;
*************************** 1. row ***************************
       Table: t1
Create Table: CREATE TABLE `t1` (
  `c1` int DEFAULT NULL,
  `c2` int DEFAULT NULL,
  `c3` int DEFAULT NULL,
  CONSTRAINT `c1_nonzero` CHECK ((`c1` <> 0)),
  CONSTRAINT `c2_positive` CHECK ((`c2` > 0)),
  CONSTRAINT `t1_chk_1` CHECK ((`c1` <> `c2`)),
  CONSTRAINT `t1_chk_2` CHECK ((`c1` > 10)),
  CONSTRAINT `t1_chk_3` CHECK ((`c3` < 100)),
  CONSTRAINT `t1_chk_4` CHECK ((`c1` > `c3`))
) ENGINE=InnoDB DEFAULT CHARSET=utf8mb3
1 row in set (0.00 sec)
```

图 4.1　【例 4.5】运行结果

从图 4.1 中可以看出，除了显式给定检查约束名称的 c1_nonzero 和 c2_positive，其他检查约束都是按照“表名_chk_编号”的形式自动创建的约束名。

【例 4.6】创建一个含有检查约束的表 t_student。

```
CREATE  TABLE  t_student
(
    id  INT  PRIMARY  KEY,
    name  VARCHAR(10),
    gender  VARCHAR (2)  NOT  NULL  CHECK(gender IN('男','女'))
);
```

创建 t_student 表之后，可以使用以下语句尝试向该表中添加数据。

```
INSERT  INTO  t_student(id, name, gender)  VALUES(1, '张三', '男');
INSERT  INTO  t_student(id, name, gender)  VALUES(2, '李四', '女');
INSERT  INTO  t_student(id, name, gender)  VALUES(3, '王五', '11');
```

运行结果如图 4.2 所示。

```
mysql> INSERT INTO t_student(id, name, gender) VALUES(3, '王五', '11');
3819 - Check constraint 't_student_chk_1' is violated.
mysql> INSERT INTO t_student(id, name, gender) VALUES(1, '张三', '男');
Query OK, 1 row affected (0.01 sec)

mysql> INSERT INTO t_student(id, name, gender) VALUES(2, '李四', '女');
Query OK, 1 row affected (0.01 sec)

mysql> INSERT INTO t_student(id, name, gender) VALUES(3, '王五', '11');
3819 - Check constraint 't_student_chk_1' is violated.
```

图 4.2　【例 4.6】运行结果

由图 4.2 可知，前两条语句执行成功，但第三条语句的执行返回了一个错误提示 Check constraint 't_student_chk_1' is violated.，即违反了检查约束 t_student_chk_1，此时查询 t_student 表的数据可以得到图 4.3 所示的结果。

```
mysql> SELECT * FROM t_student;
+----+------+--------+
| id | name | gender |
+----+------+--------+
|  1 | 张三 | 男     |
|  2 | 李四 | 女     |
+----+------+--------+
2 rows in set (0.22 sec)
```

图 4.3　查询 t_student 表的数据

由图 4.3 可知，前两条语句的执行可以将数据正常添加到 t_student 表中，但第三条语句因违反了检查约束 t_student_chk_1 导致无法将数据添加到 t_student 表中。

4.5 本章小结

本章主要介绍了实体完整性、参照完整性、域完整性和用户自定义的完整性。通过表的数据完整性可以很好地限定表中各个数据间的约束并避免错误数据进入数据库中。在学习本章内容时，读者应该多加练习，尝试一题多解，举一反三，才能灵活运用相关知识。

4.6 本章练习

一、单选题

1．在 MySQL 中，可以用（　　）关键字来定义主键约束。

A．PRIMARY KEY　　B．AUTO_INCREMENT

C．FOREIGN KEY　　D．CHECK

2．下列有关主键的叙述中，正确的是（　　）。

A．不同的记录可以具有重复的主键值或空值

B．一个表中的主键可以有一个或多个字段

C．在一个表中的主键只能有一个字段

D．表中主键的数据类型必须定义为自动编号或文本

3．（　　）体现了关系数据库的参照完整性。

A．主键　　B．超键　　C．外键　　D．候选键

4．下列关于外键应该遵守规则的叙述中，正确的是（　　）。

A．一个表只能有一个外键

B．一个表不能有多个外键

C．一个表可以没有外键，也可以有多个外键

D．外键和相应的被参照列的名称必须相同

5．（　　）在删除主表被参照列的值时，系统自动删除从表引用该值的所有行。

A．RESTRICT　　B．NO ACTION　　C．SET NULL　　D．CASCADE

6．（　　）约束用于对表中的字段属性进行约束。

A．实体完整性　　B．参照完整性　　C．域完整性　　D．用户自定义的完整性

7．域完整性约束是在创建表时，对字段设置的（　　）属性实现的。

A．数据类型　　B．数据类型的精度

C．取值范围　　D．以上都是

8．若要限定数据表某个字段的取值范围为指定区间（如 0～100），该用（　　）来实现。

A．主键约束　　B．外键约束　　C．检查约束　　D．域完整性约束

二、填空题

1. ____________的值用于唯一标识表中的每一行数据。

2. 唯一性约束是指将表中____________定义为唯一键，它（们）的取值是唯一的。

3. 在创建数据表时，若某个字段的值不允许为空，则可以使用____________约束来限定。

4. ____________用于指明字段的取值由系统设定，其值依次递增且不重复。

5. 参照完整性是通过定义外键约束来实现的，通过____________可以指定某一个字段或一组字段作为外键。

6. 域完整性可以确保不会保存无效的值，主要包括____________、____________、____________等约束。

7. 用户自定义的完整性可以通过____________、____________、____________、____________、____________约束来实现。

8. 检查约束用于限定字段的特定取值范围，其关键字是____________。

三、简答题

1. 简述主键约束、唯一性约束、自增约束的区别和联系。

2. 简述空约束和非空约束的用途。

3. 简述外键应该遵守的规则。

4. 简述参照完整性的删除规则和更新规则。

四、上机实践题

在第 3 章“四、上机实践题”创建的 stu 数据库中创建以下两个数据表以完善该数据库。

（1）教师授课表（t_course_teach），该表的字段要求如表 4.2 所示。

表 4.2　t_course_teach

字 段 名	数 据 类 型	长　度	主　键	说　明
teacher_id	char	8	是	教师工号
course_id	char	5	是	课程 ID
teach_date	date			授课日期

其中，teacher_id 字段需要与 t_teacher 表的 id 字段建立外键关联，course_id 字段需要与 t_course 表的 id 字段建立外键关联。

（2）选课表（t_course_select），该表的字段要求如表 4.3 所示。

表 4.3　t_course_select

字 段 名	数 据 类 型	长　度	主　键	说　明
student_no	char	9	是	学生学号
course_id	char	5	是	课程 ID
score	decimal	(4,1)		成绩

其中，student_no 字段需要与 t_student 表的 no 字段建立外键关联，course_id 字段需要与 t_course 表的 id 字段建立外键关联。

第5章　数据查询

数据查询是数据库系统中最常用的功能，它能使用户快速、方便地使用数据库中的数据。使用 SQL 语言中的 SELECT 语句能实现对数据库的查询，该查询语句的作用是按用户要求从数据库中检索数据，并将查询结果返回给用户，此结果以另外一个二维表的形式显示，称为结果集。SELECT 语句是 SQL 语言中最常用的语句，而其又根据查询要求的不同具有不同的表示形式，因此 SELECT 语句也是 SQL 语言中最复杂的语句。

SELECT 语句的语法如下。

语法：SELECT 语句

```
SELECT
    [ALL | DISTINCT | DISTINCT ROW ]
    select_expr, ...
    [FROM table_references]
    [WHERE where_definition]
    [GROUP BY {col_name | expr | position}
      [ASC | DESC], ... [WITH ROLLUP]]
    [HAVING where_definition]
    [ORDER BY {col_name | expr | position}
      [ASC | DESC] , ...]
    [LIMIT {[offset,] row_count | row_count OFFSET offset}]
```

上述语法中各参数的含义如下。

（1）ALL|DISTINCT|DISTINCT ROW：指定重复行是否应被返回。如果这些选项没有被给定，则默认值为 ALL（所有的匹配行被返回）。DISTINCT 和 DISTINCT ROW 是同义词，用于指定结果集合中的重复行应被删除。

（2）select_expr 目标表达式为查询结果集中要显示的列，并可指定其排列顺序，该表达式可以是星号（*）、表达式、列表、变量等，其中星号（*）用于返回表或视图的所有列。

（3）为了使用 SELECT 检索表中数据，必须至少给出两条信息，即想得到什么（SELECT），以及从什么地方进行选择（FROM）。FROM 子句中的 table_references 指示行从哪个表或哪些表中被恢复。

（4）WHERE 子句指定查询的搜索条件。

（5）GROUP BY 子句指定查询结果的分组条件。

（6）ORDER BY 子句指定查询结果的排序方法。

（7）LIMIT 子句用于限制返回的查询结果集的行数。

使用子句时要注意它们的次序，如果次序不正确，将产生错误消息。

5.1　简 单 查 询

简单查询是指按照一定条件在单个关系（即单张表）中进行数据查询。

【例 5.1】 在数据库 library 中查询 t_book 表中全部图书的基本信息。

```
select  *   from  t_book;
```

查询结果如图 5.1 所示。

信息　Result 1　剖析　状态

book_id	book_name	author	publisher	introduction	publisher_year	ISBN	classification_symbo	num	is_enable
7509	大数据与机器学习	陈春宝，阙子扬，钟飞	机械工业出版社	本书立足商业实践	2017.0	978-7-111-55680-0	TP274	48	1
7510	面向机器学习的自然语	James Pustejovsky,	机械工业出版社	本书内容包括"基	2017.0	978-7-111-55515-5	TP391	43	1
7511	Python大战机器学习	华校专，王正林编著	电子工业出版社	本书讲述机器学习	2017.0	978-7-121-30894-9	TP311.561	21	1
7512	Python机器学习	(美)Michael Bowles著	人民邮电出版社	本书共分为7章，	2017	978-7-115-43373-2	TP311.56	48	1
7513	实用机器学习	孙亮黄倩	人民邮电		2017	9787115446466	TP181	37	1
7514	Apache Spark机器学	(美)刘永川(Alex Liu)著	机械工业出版社	本书共11章，内容	2017	978-7-111-56255-9	TP274	23	1
7515	数控挖掘与机器学习	袁梅宇编著	清华大学出版社	本书共分9章，主	2016.8	978-7-302-44470-1	TP274	44	1
7516	机器学习导论	(美)米罗斯拉夫·库巴特	机械工业出版社	本书通过给出易操	2016.11	978-7-111-54868-3	TP181	41	1
7517	机器学习导论	(土耳其)埃塞姆·阿培丁	机械工业出版社	本书全面介绍了机	2016.0	978-7-111-52194-5	TP181	23	1
7518	机器学习	(英)Peter Flach著	人民邮电出版社	本书首先介绍了机	2016.0	978-7-115-40577-7	TP181	31	1
7519	机器学习	周志华著	清华大学出版社	本书共16章，分为	2016.0	978-7-302-42328-7	TP181	37	1

select * from t_book　　查询时间: 0.168s　　第 1 条记录 (共 187 条)

图 5.1　【例 5.1】查询结果

【例 5.2】 在数据库 library 中查询 t_book 表中图书的 ISBN、书名及作者。

```
SELECT  ISBN,book_Name,Author   FROM   t_book;
```

查询结果如图 5.2 所示。

ISBN	book_Name	Author
978-7-111-55680-0	大数据与机器学习	陈春宝，阙子扬，钟飞著
978-7-111-55515-5	面向机器学习的自然语言标注	James Pustejovsky, Amber Subbs著
978-7-121-30894-9	Python大战机器学习	华校专，王正林编著
978-7-115-43373-2	Python机器学习	(美)Michael Bowles著
9787115446466	实用机器学习	孙亮黄倩
978-7-111-56255-9	Apache Spark机器学习	(美)刘永川(Alex Liu)著
978-7-302-44470-1	数控挖掘与机器学习	袁梅宇编著
978-7-111-54868-3	机器学习导论	(美)米罗斯拉夫·库巴特(MiroslavKubat)著

图 5.2　【例 5.2】查询结果

【例 5.3】 在数据库 library 中查询 t_book 表中所有图书的出版社。

【分析】 因为一个出版社有多本书出版，所以这里需要用 distinct 关键字去掉重复记录。

```
select  distinct  publisher  from  t_book;
```

读者可自行比较一下如果没有 DISTINCT 关键字，结果有何区别。

查询结果如图 5.3 所示。

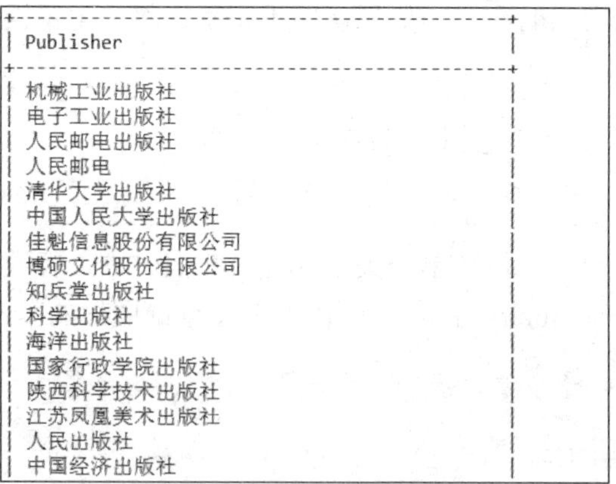

Publisher
机械工业出版社
电子工业出版社
人民邮电出版社
人民邮电
清华大学出版社
中国人民大学出版社
佳魁信息股份有限公司
博硕文化股份有限公司
知兵堂出版社
科学出版社
海洋出版社
国家行政学院出版社
陕西科学技术出版社
江苏凤凰美术出版社
人民出版社
中国经济出版社

图 5.3　【例 5.3】查询结果

【例 5.4】在数据库 library 中查询 t_book 表中的前 3 行。

```
SELECT * FROM t_book LIMIT 3;
```

查询结果如图 5.4 所示。

信息　Result 1　剖析　状态

book_id	book_name	author	publisher	introduction	publisher_year	ISBN	classification_symbo	num	is_enable
7509	大数据与机器学习	陈春宝，阙子扬，钟飞	机械工业出版社	本书立足商业实践	2017.0	978-7-111-55680-0	TP274	48	1
7510	面向机器学习的自然语	James Pustejovsky,	机械工业出版社	本书内容包括"基础	2017.0	978-7-111-55515-5	TP391	43	1
7511	Python大战机器学习	华校专，王正林编著	电子工业出版社	本书讲述机器学习	2017.0	978-7-121-30894-9	TP311.561	21	1

图 5.4　【例 5.4】查询结果

【例 5.5】　在数据库 library 中查询 t_book 表中从第 3 行开始的两行数据。

```
select * from t_book limit 2,2;
```

查询结果如图 5.5 所示。

信息　Result 1　剖析　状态

book_id	book_name	author	publisher	introduction	publisher_year	ISBN	classification_symbo	num	is_enable
7511	Python大战机器学习	华校专，王正林编著	电子工业出版社	本书讲述机器学习	2017.0	978-7-121-30894-9	TP311.561	21	1
7512	Python机器学习	(美)Michael Bowles著	人民邮电出版社	本书共分为7章，i	2017	978-7-115-43373-2	TP311.56	48	1

图 5.5　【例 5.5】查询结果

【说明】LIMIT 2,2 中第一个数 2 为开始位置，因为第一行的行标为 0，所以第 3 行的行标为 2，而第二个数 2 表示要检索的行数。由此可见，【例 5.4】中 LIMIT 3 等同于 LIMIT 0,3。

5.1.1　WHERE 子句

数据表中一般包含大量的数据，很少需要检索表中所有的数据行，通常会根据查询条件进行过滤，只返回满足条件的数据行，从而提高查询的效率。在 SELECT 语句中，通过 WHERE 子句中指定的搜索条件来对数据进行过滤。WHERE 子句在 FROM 子句之后给出。

1. 比较查询

比较查询条件由两个表达式和一个比较运算符（见表 5.1）组成。

表 5.1 比较运算符

运 算 符	说 明	运 算 符	说 明
=	等于	<=	小于或等于
<>	不等于	>	大于
!=	不等于	>=	大于或等于
<	小于	<=>	相等或都等于空

【例 5.6】在数据库 library 中查询电子工业出版社出版的书名及 ISBN。

```
SELECT book_name,isbn FROM t_book WHERE publisher="电子工业出版社";
```

查询结果如图 5.6 所示。

```
+--------------------------+--------------------+
| book_name                | isbn               |
+--------------------------+--------------------+
| Python大战机器学习         | 978-7-121-30894-9 |
| Spark MLlib机器学习        | 978-7-121-28214-0 |
| 深度学习                  | 978-7-121-29115-9 |
| 无监督学习方法及其应用      | 978-7-121-30502-3 |
+--------------------------+--------------------+
```

图 5.6 【例 5.6】查询结果

2. 用通配符进行过滤

通配符是用来匹配值的一部分的特殊字符。最常用的通配符是百分号“%”，表示任何字符出现任意次数；另一个通配符是下画线“_”，但下画线只匹配单个字符。为了在搜索子句中使用通配符，必须使用 LIKE 操作符，这种查询又称模糊查询。

【例 5.7】在数据库 library 中查询 t_book 表中含有“大数据”字样的书名及出版社信息。

```
SELECT book_name,publisher FROM t_book WHERE book_name LIKE '%大数据%';
```

查询结果如图 5.7 所示。

```
+------------------------------------------------------------------+--------------------+
| book_name                                                        | publisher          |
+------------------------------------------------------------------+--------------------+
| 大数据与机器学习                                                   | 机械工业出版社       |
| 大数据挖掘与统计机器学习                                            | 中国人民大学出版社    |
| Python+Spark 2.0+Hadoop机器学习与大数据分析实战                      | 博硕文化股份有限公司  |
| 王者归来：WEKA机器学习与大数据圣经（第3版）                           | 佳魁信息股份有限公司  |
| 从人到人工智能，破解AI革命的68个核心概念：实战专家全图解 x 大数据时代的关键思考 | 脸谱          |
| 大数据背景下不确定性人工智能中的知识表达、知识获取及推理                  | 东北大学出版社       |
+------------------------------------------------------------------+--------------------+
6 rows in set (0.10 sec)
```

图 5.7 【例 5.7】查询结果

【例 5.8】在数据库 library 中查询 t_book 表中不含有“出版社”字样的出版社名称。

```
SELECT DISTINCT publisher FROM t_book WHERE publisher NOT LIKE '%出版社%';
```

查询结果如图 5.8 所示。

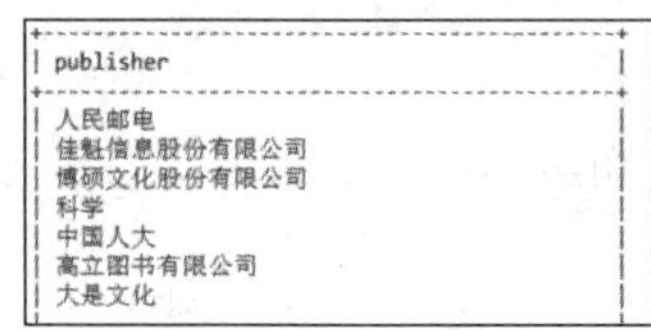

publisher
人民邮电
佳魁信息股份有限公司
博硕文化股份有限公司
科学
中国人大
高立图书有限公司
大是文化

图 5.8　【例 5.8】查询结果

当用户要查询的字符串本身就含有通配符的符号（如“%”或“_”）时，要使用转义字符“\”对通配符进行转义。如查询 t_book 表中含有“%”的出版社名称。

```
SELECT publisher FROM t_book WHERE publisher LIKE '%\%%';
```

3．范围查询

1）使用 BETWEEN…AND…语句指定范围

为了检查某个范围的值，可使用 BETWEEN 操作符，在使用时，必须指定两个值，即所需范围的低端值和高端值，且这两个值必须用 AND 关键字分隔。检索结果匹配该范围中的所有值，包括指定的开始值和结束值。

【例 5.9】在数据库 library 中查询 t_book 表中书的数量为 10～20 本的书名和出版社。

```
SELECT book_name,publisher FROM t_book WHERE num BETWEEN 10 AND 20;
```

查询结果如图 5.9 所示。

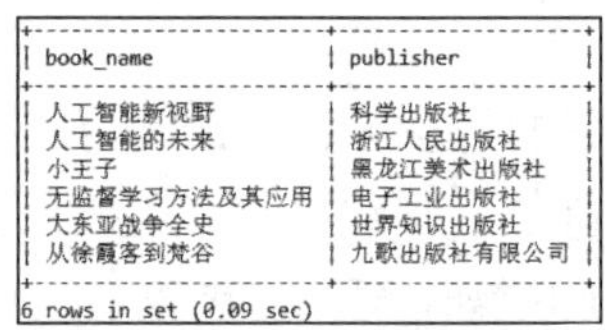

book_name	publisher
人工智能新视野	科学出版社
人工智能的未来	浙江人民出版社
小王子	黑龙江美术出版社
无监督学习方法及其应用	电子工业出版社
大东亚战争全史	世界知识出版社
从徐霞客到梵谷	九歌出版社有限公司

6 rows in set (0.09 sec)

图 5.9　【例 5.9】查询结果

2）使用 IN 操作符指定条件范围

包含列表查询条件的查询通常使用 IN 操作符指定列表查询条件。列表中的每个条件都可以进行匹配，列表中的每个值之间需要用逗号进行分隔，且列表要放在圆括号中。

【例 5.10】在数据库 library 中查询 t_book 表中清华大学出版社和电子工业出版社出版的书名、出版社及 ISBN。

```
SELECT book_name,publisher,ISBN FROM t_book
WHERE publisher IN('清华大学出版社','电子工业出版社');
```

查询结果如图 5.10 所示。

book_name	publisher	ISBN
Python大战机器学习	电子工业出版社	978-7-121-30894-9
数控挖掘与机器学习	清华大学出版社	978-7-302-44470-1
机器学习	清华大学出版社	978-7-302-42328-7
Spark MLlib机器学习	电子工业出版社	978-7-121-28214-0
深度学习	电子工业出版社	978-7-121-29115-9
无监督学习方法及其应用	电子工业出版社	978-7-121-30502-3

6 rows in set (0.09 sec)

图 5.10　【例 5.10】查询结果

若将【例 5.10】改为查询非清华大学出版社和电子工业出版社出版的书名、出版社及ISBN，则代码只需改为：

```
SELECT  book_name,publisher,ISBN  FROM  t_book
WHERE  publisher  NOT  IN('清华大学出版社','电子工业出版社') ;
```

4. 空值检查

SELECT 语句有一个特殊的 WHERE 子句，可用来检查具有 NULL 值的列，这个 WHERE 子句就是 IS NULL 子句。也可以用 IS NOT NULL 检查具有非空值的列。如果在创建表时，设计人员指定其中的列可以含空值，则可以通过该子句查出该字段中为空值的相关记录。

【例 5.11】在数据库 library 中查询 t_book 表中出版社信息为空的图书信息。

```
SELECT  *  FROM  t_book  WHERE  publisher  IS  NULL;
```

查询结果如图 5.11 所示。

```
Empty set
```

图 5.11 【例 5.11】查询结果

【说明】因为表中没有符合条件的行，所以查询结果为空集。

5. 使用逻辑运算符进行查询

为了进行更强的过滤控制，还可以将前面介绍的查询条件通过逻辑运算符进行组合，得到更为复杂的查询条件。逻辑运算符有 4 种，分别是 NOT、AND、OR、XOR。其中，NOT 表示对条件的否定；AND 用于连接两个条件，返回同时满足这两个条件的行；OR 也用于连接两个条件，但返回满足其中任一条件的行；XOR 同样用于连接两个条件，只返回仅满足两个条件中其中一个条件的行。

这 4 种运算符的优先级从高到低的顺序是 NOT、AND、OR、XOR。读者可以通过使用圆括号来改变其优先级关系，建议使用括号明确各表达式的计算次序。

【例 5.12】用逻辑运算符完成【例 5.9】，即在数据库 library 中查询 t_book 表中书的数量为 10～20 本的书名和出版社。

```
SELECT  book_name,publisher  FROM  t_book  WHERE  num >=10 AND num<=20 ;
```

【例 5.13】在数据库 library 中查询 t_book 表中清华大学出版社出版的《机器学习》的相关信息。

```
SELECT  *  FROM  t_book
WHERE  publisher='清华大学出版社'  AND  book_name='机器学习' ;
```

查询结果如图 5.12 所示。

book_id	book_name	author	publisher	introduction	publisher_year	ISBN	classification_symbol	num	is_enable
7519	机器学习	周志华著	清华大学出版社	本书共16章，分为3个部分：第1部分（第1-3章）介绍机器学习的基础知识；第2部分（第4-10章）讨论一些经典而常用的机器学习方法（决策树、神经网络、支持向量机、贝叶斯分类器、集成学习、聚类、降维与度量学习）；第3部分（第11-16章）为进阶知识，内容涉及特征选择与稀疏学习、计算学习理论、半监督学习、概率图模型、规则学习以及强化学习等。	2016.0	978-7-302-42328-7	TP181	37	1

1 row in set (0.09 sec)

图 5.12　【例 5.13】查询结果

【例 5.14】用逻辑运算符完成【例 5.10】，即在数据库 library 中查询 t_book 表中清华大学出版社和电子工业出版社出版的书名、出版社及 ISBN。

```
SELECT   book_name,publisher,ISBN   FROM   t_book
WHERE   publisher ='清华大学出版社'   OR   publisher='电子工业出版社';
```

通过以上示例可以发现，同一个题目采取不同的查询方法也能得到相同的结果。在学习的过程中，读者不必追求答案一致，而是要学会举一反三，学会提出问题，通过思考去解决问题，最后进行总结和对比，找出最适合具体情况的方法。

5.1.2　ORDER BY 子句

关系数据库设计理论认为，如果没有明确规定排列顺序，则检索出的数据顺序没有意义。为了对 SELECT 语句检索出的数据进行明确的排序，可以使用 ORDER BY 子句。ORDER BY 子句取一个或多个列的名称，据此对输出进行排序。默认为 ASC，即升序排列；若要采用降序排列，需要使用 DESC 关键字。

【例 5.15】在数据库 library 中查询 t_book 表中图书的书名及数量，按数量的升序进行排列。

```
SELECT  book_name,num   FROM  t_book  ORDER   BY   num;
```

查询结果如图 5.13 所示。

book_name	num
人工智能新视野	20
人工智能的未来	20
小王子	20
无监督学习方法及其应用	20
大东亚战争全史	20
从徐霞客到梵谷	20
Python大战机器学习	21
什么决定中国未来？	21

图 5.13　【例 5.15】查询结果

【例 5.16】在数据库 library 中查询 t_reader 表中的读者姓名、性别及借书数量，按性别进行升序排列，性别相同的，按照借书数量进行降序排列。

```
SELECT   name,gender,borrowed_num   FROM   t_reader
ORDER   BY   gender,borrowed_num   DESC;
```

查询结果如图 5.14 所示。

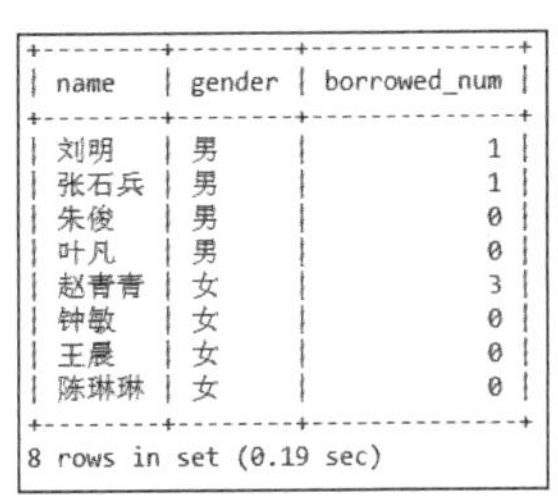

name	gender	borrowed_num
刘明	男	1
张石兵	男	1
朱俊	男	0
叶凡	男	0
赵青青	女	3
钟敏	女	0
王晨	女	0
陈琳琳	女	0

8 rows in set (0.19 sec)

图 5.14 【例 5.16】查询结果

【说明】

（1）若对多个列进行排序，实际是先对第一列进行排序，第一列相同的数据再按第二列进行排序，如果想在多个列上都进行降序排列，则必须对每个列指定 DESC 关键字。

（2）使用 ORDER BY 和 LIMIT 1 的组合，能够找出一列中的最高值和最低值，但要注意 LIMIT 必须位于 ORDER BY 之后。读者可尝试用此方法查找书价最高或最低的图书信息。

（3）若要对所有记录进行随机排序，可使用 ORDER BY RAND()子句。

5.1.3 聚集函数

有时查询只是需要汇总数据，如确定表中行数，找出最大值、最小值等，这时不需要把所有数据实际检索出来，为方便这种类型的检索，MySQL 提供了专门的函数，如表 5.2 所示。

表 5.2 常用的聚集函数

函 数 名	功 能
SUM()	返回一个数值列或计算列的总和
AVG()	返回一个数值列或计算列的平均值
MIN()	返回一个数值列或计算列的最小值
MAX()	返回一个数值列或计算列的最大值
COUNT()	返回表中行的数目或符合特定条件的行的数目

【例 5.17】在数据库 library 中查询 t_book 表中清华大学出版社出版的书的最大数量。

```
SELECT  MAX(num)  FROM  t_book  WHERE  publisher="清华大学出版社";
```

查询结果如图 5.15 所示。

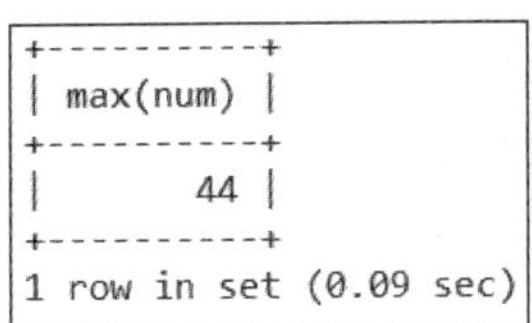

```
+----------+
| max(num) |
+----------+
|       44 |
+----------+
1 row in set (0.09 sec)
```

图 5.15 【例 5.17】查询结果

【例 5.18】在数据库 library 中查询 t_book 表中总共有多少种图书。

```
SELECT  COUNT(*)   FROM  t_book ;
```

查询结果如图 5.16 所示。

```
+-----------+
| count(*) |
+-----------+
|      187 |
+-----------+
1 row in set (0.10 sec)
```

图 5.16　【例 5.18】查询结果

【说明】使用 COUNT(*)对表中行的数目进行计数，不管表列中包含的是空值（NULL）还是非空值；若使用 COUNT(列名)，则空值行不参与计数。

【例 5.19】 在数据库 library 中查询 t_book 表中所有图书的总库存量。

```
SELECT    SUM(num)   AS   "总库存"  FROM  t_book  ;
```

查询结果如图 5.17 所示。

```
+---------+
| 总库存 |
+---------+
| 6324   |
+---------+
1 row in set (0.07 sec)
```

图 5.17　【例 5.19】查询结果

【说明】SELECT 字段名后可以用 AS 关键字为该列赋予别名。

5.1.4　GROUP BY 子句

使用 SELECT 语句进行查询时，如果希望将数据记录依据设置的条件进行分组，可以通过使用 GROUP BY 子句来实现。GROUP BY 子句可以将查询结果按字段或字段组合在行的方向上进行分组，每组在该字段或字段组合上具有相同的值。

【例 5.20】在数据库 library 中统计 t_book 表中每个出版社图书的库存总量，并按库存总量降序排列。

```
SELECT  publisher,SUM(num)   AS   "库存"  FROM  t_book
GROUP BY   publisher
ORDER   BY 库存 DESC ;
```

查询结果如图 5.18 所示。

publisher	库存
机械工业出版社	433
吉林出版集团股份有限公司	221
台海出版社	175
人民邮电出版社	173
时事出版社	164
中国长安出版社	148
哈尔滨出版社	143
九歌出版社有限公司	118
社会科学文献出版社	112
中央编译出版社	106
人民出版社	100

图 5.18　【例 5.20】查询结果

在具体使用 GROUP BY 子句前，需要知道一些重要的规定：

（1）除了聚集函数，SELECT 语句中的每一列都必须在 GROUP BY 子句中给出；且如果在 SELECT 语句中使用表达式，则在 GROUP BY 子句中也需要指定相同的表达式，不能使用别名。

（2）如果分组列中具有 NULL 值，则 NULL 将作为一个分组返回；如果列中有多行 NULL，它们将分为一组。

（3）GROUP BY 子句可以包含任意数目的列，这使得它能对分组进行嵌套，按层次结果顺序，从组内的最低级别到最高级别汇总组。

（4）GROUP BY 子句必须出现在 WHERE 子句之后、ORDER BY 子句之前。

（5）若在 GROUP BY 子句最后加上可选项[WITH ROLLUP]，则在结果集中不仅包含由 GROUP BY 提供的行，还包含汇总行，汇总行在结果集中显示为 NULL。

（6）若希望对查询和计算后的结果做进一步筛选，可以使用 GROUP BY 子句配合 HAVING 语句来实现。HAVING 语句作用于组，必须用于 GROUP BY 子句之后。HAVING 语句与 WHERE 语句语法类似，但 WHERE 语句用于过滤行，而 HAVING 语句用于过滤分组。

【例 5.21】在数据库 library 中统计 t_reader 表中不同读者类别的男女生人数、总人数，以及所有读者的总人数。

```
SELECT reader_type_id,gender,COUNT(*) AS 人数 FROM t_reader
GROUP BY reader_type_id,gender WITH ROLLUP;
```

查询结果如图 5.19 所示。

```
+----------------+--------+------+
| reader_type_id | gender | 人数 |
+----------------+--------+------+
|              1 | 男     |    3 |
|              1 | 女     |    3 |
|              1 | NULL   |    6 |
|              2 | 男     |    1 |
|              2 | 女     |    1 |
|              2 | NULL   |    2 |
| NULL           | NULL   |    8 |
+----------------+--------+------+
7 rows in set (0.10 sec)
```

图 5.19　【例 5.21】查询结果

【例 5.22】在数据库 library 中查询 t_book 表中图书库存总量大于 400 的出版社。

```
SELECT publisher,SUM(num) AS "库存" FROM t_book
GROUP BY publisher HAVING 库存>400;
```

查询结果如图 5.20 所示。

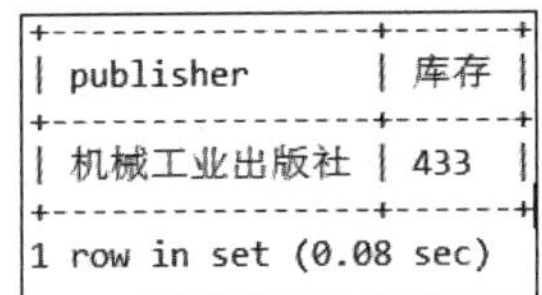

publisher	库存
机械工业出版社	433

1 row in set (0.08 sec)

图 5.20　【例 5.22】查询结果

5.2 连接查询

如果数据存储在多个表中，怎样用单条 SELECT 语句检索出数据呢？当两个或多个表中存在相同意义的字段时，可以通过这些字段对不同的表进行连接查询。连接查询主要包括内连接、自连接、外连接和交叉连接等。下面对前三种连接进行介绍。

5.2.1 内连接

内连接是一种常见的连接方式，也是 MySQL 默认的连接方式。内连接使用比较运算符对两个表中的数据进行比较连接，并列出与连接条件匹配的数据行，组合成新的记录，即在内连接查询中，只有满足条件的记录才能出现在查询结果中。

内连接查询的语法如下：

语法：内连接查询

```
SELECT select_expr, ... FROM table_references
WHERE conditional_expr
或者
SELECT select_expr, ... FROM table_references INNER JOIN table_references
ON conditional_expr
```

【说明】

（1）FROM 后的 table_references 可以使用 tbl_name AS alias_name 或 tbl_name alias_name 指定别名，还可跟多个表名，表名和表名之间用逗号隔开，可以为每张表分别取别名，表名和别名中间用空格隔开。若定义了别名，需要使用别名；若未定义别名，表名即为别名。

（2）若在查询字段或条件表达式中出现两个表的公共字段，则在该公共字段名前必须加上表的别名作为区分。

（3）conditional_expr 用于将连接查询中的两个表通过相同字段进行连接。

（4）在查询结果中，可以用 SELECT 别名 1.*、别名 2.*显示连接的两张表中的所有字段，若逐个列出所有字段，并把目标列中的重复字段去掉，则称为自然连接。

【例 5.23】 在数据库 library 中查询被借阅的每本书的书名及借阅者的 id。

书的书名等相关信息存放在 t_book 表中，借阅情况存放在 t_borrow 表中，该查询过程涉及上述两张表，这两张表通过公共字段 book_id 实现内连接。SQL 语句如下：

```
SELECT   a.book_name,b.reader_id   FROM   t_book a,t_borrow b
WHERE    a.book_id=b.book_id;
```

或

```
SELECT   book_name,reader_id    FROM   t_book
INNER   JOIN   t_borrow    ON   t_book.book_id=t_borrow.book_id;
```

【说明】

（1）INNER 可省略不写。

（2）SELECT 后的字段名如果不是两张表的公共字段，则可以将表的别名省略。

此题也可以用以下 SQL 语句实现：

```
SELECT    book_name,reader_id     FROM    t_book,t_borrow
WHERE     t_book.book_id=t_borrow.book_id;
```

并不会影响运行结果。

查询结果如图 5.21 所示。

```
+--------------------------------------------+-----------+
| book_name                                  | reader_id |
+--------------------------------------------+-----------+
| 大数据与机器学习                             | 081101    |
| Python大战机器学习                           | 081102    |
| Python+Spark 2.0+Hadoop机器学习与大数据分析实战 | 081101    |
| 中国未来核潜艇力量                           | 081101    |
| Python+Spark 2.0+Hadoop机器学习与大数据分析实战 | 091101    |
+--------------------------------------------+-----------+
5 rows in set (0.08 sec)
```

图 5.21 【例 5.23】查询结果

【例 5.24】用自然连接查询每条借阅记录及借阅人的相关信息。

因为借阅记录和读者信息中都含有作者 id，如果要进行自然连接，需要去掉一个作者 id 字段，SQL 语句如下：

```
SELECT a.*,b.borrow_id,b.book_id,b.lend_date,b.date_of_expiry,b.return_date
FROM    t_reader a,t_borrow b
WHERE    a.reader_id=b.reader_id;
```

查询结果如图 5.22 所示。读者也可以参照【例 5.23】使用 INNER JOIN 完成该查询。

信息 Result 1 剖析 状态

reader_id	name	gender	reader_type_id	borrowed_num	phone	is_enable	borrow_id	book_id	lend_date	date_of_expiry	return_date
081101	赵青青	女	1	3	13902070011	1	1	7509	2022-03-03 00:00:0C	2022-03-17 00:00:0C	(Null)
081102	刘明	男	1	1	13502070003	1	2	7511	2022-03-05 00:00:0C	2022-03-19 00:00:0C	(Null)
081101	赵青青	女	1	3	13902070011	1	3	7523	2022-03-08 00:00:0C	2022-03-22 00:00:0C	(Null)
081101	赵青青	女	1	3	13902070011	1	4	7551	2022-03-12 00:00:0C	2022-03-26 00:00:0C	(Null)
091101	张石兵	男	2	1	13802070017	1	5	7523	2022-03-12 00:00:0C	2022-03-26 00:00:0C	(Null)

图 5.22 【例 5.24】查询结果

【例 5.25】在数据库 library 中查询每本书的借阅信息，包括书名、ISBN、借书日期、读者姓名及性别。

已知图书信息在 t_book 表中，借阅信息在 t_borrow 表中，读者信息在 t_reader 表中，所以此题需要将 3 张表进行连接，这时先把两张表连接成一个大表，再将其和第三张表进行连接。若需要多张表进行连接，以此类推。*n* 个表连接时，需要（n−1）个连接条件。SQL 语句如下：

```
SELECT    book_name,isbn,lend_date,name,gender
FROM    t_borrow a,t_book b,t_reader c
```

```
WHERE    a.book_id=b.book_id    AND    a.reader_id=c.reader_id;
```

通过 WHERE 子句可以看到，3 张表的连接首先是将 t_book 表和 t_borrow 表通过公共字段 book_id 进行连接，然后将 t_borrow 表和 t_reader 表通过公共字段 reader_id 进行连接。

查询结果如图 5.23 所示。读者也可以参照【例 5.23】使用 JOIN…ON 关键字完成该查询。

```
+----------------------------------------------+-------------------+---------------------+--------+--------+
| book_name                                    | isbn              | lend_date           | name   | gender |
+----------------------------------------------+-------------------+---------------------+--------+--------+
| 大数据与机器学习                             | 978-7-111-55680-0 | 2022-03-03 00:00:00 | 赵青青 | 女     |
| Python大战机器学习                           | 978-7-121-30894-9 | 2022-03-05 00:00:00 | 刘明   | 男     |
| Python+Spark 2.0+Hadoop机器学习与大数据分析实战 | 9789864341535.0   | 2022-03-08 00:00:00 | 赵青青 | 女     |
| 中国未来核潜艇力量                           | 978-7-5027-8987-9 | 2022-03-12 00:00:00 | 赵青青 | 女     |
| Python+Spark 2.0+Hadoop机器学习与大数据分析实战 | 9789864341535.0   | 2022-03-12 00:00:00 | 张石兵 | 男     |
+----------------------------------------------+-------------------+---------------------+--------+--------+
5 rows in set (0.09 sec)
```

图 5.23　【例 5.25】查询结果

5.2.2　自连接

连接操作不一定是在不同的表之间进行，同一张表内也可以进行自身连接操作，即将同一张表的不同行连接起来。在自连接中，必须为这一张表指定两个别名，使之在逻辑上成为两张表。其连接方式和内连接类似。

【例 5.26】 在数据库 library 中查询借阅记录中借阅过 book_id 为 7509 和 7523 两本书的读者的 id，以及借阅两本书的借书日期。

【分析】 已知借阅信息在 t_borrow 表中，但该表中每一条记录是一次借阅信息，如果通过单表，用前面所学的方法是无法查阅两本书都借阅过的读者信息的，所以需要将该表进行自连接，这样可以得到每一个人的两次借阅信息，继续通过筛选，就可以得到目标结果集。

读者可先通过自连接观察会得到什么样的结果集，自连接的语句如下：

```
SELECT   a.*,b.*   FROM   t_borrow   a ,t_borrow   b ;
```

执行该语句后，若 t_borrow 表中有 10 条记录，则结果集中会得到 100 条记录，即 10×10，但很明显这样的结果中同一条记录包含了不同用户的借阅信息，太多记录没有意义，所以通过 WHERE 子句进行筛选，将语句改为：

```
SELECT   a.*,b.*   FROM   t_borrow   a ,t_borrow   b   WHERE   a.reader_id=b.reader_id;
```

通过比较，发现结果数量大幅减少。

在使用内连接时也是一样，若 A 表有 20 条数据，B 表有 50 条数据，如果不加连接条件，则会得到 1000（20×50）条数据的结果集，这样的连接称为交叉连接，又称笛卡儿连接。但实际应用中，通常为了避免返回太多的无用数据，应该保证所有的连接都有 WHERE 子句。

通过上面的查询语句得到的查询结果如图 5.24 所示。

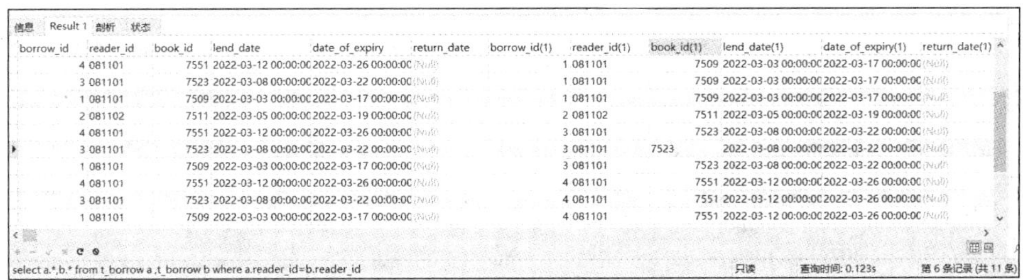

borrow_id	reader_id	book_id	lend_date	date_of_expiry	return_date	borrow_id(1)	reader_id(1)	book_id(1)	lend_date(1)	date_of_expiry(1)	return_date(1)
4	081101	7551	2022-03-12 00:00:00	2022-03-26 00:00:00	(Null)	1	081101	7509	2022-03-03 00:00:00	2022-03-17 00:00:00	(Null)
3	081101	7523	2022-03-08 00:00:00	2022-03-22 00:00:00	(Null)	1	081101	7509	2022-03-03 00:00:00	2022-03-17 00:00:00	(Null)
1	081101	7509	2022-03-03 00:00:00	2022-03-17 00:00:00	(Null)	1	081101	7509	2022-03-03 00:00:00	2022-03-17 00:00:00	(Null)
2	081102	7511	2022-03-05 00:00:00	2022-03-19 00:00:00	(Null)	2	081102	7511	2022-03-05 00:00:00	2022-03-19 00:00:00	(Null)
4	081101	7551	2022-03-12 00:00:00	2022-03-26 00:00:00	(Null)	3	081101	7523	2022-03-08 00:00:00	2022-03-22 00:00:00	(Null)
3	081101	7523	2022-03-08 00:00:00	2022-03-22 00:00:00	(Null)	3	081101	7523	2022-03-08 00:00:00	2022-03-22 00:00:00	(Null)
1	081101	7509	2022-03-03 00:00:00	2022-03-17 00:00:00	(Null)	3	081101	7523	2022-03-08 00:00:00	2022-03-22 00:00:00	(Null)
4	081101	7551	2022-03-12 00:00:00	2022-03-26 00:00:00	(Null)	4	081101	7551	2022-03-12 00:00:00	2022-03-26 00:00:00	(Null)
3	081101	7523	2022-03-08 00:00:00	2022-03-22 00:00:00	(Null)	4	081101	7551	2022-03-12 00:00:00	2022-03-26 00:00:00	(Null)
1	081101	7509	2022-03-03 00:00:00	2022-03-17 00:00:00	(Null)	4	081101	7551	2022-03-12 00:00:00	2022-03-26 00:00:00	(Null)

select a.*,b.* from t_borrow a ,t_borrow b where a.reader_id=b.reader_id　　只读　　查询时间: 0.123s　　第 6 条记录 (共 11 条)

图 5.24　自连接查询结果

对上述结果继续筛选，留下 a.book_id=7509 and b.book_id=7523 的记录即为所求。所以【例 5.26】的 SQL 语句如下：

```
SELECT    a.reader_id,a.book_id,a.lend_date,b.book_id,b.lend_date
FROM      t_borrow a ,t_borrow b
WHERE     a.book_id=7509 AND b.book_id=7523    AND   a.reader_id=b.reader_id;
```

查询结果如图 5.25 所示。

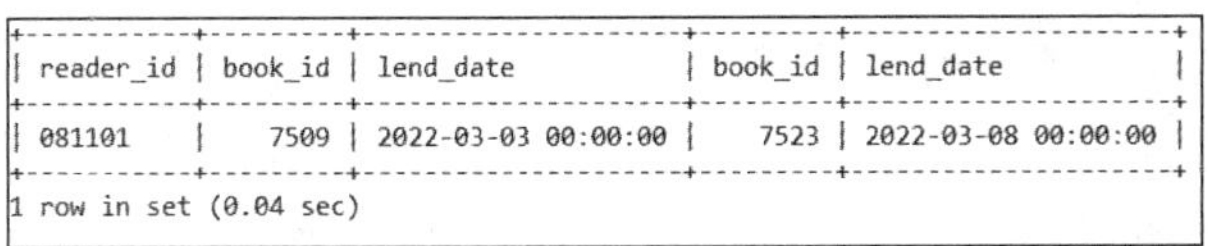

reader_id	book_id	lend_date	book_id	lend_date
081101	7509	2022-03-03 00:00:00	7523	2022-03-08 00:00:00

1 row in set (0.04 sec)

图 5.25　【例 5.26】查询结果

通过【例 5.26】可以发现，在学习写查询语句时，不一定要一步直接写出查询语句，可以先找到稍大的结果集，再逐步改进查询语句，缩小范围，最终得出正确的结果。

5.2.3　外连接

在前面讲解的内连接查询中，返回的结果只包含符合查询条件和连接条件的数据。但在查询数据时，有时还需要包含没有关联的数据，这就需要用到外连接。外连接的查询结果集中既包含那些满足条件的行，又包含其中某个表的全部行，据此有 3 种形式的外连接：左外连接、右外连接和全外连接。具体如下。

（1）LEFT JOIN（左外连接）：返回包括左表中的所有记录和右表中符合连接条件的记录。

（2）RIGHT JOIN（右外连接）：返回包括右表中的所有记录和左表中符合连接条件的记录。

（3）FULL JOIN（全外连接）：返回包括左表中的所有记录和右表中的所有记录。

外连接的语法如下：

语法：外连接查询

```
SELECT select_expr, ... FROM table_reference
LEFT|RIGHT|FULL[OUTER]  JOIN table_reference ON conditional_expr
```

【例 5.27】在数据库 library 中查询所有读者及其借阅图书的 id。

```
①SELECT  a.book_id,b.*  FROM  t_borrow a ,t_reader b  WHERE  a.reader_id=b.reader_id;
②SELECT  a.book_id,b.*  FROM  t_borrow  a  JOIN  t_ reader b
ON  a.reader_id=b.reader_id;
③SELECT  a.book_id,b.*  FROM  t_borrow  a  RIGHT  JOIN  t_reader b
ON  a.reader_id=b.reader_id;
④SELECT  a.book_id,b.*  FROM  t_borrow  a  LEFT  JOIN  t_ reader b
ON  a.reader_id=b.reader_id;
```

读者能看出这 4 条语句的区别吗？是否能预估它们的查询结果呢？

通过前面的学习可知，第 1、2 条查询语句都是内连接，得到的结果集为符合连接条件的记录，即满足 a.reader_id=b.reader_id 的所有记录。

第 3 条查询语句是右外连接，根据 FROM 语句可知，t_borrow 为左表，t_reader 为右表，所以得到的结果集不仅包含符合连接条件的记录，还包含右表（即 t_reader 表）的所有记录，得到的结果为所有读者及其借阅图书的 id，还没有借阅记录的读者信息也包括在内。第 4 条查询语句是左外连接，在 FROM 语句中，t_borrow 表在前，所以 t_borrow 表为左表，则结果集中不仅包含符合连接条件的记录，还应包含左表（即 t_borrow 表）的所有记录，但因完整性约束，数据库中只要有借阅记录，就一定有对应的读者信息，所以虽然看起来其结果和前两条查询语句一样，但这其实是两种不同的连接方式。

此题要查询的是所有读者信息，其涵盖了未借过书的读者信息，所以此题需要使用外连接，可用第 3 条查询语句进行查询，具体如下：

```
SELECT  a.book_id,b.*  FROM  t_borrow a  RIGHT  JOIN  t_reader b
ON  a.reader_id=b.reader_id;
```

查询结果如图 5.26 所示。

book_id	reader_id	name	gender	reader_type_id	borrowed_num	phone	is_enable
7551	081101	赵青青	女	1	3	13902070011	1
7523	081101	赵青青	女	1	3	13902070011	1
7509	081101	赵青青	女	1	3	13902070011	1
7511	081102	刘明	男	1	1	13502070003	1
NULL	081103	钟敏	女	1	0	13802070013	1
NULL	081104	朱俊	男	1	0	13802070016	1
NULL	081105	王晨	女	1	0	13802070014	1
NULL	081106	叶凡	男	1	0	13802070019	1
7523	091101	张石兵	男	2	1	13802070017	1
NULL	091102	陈琳琳	女	2	0	13802070020	1

10 rows in set (0.08 sec)

图 5.26　【例 5.27】查询结果

而第 1、2、4 条查询语句的查询结果如图 5.27 所示。

book_id	reader_id	name	gender	reader_type_id	borrowed_num	phone	is_enable
7509	081101	赵青青	女	1	3	13902070011	1
7511	081102	刘明	男	1	1	13502070003	1
7523	081101	赵青青	女	1	3	13902070011	1
7551	081101	赵青青	女	1	3	13902070011	1
7523	091101	张石兵	男	2	1	13802070017	1

5 rows in set (0.07 sec)

图 5.27　第 1、2、4 条查询语句的查询结果

5.3　子　查　询

5.3.1　利用子查询进行过滤

子查询是指一个查询语句嵌套在另一个查询语句内部的查询，通常嵌套在 WHERE 子句中。在外层的查询语句称为主查询，而嵌套在其中的查询语句称为子查询，子查询又称嵌套查询。在执行子查询嵌套在 WHERE 子句中的查询语句时，首先会执行子查询的语句，然后将返回的结果作为外层查询的过滤条件。在子查询中通常可以使用 IN 关键字、EXISTS 关键字和比较操作符（ALL 与 ANY）等。

1．IN 子查询

IN 子查询可以用来确定指定的值是否与子查询返回的数据相匹配，通过 IN（NOT IN）引入的子查询结果是一个数据列。

【例 5.28】 在数据库 library 中查询所有女生的借阅信息。

此题可以用内连接，也可以用子查询得到结果。内连接查询语句如下：

```
SELECT   a.*   FROM   t_reader  b   JOIN  t_borrow  a
ON   a.reader_id=b.reader_id   WHERE   b.gender="女";
```

查询结果如图 5.28 所示。

borrow_id	reader_id	book_id	lend_date	date_of_expiry	return_date
1	081101	7509	2022-03-03 00:00:00	2022-03-17 00:00:00	NULL
3	081101	7523	2022-03-08 00:00:00	2022-03-22 00:00:00	NULL
4	081101	7551	2022-03-12 00:00:00	2022-03-26 00:00:00	NULL

3 rows in set (0.07 sec)

图 5.28　【例 5.28】查询结果

下面介绍用子查询方法查询所有女生的借阅信息。因为 t_borrow 表中没有性别字段，所以需要先查询 t_reader 表，得到所有女生的 reader_id，再通过 IN 关键字把该结果嵌入另一条查询语句中。可以采取分步求解的方法，先写出查询所有女生的 reader_id 的查询语句。SQL 语句如下：

```
SELECT   reader_id   FROM   t_reader   WHERE   gender= "女";
```

查询结果如图 5.29 所示。

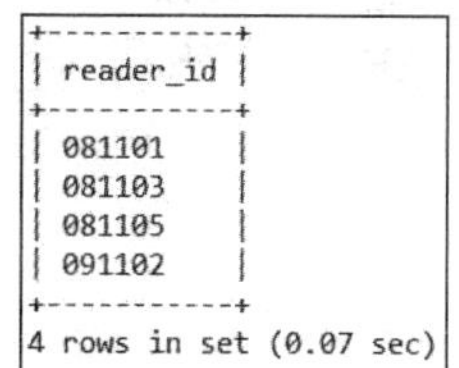

reader_id
081101
081103
081105
091102

4 rows in set (0.07 sec)

图 5.29　查询所有女生的 reader_id

再将这一结果嵌套在外层的 SELECT 语句中，即在 t_borrow 表中查询以上 reader_id 人员的借阅信息。即查询所有女生的借阅信息。

```
SELECT   *   FROM   t_borrow   WHERE   reader_id   IN
(SELECT   Reader_id   FROM   t_reader   WHERE   gender="女");
```

该查询语句同样能得到图 5.28 所示的查询结果。这条查询语句等同于下面的查询语句：

```
SELECT   *  FROM   t_borrow
WHERE   reader_id   IN("081101","081103","081105","091102");
```

虽然两条查询语句会得到同样的结果，但是在嵌套的查询语句中直接写查询的结果，这样的写法明显要麻烦得多，因为需要根据内层查询结果修改查询语句。

在进行复杂查询时，可以通过这种分步写查询的方法来进行调试，尤其是针对那些更为复杂的查询。

通过【5.28】可以看出，在 WHERE 子句中使用子查询能够编写出功能很强且很灵活的 SQL 语句。

【例 5.29】在数据库 library 中查询没有借阅过图书的读者信息。

```
SELECT   *   FROM   t_reader   WHERE   reader_id
NOT   IN (SELECT   DISTINCT   reader_id   FROM   t_borrow);
```

查询结果如图 5.30 所示。

reader_id	name	gender	reader_type_id	borrowed_num	phone	is_enable
081103	钟敏	女	1	0	13802070013	1
081104	朱俊	男	1	0	13802070016	1
081105	王晨	女	1	0	13802070014	1
081106	叶凡	男	1	0	13802070019	1
091102	陈琳琳	女	2	0	13802070020	1

5 rows in set (0.08 sec)

图 5.30　【例 5.29】查询结果

读者同样可以仿照【例 5.28】将该查询语句分步编写，进一步理解子查询。

2. EXISTS 子查询

在 EXISTS 关键字后面加一个子查询，这个 EXISTS 子查询的作用相当于测试，它不产生任何数据，只返回 TRUE 和 FALSE。其作用是将主查询的结果放到该子查询中进行条件验证，根据验证结果（TRUE 或 FALSE）来决定主查询的数据结果是否保留。

【例 5.30】在数据库 library 中查询借阅了电子工业出版社的图书的用户 id。

```
SELECT   reader_id   FROM   t_borrow  WHERE   EXISTS
( SELECT   *   FROM   t_book   WHERE t_borrow.book_id=t_book.book_id
AND   publisher="电子工业出版社");
```

查询结果如图 5.31 所示。

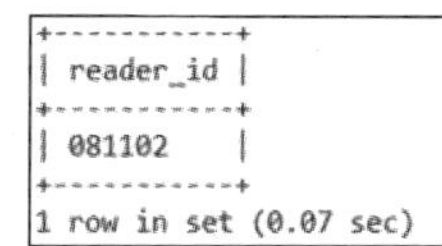

reader_id
081102

1 row in set (0.07 sec)

图 5.31　【例 5.30】查询结果

此题也可以用内连接来完成，读者可以自行编写 SQL 语句。

【例 5.31】使用 NOT EXISTS 查询没有借阅信息的用户 id、姓名信息，并按用户 id 升序排列。

```
SELECT  reader_id,name   FROM   t_reader  WHERE  NOT EXISTS
( SELECT *  FROM  t_borrow  WHERE  t_borrow.reader_id=t_reader.reader_id)
ORDER  BY  reader_id;
```

查询结果如图 5.32 所示。

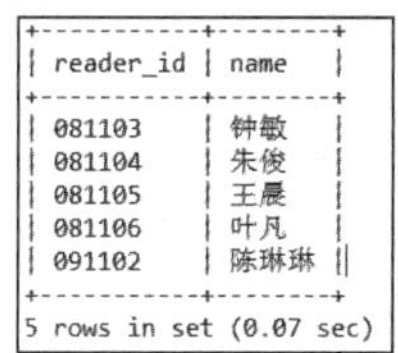

reader_id	name
081103	钟敏
081104	朱俊
081105	王晨
081106	叶凡
091102	陈琳琳

5 rows in set (0.07 sec)

图 5.32　【例 5.31】查询结果

此题也可用其他查询方法来完成，如 NOT IN 等。请读者自行完成。

3. 带有比较运算符的子查询

带有比较运算符的子查询是指主查询与子查询之间用比较运算符进行连接。当用户确切地知道内层查询返回的是单值时，可以将该查询结果用比较运算符（>、<、=、>=、<=、!=）嵌套在外层查询的筛选条件中。通常，使用了聚集函数的查询返回的值就是单值。

【例 5.32】在数据库 library 中查询库存量大于图书平均库存量的图书的 ISBN、书名和出版社信息。

```
SELECT   ISBN,book_name,publisher   FROM   t_book
WHERE   num>(SELECT AVG(num)   FROM   t_book);
```

查询结果如图 5.33 所示。

ISBN	book_name	publisher
978-7-111-55680-0	大数据与机器学习	机械工业出版社
978-7-111-55515-5	面向机器学习的自然语言标注	机械工业出版社
978-7-115-43373-2	Python机器学习	人民邮电出版社
9787115446466	实用机器学习	人民邮电
978-7-302-44470-1	数控挖掘与机器学习	清华大学出版社
978-7-111-54868-3	机器学习导论	机械工业出版社
978-7-302-42328-7	机器学习	清华大学出版社
978-7-300-23101-3	大数据挖掘与统计机器学习	中国人民大学出版社
9789864341535.0	Python+Spark 2.0+Hadoop机器学习与大数据分析实战	博硕文化股份有限公司
9789863794578.0	王者归来：WEKA机器学习与大数据圣经（第3版）	佳魁信息股份有限公司
978-7-03-046800-0	中国未来的气候变化预估	科学出版社
978-7-5027-8987-9	中国未来核潜艇力量	海洋出版社
978-7-5150-1622-1	中国未来五年发展新布局	国家行政学院出版社
978-7-5369-6062-6	中国未来十大工程	陕西科学技术出版社
978-7-5136-2718-4	中国未来十年的机遇与挑战	中国经济出版社
978-7-5117-1827-3	中国未来30年	中央编译出版社

图 5.33　【例 5.32】查询结果

从上述语句中可以看出，该查询首先通过聚集函数——AVG 函数查询出所有书的平均库存量，然后将这个平均库存量作为外层查询的条件，最后得到符合条件的返回结果。

【例 5.33】在数据库 library 中查询清华大学出版社出版的库存量最多的图书信息。

```
SELECT  *   FROM   t_book  WHERE   num=
(SELECT   MAX(num) FROM t_book WHERE publisher="清华大学出版社")
AND   publisher="清华大学出版社" ;
```

查询结果如图 5.34 所示。

信息 Result 1 剖析 状态

book_id	book_name	author	publisher	introduction	publisher_year	ISBN	classification_symbo	num	is_enable
7515	数控挖掘与机器学习	袁梅宇编著	清华大学出版社	本书共分9章，主	2016.8	978-7-302-44470-1	TP274	44	1

图 5.34 【例 5.33】查询结果

4．带有 ANY 或 ALL 关键字的子查询

当子查询返回单值时，可以用比较运算符连接子查询；当返回多值时，除了用 IN 关键字，还可以用 ANY 或 ALL 关键字做谓词修饰符。但用 ANY 或 ALL 做谓词时，必须同时使用比较运算符。ANY 关键字表示满足其中任意一个条件，而 ALL 表示须同时满足所有内层查询条件。ANY、ALL 谓词与聚集函数、IN 谓词的等价转换关系如表 5.3 所示。

表 5.3 ANY、ALL 谓词与聚集函数、IN 谓词的等价转换关系

谓　词	转 换 关 系					
	=	<>或!=	<	<=	>	>=
ANY	IN	--	<MAX	<=MAX	>MIN	>=MIN
ALL	--	NOT IN	<MIN	<=MIN	>MAX	>=MAX

【例 5.34】用 ALL 关键字完成【例 5.33】，即在数据库 library 中查询清华大学出版社出版的库存量最多的图书信息。

```
SELECT  *  FROM  t_book  WHERE   num>=ALL(SELECT   num FROM   t_book
WHERE    publisher="清华大学出版社")    AND   publisher="清华大学出版社" ;
```

【例 5.35】查询库存量低于电子工业出版社出版的某一图书库存量的图书信息，并要求是其他出版社，即不包括电子工业出版社的图书信息。

【分析】这里所说的“低于”是指小于电子工业出版社出版的库存量最大的那个值。所以可以先通过查询语句查找所有电子工业出版社出版的图书库存量，再用 ANY 关键字表示满足其中任意一个条件即可。

```
SELECT  *  FROM  t_book  WHERE   num<ANY
(SELECT   num    FROM   t_book   WHERE   publisher="电子工业出版社")
AND publisher!="电子工业出版社";
```

查询结果如图 5.35 所示。

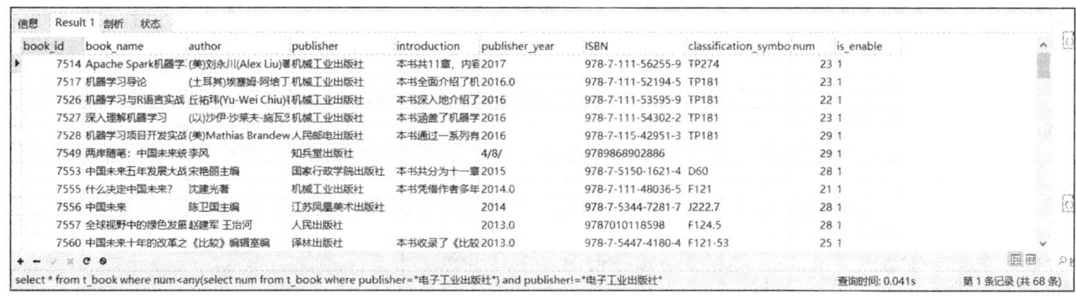

信息　Result 1　剖析　状态

book_id	book_name	author	publisher	introduction	publisher_year	ISBN	classification_symbo	num	is_enable
7514	Apache Spark机器学	(美)刘永川(Alex Liu)著	机械工业出版社	本书共11章，内容	2017	978-7-111-56255-9	TP274	23	1
7517	机器学习导论	(土耳其)埃塞姆·阿培丁	机械工业出版社	本书全面介绍了机	2016.0	978-7-111-52194-5	TP181	23	1
7526	机器学习与R语言实战	丘祐玮(Yu-Wei Chiu)著	机械工业出版社	本书深入地介绍了	2016	978-7-111-53595-9	TP181	22	1
7527	深入理解机器学习	(以)沙伊·沙莱夫-施瓦兹	机械工业出版社	本书涵盖了机器学	2016	978-7-111-54302-2	TP181	23	1
7528	机器学习项目开发实战	(美)Mathias Brandew	人民邮电出版社	本书通过一系列有	2016	978-7-115-42951-3	TP181	29	1
7549	两岸随笔：中国未来统	李风	知兵堂出版社		4/8/	9789868902886		29	1
7553	中国未来五年发展大战	宋艳丽主编	国家行政学院出版社	本书共分为十一章	2015	978-7-5150-1621-4	D60	28	1
7555	什么决定中国未来？	沈建光著	机械工业出版社	本书凭借作者多年	2014.0	978-7-111-48036-5	F121	21	1
7556	中国未来	陈卫国主编	江苏凤凰美术出版社		2014	978-7-5344-7281-7	J222.7	28	1
7557	全球视野中的绿色发展	赵建军 王治河	人民出版社		2013.0	9787010118598	F124.5	28	1
7560	中国未来十年的改革之	《比较》编辑室编	译林出版社	本书收录了《比较	2013.0	978-7-5447-4180-4	F121-53	25	1

select * from t_book where num<any(select num from t_book where publisher="电子工业出版社") and publisher!="电子工业出版社"　　查询时间: 0.041s　　第 1 条记录 (共 68 条)

图 5.35　【例 5.35】查询结果

此题也可以采用其他查询方法得到同样的查询结果，如：

```
SELECT  *  FROM  t_book  WHERE num<(SELECT  MAX(num)  FROM  t_book
WHERE  publisher="电子工业出版社")  AND  publisher!="电子工业出版社";
```

读者还可以思考一下是否还有其他方法能获得同样的查询结果。在学习的过程中，如果能够用举一反三的方式进行学习，将会得到事半功倍的效果。

5.3.2　作为字段使用子查询

使用子查询的另一种方法是创建字段。

【例 5.36】 在数据库 library 中查询所有借阅信息以及借书人的姓名。

```
SELECT *,(SELECT name FROM t_reader WHERE t_reader.reader_id=t_borrow.reader_id)
AS  姓名  FROM  t_borrow;
```

查询结果如图 5.36 所示。

信息　Result 1　剖析　状态

borrow_id	reader_id	book_id	lend_date	date_of_expiry	return_date	姓名
1	081101	7509	2022-03-03 00:00:0C	2022-03-17 00:00:0C	(Null)	赵青青
2	081102	7511	2022-03-05 00:00:0C	2022-03-19 00:00:0C	(Null)	刘明
3	081101	7523	2022-03-08 00:00:0C	2022-03-22 00:00:0C	(Null)	赵青青
4	081101	7551	2022-03-12 00:00:0C	2022-03-26 00:00:0C	(Null)	赵青青
5	091101	7523	2022-03-12 00:00:0C	2022-03-26 00:00:0C	(Null)	张石兵

图 5.36　【例 5.36】查询结果

5.3.3　FROM 子句中的子查询

除了前面介绍的两种子查询，子查询还可以嵌入 FROM 子句中。此时 FROM 子句之后跟的数据来源不再是表，而是一个查询结果。这个子查询的结果相当于一张临时数据表。在使用这样的子查询时，必须为子查询定义别名。另外，如果要使用子查询中的字段，则应该使用“别名.字段名”的方式进行引用。

【例 5.37】 在数据库 library 中查询各出版社图书的最大总库存量。

```
SELECT  MAX(temp.ptnum)  FROM
```

```
(SELECT publisher,SUM(num)  AS  ptnum  FROM  t_book
 GROUP  BY  publisher) temp ;
```

查询结果如图 5.37 所示。

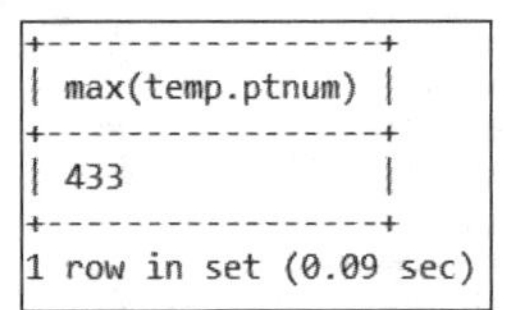

```
+------------------+
| max(temp.ptnum)  |
+------------------+
| 433              |
+------------------+
1 row in set (0.09 sec)
```

图 5.37　【例 5.37】查询结果

5.3.4　UPDATE、DELETE、INSERT 语句中的子查询

UPDATE、DELETE、INSERT 语句中也可以包含嵌套的 SELECT 语句。

【例 5.38】在数据库 library 中将 t_borrow 表中教师所借图书的需还书时间延迟 60 天。

```
UPDATE  t_borrow SET date_of_expiry=ADDDATE(date_of_expiry,interval 60 day)
WHERE reader_id IN
(SELECT  a.reader_id  FROM  t_reader  a, t_reader_type  b
WHERE  a.reader_type_id=b.reader_type_id  AND  type_name="教师");
```

但在 UPDATE 语句中使用子查询时需要注意，被更新的表不能出现在 SET 和 WHERE 语句的子查询中，否则会报错 You can't specify target table *** for update in FROM clause。

【例 5.39】假设在图书管理系统中，由于某种管理要求需要用格式为 bstu_reader(reader_id,name,phone)的表暂存所有已借图书的借阅者的 id、姓名和电话号码。

显然，对于本例，需要先创建 bstu_reader 表。

```
CREATE  TABLE  bstu_reader(reader_id char(6),name varchar(10),phone varchar(11));
```

表创建完成后，再执行 INSERT 语句往表中插入子查询的结果。需要注意的是，这里的 INSERT INTO 语句中不需要跟 VALUES 关键字。

```
INSERT INTO  bstu_reader
SELECT  t_reader.reader_id,name,phone  FROM  t_reader,t_borrow
WHERE  t_reader.reader_id=t_borrow.reader_id;
```

【例 5.40】在【例 5.39】所建的 bstu_reader 表中删除教师的相关信息。

```
DELETE  FROM bstu_reader
WHERE reader_id IN
(SELECT  reader_id  FROM t_reader,t_reader_type
WHERE  t_reader.reader_type_id=t_reader_type.reader_type_id  AND  type_name="教师");
```

【注】子查询在 DELETE 语句中唯一可以应用的位置就是 WHERE 子句中。

5.4　组 合 查 询

大多数查询语句都只包含从一个或多个表中返回数据的单条 SELECT 语句，在实际应用中，有时需要将不同的查询结果组合到一起，从而组成符合实际需要的数据，并将该结果作为查询结果集返回，此时就需要使用组合查询。组合查询又称并（UNION）查询。

使用组合查询可以将两个或两个以上的查询结果集合并为一个结果集，需要做的只是给出每条 SELECT 语句，并在各条 SELECT 语句之间加上 UNION 关键字。

在使用 UNION 关键字进行组合查询时，要注意以下几条规则：

（1）进行组合查询的每条查询语句之间要用 UNION 关键字进行分隔，即如果要组合 4 条 SELECT 语句，则要使用 3 个 UNION 关键字。

（2）组合查询中的每一个查询必须在结果集中包含相同的列、表达式或聚集函数，但各列顺序可以不一致。

（3）各列数据类型不必完全相同，但必须兼容。

【例 5.41】使用组合查询在数据库 library 中查询科学出版社以及清华大学出版社出版的图书信息。

```
SELECT  *  FROM  t_book  WHERE  publisher="清华大学出版社"  UNION
SELECT  *  FROM  t_book  WHERE  publisher="科学出版社";
```

查询结果如图 5.38 所示。

信息　Result 1　剖析　状态

book_id	book_name	author	publisher	introduction	publisher_year	ISBN	classification_symbo	num	is_enable
7515	数控挖掘与机器学习	袁梅宇编著	清华大学出版社	本书共分9章，主	2016.8	978-7-302-44470-1	TP274	44	1
7519	机器学习	周志华著	清华大学出版社	本书共16章，分	2016.0	978-7-302-42328-7	TP181	37	1
7550	中国未来的气候变化预	许吟隆[等]著	科学出版社	本书详细介绍应用	2016.0	978-7-03-046800-0	P467	36	1
7583	人工智能新视野	张自力主编	科学出版社	本书从仿生学的角	2016.1	978-7-03-048810-7	TP18	20	1

图 5.38　【例 5.41】查询结果

此查询也可以通过 WHERE 子句完成，SQL 语句如下：

```
SELECT  *  FROM  t_book
WHERE  publisher="清华大学出版社"  OR  publisher="科学出版社";
```

【说明】

（1）如果是将对同一张表的查询结果进行组合，使用 UNION 关键字可能比使用 WHERE 子句更为复杂。

（2）如果是从多个表中检索数据，或者过滤条件更为复杂的情况下，使用 UNION 关键字可能会更简单。

（3）UNION 关键字从查询结果集中自动去除了重复的行，如果想返回所有匹配行，可以使用 UNION ALL。

（4）在使用 UNION 关键字进行组合查询时，如果要使用 ORDER BY 子句，则它必须出现在最后一条 SELECT 语句之后，即对最后的结果集进行排序，不允许使用多条 ORDER BY 子句。

【例 5.42】查询所有教师及借阅了 7511 图书的读者 id，要求按 reader_id 排序。

```
SELECT   reader_id   FROM   t_reader,t_reader_type
WHERE   t_reader.reader_type_id=t_reader_type.reader_type_id
AND   type_name="教师"  UNION
SELECT   reader_id   FROM   t_borrow   WHERE   book_id=7511 ORDER   BY   reader_id;
```

查询结果如图 5.39 所示。

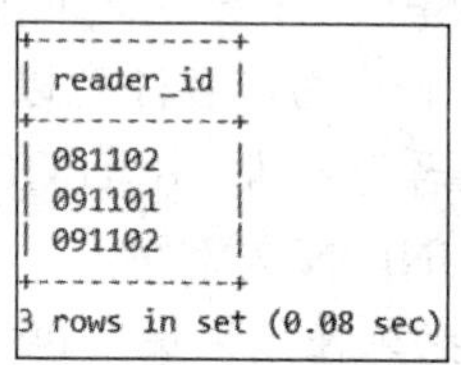

```
+-----------+
| reader_id |
+-----------+
| 081102    |
| 091101    |
| 091102    |
+-----------+
3 rows in set (0.08 sec)
```

图 5.39　【例 5.42】查询结果

5.5　利用正则表达式进行查询

5.5.1　正则表达式介绍

正则表达式是用于匹配文本的特殊的字符串（字符集合）。前面例子中的筛选是通过使用匹配、比较和通配符寻找数据，但是随着过滤条件复杂性的增加，WHERE 子句本身的复杂性也随之增加，此时就可以使用正则表达式。

如果想从一个文本文件中提取电话号码，或在一个文本块中找到所有重复的单词，或是在一段文本中找到所有符合要求的文本，又或者想替换一个页面中的某个词语等，都可以使用正则表达式来完成。

所有种类的程序设计语言、文本编辑器、操作系统等都支持正则表达式。正则表达式中常用的匹配模式如表 5.4 所示。

表 5.4　正则表达式中常用的匹配模式

选　项	说　明	示　例
^	匹配文本的开始字符	^b：匹配以字母 b 开头的字符串，如 big
$	匹配文本的结束字符	st$：匹配以 st 结尾的字符串，如 test
.	匹配任何单个字符	b.t：匹配任何 b 和 t 之间有一个字符的字符串，如 bit
*	匹配零个或多个在它前面的字符	*n：匹配字符 n 前面有任意个字符的字符串，如 fn
+	匹配前面的字符 1 次或多次	ba+：匹配以 b 开头后面紧跟至少有一个 a 的字符串，如 bay、bare、battle
<字符串>	匹配包含指定字符串的文本	fa：字符串至少要包含 fa，如 fan
[字符集合]	匹配字符集合中的任何一个字符	[xz]：匹配 x 或 z，如 dizzy

续表

选　项	说　明	示　例
[^]	匹配不在括号中的任何字符	[^abc]：匹配任何不包含 a、b 或 c 的字符串
字符串{n,}	匹配前面的字符串至少 *n* 次	b{2,}：匹配两个或更多的 b，如 bb、bbb
字符串{m,n}	匹配前面的字符串至少 *m* 次，至多 *n* 次。如果 *n* 为 0，*m* 为可选参数	b{2,4}：匹配至少 2 个 b，最多 4 个 b，如 bb、bbbb、bbb

5.5.2　使用 MySQL 正则表达式

MySQL 用 WHERE 子句对正则表达式提供了初步的支持，允许指定正则表达式过滤 SELECT 语句检索出的数据。

1．基本字符匹配

【例 5.43】使用正则表达式在数据库 library 中查询 reader_id 以 09110 开头的读者用户的相关信息。

```
SELECT  *  FROM  t_reader  WHERE  reader_id  REGEXP  "^09110";
```

查询结果如图 5.40 所示。

```
+-----------+--------+--------+----------------+--------------+-------------+-----------+
| reader_id | name   | gender | reader_type_id | borrowed_num | phone       | is_enable |
+-----------+--------+--------+----------------+--------------+-------------+-----------+
| 091101    | 张石兵 | 男     |              2 |            1 | 13802070017 | 1         |
| 091102    | 陈琳琳 | 女     |              2 |            0 | 13802070020 | 1         |
+-----------+--------+--------+----------------+--------------+-------------+-----------+
2 rows in set (0.11 sec)
```

图 5.40　【例 5.43】查询结果

当然，此题也可以用 LIKE 和通配符来完成，SQL 语句如下：

```
SELECT  *  FROM  t_reader  WHERE  reader_id  LIKE  "09110%";
```

【说明】

（1）通过【例 5.43】可知，若在 WHERE 子句中使用正则表达式，则在正则表达式之前需要使用 REGEXP 关键字。

（2）在正则表达式中，用“^”表示匹配字符串的开始部分。若要表示文本结尾，则用“$”。

（3）在正则表达式中，用“.”匹配除换行符（\n、\r）之外的任何单个字符。 这与 MySQL 中的通配符不一致，读者在使用时要注意区分。

（4）MySQL 中的正则表达式匹配不区分大小写，若要区分大小写，可在 REGEXP 后加上关键字 BINARY。

2．进行 OR 匹配

当搜索两个字符串之一（即或者为这个字符串，或者为另一个字符串）时，使用“|”进行 OR 匹配。

【例 5.44】使用正则表达式在数据库 library 中查询刘明和钟敏两个借阅用户的相关信息。

```
SELECT * FROM t_reader WHERE name REGEXP "刘明|钟敏";
```

查询结果如图 5.41 所示。

```
+-----------+------+--------+----------------+--------------+-------------+-----------+
| reader_id | name | gender | reader_type_id | borrowed_num | phone       | is_enable |
+-----------+------+--------+----------------+--------------+-------------+-----------+
| 081102    | 刘明 | 男     |              1 |            1 | 13502070003 | 1         |
| 081103    | 钟敏 | 女     |              1 |            0 | 13802070013 | 1         |
+-----------+------+--------+----------------+--------------+-------------+-----------+
2 rows in set (0.09 sec)
```

图 5.41 【例 5.44】查询结果

此题也可以用 OR 连接两个筛选条件来完成，SQL 语句如下：

```
SELECT * FROM t-reader WHERE name="刘明" OR name="钟敏";
```

【例 5.45】使用正则表达式在数据库 library 中查询姓刘、钟和王的所有借阅用户的相关信息。

```
SELECT * FROM t_reader WHERE name REGEXP "^刘|钟|王";
```

或

```
SELECT * FROM t_reader WHERE name REGEXP "^[刘钟王]";
```

查询结果如图 5.42 所示。

```
+-----------+------+--------+----------------+--------------+-------------+-----------+
| reader_id | name | gender | reader_type_id | borrowed_num | phone       | is_enable |
+-----------+------+--------+----------------+--------------+-------------+-----------+
| 081102    | 刘明 | 男     |              1 |            1 | 13502070003 | 1         |
| 081103    | 钟敏 | 女     |              1 |            0 | 13802070013 | 1         |
+-----------+------+--------+----------------+--------------+-------------+-----------+
2 rows in set (0.09 sec)
```

图 5.42 【例 5.45】查询结果

【说明】如第 2 条 SQL 语句所示，“[]”是另一种形式的 OR 语句，事实上，正则表达式“[刘钟王]”为“刘|钟|王”的缩写，它们的意思一样，但在后面接其他字符时，需要用“[]”的方式。“[]”只能匹配括号内的单一字符。若在“[]”内使用“^”，则表示否定。

例如，SQL 语句 SELECT * FROM t_reader WHERE name REGEXP "^[^刘钟王]";表示在 reader 表中筛选出所有不姓刘、钟、王的借阅者信息。第一个“^”表示以后面的字符作为开头，括号内的“^”表示否定，即不以这些字作为开头。

3. 匹配范围

集合可用来定义要匹配的一个或多个字符。例如，[0123456789]可用来匹配任意数字，为了简化这种类型的集合，可以使用“-”来定义一个范围，如[0-9]等同于上述数字列表。范围不限于完整的集合，如[1-3]也是合法的范围，表示匹配 1、2 或者 3。另外，范围也不局限于数字，如[a-z]表示匹配任意小写字母字符。

【例 5.46】使用正则表达式在数据库 library 中查询图书分类号以 Tp1、Tp2、Tp3 开头的相关信息。

```
SELECT * FROM t_book WHERE classification_symbol REGEXP "^Tp[1-3]";
```

查询结果如图 5.43 所示。

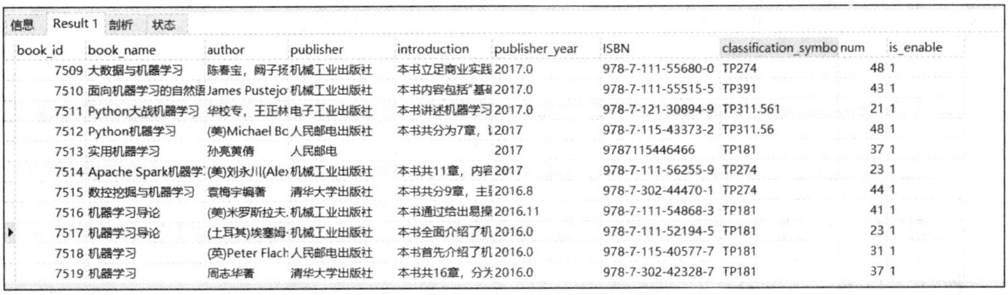

信息 Result 1 剖析 状态

book_id	book_name	author	publisher	introduction	publisher_year	ISBN	classification_symbo	num	is_enable
7509	大数据与机器学习	陈春宝，阙子扬	机械工业出版社	本书立足商业实践	2017.0	978-7-111-55680-0	TP274	48	1
7510	面向机器学习的自然语	James Pustejo	机械工业出版社	本书内容包括"基础	2017.0	978-7-111-55515-5	TP391	43	1
7511	Python大战机器学习	华校专，王正林	电子工业出版社	本书讲述机器学习	2017.0	978-7-121-30894-9	TP311.561	21	1
7512	Python机器学习	(美)Michael Bc	人民邮电出版社	本书共分为7章，i	2017	978-7-115-43373-2	TP311.56	48	1
7513	实用机器学习	孙亮黄倩	人民邮电		2017	9787115446466	TP181	37	1
7514	Apache Spark机器学	(美)刘永川(Ale›	机械工业出版社	本书共11章，内容	2017	978-7-111-56255-9	TP274	23	1
7515	数控挖掘与机器学习	袁梅宇编著	清华大学出版社	本书共分9章，主	2016.8	978-7-302-44470-1	TP274	44	1
7516	机器学习导论	(美)米罗斯拉夫.	机械工业出版社	本书通过给出易操	2016.11	978-7-111-54868-3	TP181	41	1
7517	机器学习导论	(土耳其)埃塞姆·	机械工业出版社	本书全面介绍了机	2016.0	978-7-111-52194-5	TP181	23	1
7518	机器学习	(英)Peter Flach	人民邮电出版社	本书首先介绍了机	2016.0	978-7-115-40577-7	TP181	31	1
7519	机器学习	周志华著	清华大学出版社	本书共16章，分为	2016.0	978-7-302-42328-7	TP181	37	1

图 5.43 【例 5.46】查询结果

读者也可以自行尝试用其他方法完成该查询，并进行对比。

为了方便，可以使用预定义的字符集（称为字符类），如表 5.5 所示。

表 5.5 字符类

类	说　明
[:alnum:]	任意字母和数字（同[a-zA-Z0-9]）
[:alpha:]	任意字符（同[a-zA-Z]）
[:blank:]	空格和制表
[:digit:]	任意数字（同[0-9]）
[:lower:]	任意小写字母和数字（同[a-z]）
[:upper:]	任意大写字母和数字（同[A-Z]）
[:xdigit:]	任意十六进制（同[a-fA-F0-9）
[:space:]	包括空格在内的任意空白字符
[:print:]	任意可打印字符

如 SQL 语句：

```
SELECT * FROM t_book WHERE book_id REGEXP "^B00[:digit:]";
```

该语句中正则表达式表示以 B00 开头，后面跟任意一个数字的字符串。

4. 匹配特殊字符

正则表达式语言中有很多既有特定含义的特殊字符，如“*”“.”“-”“|”等，若需要通过正则表达式匹配这些字符，则应用“\\”做前导，也就是转义，在正则表达式内具有特殊意义的所有字符都必须以这种方式转义。如果要匹配“\”，也需要在前面加上“\\”，即用“\\\”进行匹配。

“\\”也可用来匹配空白字符。如\\n 匹配换行符，\\t 匹配制表符，\\r 匹配回车符，等等。

5. 匹配多个实例

前面使用的正则表达式都只试图匹配单次出现的情况，但有时需要对匹配的数目进行更强的控制，例如可能需要寻找文本中的所有数，无论这是一个几位数，或者可能想寻找一个以 s 结尾的单词等。这就需要用到表 5.4 中的重复元字符。

【例 5.47】使用正则表达式在数据库 library 中查询借阅者姓名为 3 个字或 4 个字的相关信息。

```
SELECT * FROM t_reader WHERE name REGEXP ".{3,4}";
```

查询结果如图 5.44 所示。

```
+-----------+--------+--------+----------------+--------------+-------------+-----------+
| reader_id | name   | gender | reader_type_id | borrowed_num | phone       | is_enable |
+-----------+--------+--------+----------------+--------------+-------------+-----------+
| 081101    | 赵青青 | 女     |              1 |            3 | 13902070011 | 1         |
| 091101    | 张石兵 | 男     |              2 |            1 | 13802070017 | 1         |
| 091102    | 陈琳琳 | 女     |              2 |            0 | 13802070020 | 1         |
+-----------+--------+--------+----------------+--------------+-------------+-----------+
3 rows in set (0.09 sec)
```

图 5.44 【例 5.47】查询结果

【注】因为数据库中没有姓名为 4 个字的借阅用户，所以显示的都是姓名为 3 个字的借阅用户。

更多关于正则表达式的内容，读者可以参阅其他相关书籍。

5.6 本章小结

本章主要介绍了简单查询、连接查询、子查询、组合查询及利用正则表达式进行查询。数据查询是数据库系统中最常用也是最重要的功能，它为用户快速、准确地使用数据库中的数据提供了有效的途径。在学习本章内容时，读者应该多加练习，尝试一题多解，举一反三，才能灵活运用相关知识。

5.7 本章练习

一、单选题

1. 以下有关 SELECT 语句的叙述中，错误的是（　　）。

   A．SELECT 子句中可以包含表中的列和表达式

   B．SELECT 子句中可以使用别名

   C．SELECT 子句规定了结果集中的列顺序

   D．SELECT 子句中列的顺序应该与表中列的顺序一致

2. 以下说法错误的是（　　）。

   A．GROUP BY 子句用于分组 WHERE 子句的输出

   B．WHERE 子句用于筛选 FROM 子句中指定操作所产生的行

   C．聚合函数需要和 GROUP BY 子句一起使用

   D．HAVING 子句用于从 FROM 的结果中筛选行

3. 在 SELECT 语句中，用于实现数据分组统计的子句是（　　）。

   A．FROM 子句　　　　B．WHERE 子句

   C．GROUP BY 子句　　D．ORDER BY 子句

4．下列运算中，不能引出子查询的是（　）。

A．IN　　B．LIKE　　C．EXISTS　　D．比较运算

5．使用SQL语句进行分组检索时，为了去掉不满足条件的分组，应当（　　）。

A．使用WHERE子句

B．在GROUP BY后面使用HAVING 子句

C．先使用WHERE子句，再使用HAVING 子句。

D．先使用HAVING 子句，再使用WHERE子句

二、填空题

1．在SQL查询语句中，如果要去掉查询结果中的重复值，需使用____________。

2．在SELECT语句中，用“*”表示____________________。

3．在字符匹配查询中，通配符“%”代表___________，“_”代表____________。

4．写出验证用户密码，长度为6～18字节，只能包含英文和数字的正则表达式__________。

5．SELECT语句查询条件中的谓词“!=ALL”与_________________运算符等价。

三、简答题

1．SQL中提供了哪些常用的聚集函数？它们如何使用？

2．什么是连接查询？连接查询如何指定连接条件？

3．什么是子查询？用在WHERE子句中的子查询有几种调用方式？

四、上机实践题

假设教学数据库中有以下实体：

教师（教师编号，教师姓名，联系电话）

课程（课程号，课程名，教师编号）

学生（学号，学生姓名，年龄，性别，专业）

选课（学号，课程号，成绩）

（1）查询男生所学课程的课程号和课程名。

（2）查询所有姓王的教师所授课程的课程号和成绩（按课程号排序）。

（3）统计每门课程的学生选修人数（超过10人的课程才统计）。要求显示课程号和人数，查询结果按人数降序排列。

（4）检索所有姓李的学生的姓名和年龄。

（5）求男生的最高成绩。

第 6 章　索引及视图

6.1　索　　引

一般情况下，数据库进行查询操作时需要对整个表进行数据检索，但当表中的数据很多时，检索数据就需要很长的时间，这必然造成服务器的资源浪费。为了提高检索数据的能力，数据库引入了索引机制。

6.1.1　索引概述

数据库的索引好比《新华字典》的音序表，它是对数据表中一列或多列的值进行排序后的一种结构，其作用就是提高数据的查询速度。实际上，索引就是一个列表，这个列表包含了某个表中一列或若干列的集合以及这些值的记录在数据表中存储位置的物理地址。

索引是依赖于表建立的，索引一旦创建，将由数据库自动管理和维护。当向表中插入、更新和删除一条记录时，数据库会自动在索引中做出相应的修改。

在编写 SQL 查询语句时，具有索引的表与不具有索引的表没有任何区别，索引只是提供一种快速访问指定记录的方法。

1．建立索引的一般原则

（1）对经常用于查询数据记录的字段建立索引。

（2）对表中的主键字段建立索引。

（3）对表中的外键字段建立索引。

（4）对在查询中用于连接表的字段建立索引。

（5）对经常用于作为排序基准的字段建立索引。

（6）对查询中很少涉及的字段、重复值比较多的字段不建立索引。

2．索引的分类

1）普通索引

普通索引是 MySQL 中的基本索引类型，可以创建在任何数据类型中，索引字段可以有重复的值，其值是否唯一和非空由字段本身的约束条件所决定。

2）唯一性索引

唯一性索引是由 UNIQUE 关键字定义的索引，该索引所在的字段值必须是唯一的。即唯一性索引是不允许其中任何两行具有相同索引值的索引。唯一性索引允许值为空，但最多只能有一个空值。

3）主键索引

主键索引简称主索引，数据表中一列或列组合（字段）的值唯一标识表中的每一行，该列称为表的主键。在数据库关系图中为表定义主键将自动创建主键索引，主键索引是唯一性索引的特定类型。该索引要求主键中的每个值都唯一。当在查询中使用主键索引时，它还允许对数据的快速访问。主键索引不允许有空值。

4）全文索引

全文索引只能创建在 CHAR、VARCHAR 或者 TEXT 类型的字段上。当查询数据量较大的字符串类型的字段时，用全文索引可以提高查询速度。只有 MyISAM 存储引擎支持全文索引。

5）空间索引

空间索引只能建立在空间数据类型上，这样可以提高系统获取空间数据的效率。创建空间索引的字段，必须将其声明为 NOT NULL，且只能在存储引擎为 MyISAM 的表中创建。

6.1.2　创建索引

要想使用索引提高数据表的访问速度，首先要创建一个索引。创建索引的方式有 3 种，具体如下。

1. 在创建表时创建索引

创建表时可以直接创建索引，这是最简单、最方便的创建方式，其语法如下：

在创建表时创建索引

```
1 create table tbl_name (col_name type [NOT NULL | NULL] [DEFAULT
2  default_value][AUTO_INCREMENT] [UNIQUE [KEY] | [PRIMARY] KEY]
3       [COMMENT 'string'] [reference_definition]
4 …
5 [UNIQUE|FULLTEXT|SPATIAL]INDEX|KEY
6 [index_name]( index_col_name [(length)][ASC|DESC]));
```

【说明】

（1）第 5 行中[UNIQUE|FULLTEXT|SPATIAL]为可选参数，UNIQUE 表示唯一性索引，FULLTEXT 表示全文索引，SPATIAL 表示空间索引。

（2）INDEX 和 KEY 用于表示字段的索引，两者为同义词，选其一即可。

（3）index_name 为可选参数，表示创建的索引名称。

（4）index_col_name 为指定索引对应字段的名称。

（5）length 为可选参数，用于表示索引的长度。

（6）[ASC|DESC]为可选参数，其中 ASC 表示升序排列，DESC 表示降序排列。

【例 6.1】在 t1 表中的 id 字段上建立索引。

```
CREATE TABLE t1(id INT ,name VARCHAR(20),score FLOAT,INDEX(id));
```

上述 SQL 语句执行后，可使用 SHOW CREATE TABLE 语句查看数据表的相关信息。其语法如下：

```
SHOW CREATE TABLE t1;
```

通过执行结果可以看出，t1 表的索引信息如图 6.1 所示。

```
+-------+------------------------------------------
---------+
| Table | Create Table
        |
+-------+------------------------------------------
---------+
| t1    | CREATE TABLE `t1` (
  `id` int DEFAULT NULL,
  `name` varchar(20) DEFAULT NULL,
  `score` float DEFAULT NULL,
  KEY `id` (`id`)
) ENGINE=InnoDB DEFAULT CHARSET=utf8mb3 |
+-------+------------------------------------------
---------+
1 row in set (0.11 sec)
```

图 6.1　t1 表的索引信息

【例 6.2】在t2表中的id字段上建立索引名为u_id的唯一性索引，且按降序排列。

```
CREATE TABLE t2(id INT,name VARCHAR(20),score FLOAT,
UNIQUE INDEX u_id(id DESC));
```

【例 6.3】在 t3 表中的 id 字段和 name 字段上建立索引名为 m_idname 的多列索引。

```
CREATE TABLE t3(id INT NOT NULL,name VARCHAR(20) NOT NULL,
score FLOAT,INDEX m_idname(id,name));
```

2. 使用 CREATE INDEX 语句在已经存在的表上创建索引

若对一张已经存在的表创建索引，可使用 CREATE INDEX 语句，其语法如下：

对已经存在的表创建索引

```
CREATE [UNIQUE|FULLTEXT|SPATIAL] INDEX index_name
    [USING index_type]
    ON tbl_name (index_col_name,...)
```

【例 6.4】在 t_reader 表中的 name 字段上建立一个索引名为 i_name 的普通索引。

```
CREATE INDEX i_name ON t_reader(name);
```

【例 6.5】在 t_book 表中的 introduction 字段上建立一个索引名为 fid_intr 的全文索引。

```
CREATE FULLTEXT INDEX fid_intr ON t_book(introduction);
```

3. 使用 ALTER TABLE 语句在已经存在的表上创建索引

在已经存在的表中创建索引，除了可以使用 CREATE INDEX 语句，还可以使用

ALTER TABLE 语句，其语法如下：

对已经存在的表创建索引

```
ALTERTABLE tbl_name
ADDINDEX [index_name] [index_type] (index_col_name,...)
|ADD [CONSTRAINT [symbol]] PRIMARYKEY [index_type] (index_col_name,...)
|ADD [CONSTRAINT [symbol]] UNIQUE [index_name] [index_type]
 (index_col_name,...)
| ADD [FULLTEXT|SPATIAL] [index_name] (index_col_name,...)
```

【例 6.6】在 t_book 表中的 book_name 字段上创建一个索引名为 i_bname 的普通索引。

```
ALTER TABLE  t_book ADD  INDEX  i_bname(book_name);
```

6.1.3　删除索引

当不再需要索引时，可使用 DROP INDEX 语句或 ALTER TABLE 语句删除索引。

1．使用 DROP INDEX 语句删除索引

其语法如下：

使用 DROP INDEX 语句删除索引

```
DROP INDEX  index_name  ON tbl_name;
```

【例 6.7】删除 t_book 表中索引名为 i_bname 的普通索引。

```
DROP  INDEX  i_bname  ON  t_book;
```

2．使用 ALTER TABLE 语句删除索引

其语法如下：

使用 ALTER TABLE 语句删除索引

```
ALTER  TABLE tbl_name DROP INDEX index_name
```

【例 6.8】删除 t_reader 表中索引名为 i_name 的普通索引。

```
ALTER  TABLE  t_reader  DROP  INDEX  i_name ;
```

执行上述语句后，可以用 SHOW CREATE TABLE 语句查看该索引是否已被删除。

若要删除主键索引，则语法格式如下：

使用 ALTER TABLE 语句删除主键索引

```
ALTER  TABLE tbl_name DROP PRIMARY KEY;
```

6.2　视　　图

视图是关系数据库系统为用户提供以多种角度观察数据库中数据的重要机制。视图是一个虚拟表，其内容由查询定义。同真实的表一样，视图包含一系列带有名称的列和行数据。但是，视图并不在数据库中以存储的数据值集的形式存在，只是把其定义存放在数据库中，视图中行和列数据来自定义视图的查询所引用的表，并且在引用视图时动态生成。

6.2.1　视图概述

视图是从一个或者几个基本表（或视图）中导出的虚拟表，如图 6.2 所示，通过视图不仅可以看到存放在基本表中的数据，还可以像操作基本表一样，对视图中存放的数据进行查询、修改和删除。与直接操作基本表相比，视图具有以下优点：

（1）简化对数据的操作。在日常开发中，可以将经常使用的查询定义为视图，如多表连接等，这样在执行相同的查询时，不需要重复写这些复杂的语句，在简化数据操作的同时，也向用户隐藏了表与表之间复杂的连接操作。

（2）安全性。视图可以作为一种安全机制，通过视图，用户只能查询和修改他们所能见到的数据，而数据库中其他的数据既不可见也不可访问。

（3）逻辑数据独立性。视图可以帮助用户屏蔽真实表结构变化带来的影响。如果表的结构发生了变化，使用视图可以重新保持原有的结构关系，从而使外模式保持不变，使原有的应用程序仍可以通过视图来重载数据。

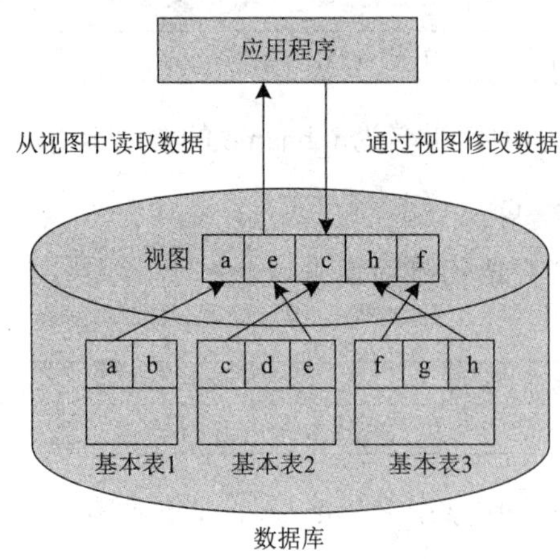

图 6.2　视图的生成及使用

6.2.2　创建视图

在 SQL 中，可以使用 CREATE VIEW 语句创建视图，其语法如下：

使用 CREATE VIEW 语句创建视图

```
CREATE [OR REPLACE] [ALGORITHM = {UNDEFINED | MERGE | TEMPTABLE}]
    VIEW view_name [(column_list)]
    AS select_statement
    [WITH CHECK OPTION]
```

上述语法中各参数的含义如下：

（1）OR REPLACE 允许在同名的视图中，用该语句替换原有视图。

（2）ALGORITHM 为可选项，表示视图选择的算法。UNDEFINED 表示 MySQL 将自动选择所要使用的算法；MERGE 表示将使用视图的语句与视图定义合并起来，使视图定义的某一部分取代语句的对应部分；TEMPTABLE 表示将视图的结果存入临时表，然后使用临时表执行语句。

（3）column_list 为可选项，指定了视图中各个属性的名称，在省略的情况下，与 SELECT 语句中查询字段的属性名称相同。

（4）select_statement 是一个完整的查询语句，表示从某个表或视图中查询出满足条件的记录，将这些记录导入视图中。在该 SELECT 语句中不能包含 FROM 子句中的子查询。

（5）WITH CHECK OPTION 为可选项，表示强制所有通过该视图修改的数据满足 SELECT 语句中指定的选择条件。

视图属于数据库，在默认情况下，将在当前数据库创建视图。

【例 6.9】在数据库 library 中创建查询图书名称、出版社和 ISBN 的视图。

```
CREATE VIEW bmes AS SELECT book_name,publisher,isbn FROM t_book;
```

该视图创建完成后，就可以像使用基本表一样使用视图。

【例 6.10】在视图 bmes 中查询清华大学出版社出版的图书名称、ISBN。

```
SELECT book_name,isbn FROM bmes WHERE publisher="清华大学出版社";
```

查询结果如图 6.3 所示。

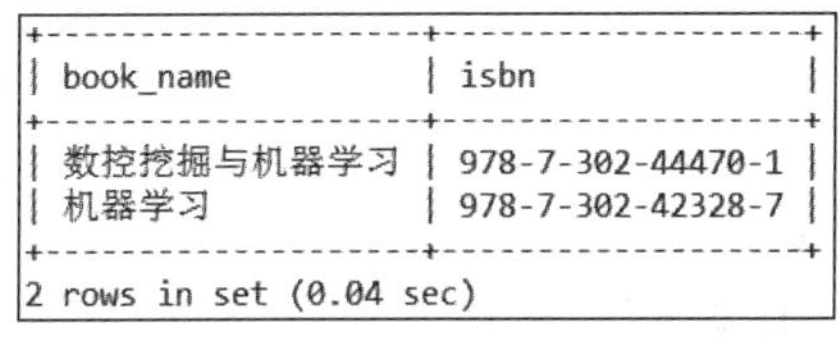

book_name	isbn
数控挖掘与机器学习	978-7-302-44470-1
机器学习	978-7-302-42328-7

2 rows in set (0.04 sec)

图 6.3　【例 6.10】查询结果

【例 6.11】通过视图 bmes 修改清华大学出版社出版的《数控挖掘与机器学习》，名称改为《数据挖掘与机器学习》。

```
UPDATE bmes SET book_name="数据挖掘与机器学习"
WHERE publisher="清华大学出版社" AND book_name="数控挖掘与机器学习";
```

修改后，再进行【例 6.10】的操作，查询结果如图 6.4 所示。

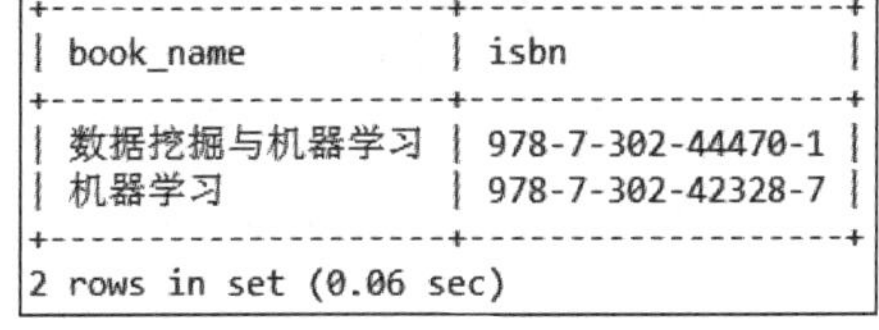

book_name	isbn
数据挖掘与机器学习	978-7-302-44470-1
机器学习	978-7-302-42328-7

2 rows in set (0.06 sec)

图 6.4　【例 6.11】修改数据后的结果

6.2.3　修改视图

修改视图是指修改数据库中存在的视图的定义。例如，当基本表中的某些字段发生变化时，可以通过修改视图的方式来保持视图与基本表的一致性。在 MySQL 中，修改视图的方式有两种，具体如下。

1．使用 CREATE OR REPLACE VIEW 语句修改视图

【例 6.12】将视图 bmes 修改为在数据库 library 中查询图书名称、出版社和库存量。

```
CREATE   OR   REPLACE   view bmes   AS SELECT book_name,publisher,num FROM t_book;
```

修改后，通过查询语句可以看到该视图与未修改前视图的区别，如图 6.5 所示。

```
mysql> select * from bmes;
+------------------------------+------------------+-----+
| book_name                    | publisher        | num |
+------------------------------+------------------+-----+
| 大数据与机器学习             | 机械工业出版社   |  48 |
| 面向机器学习的自然语言标注   | 机械工业出版社   |  43 |
| Python大战机器学习           | 电子工业出版社   |  21 |
| Python机器学习               | 人民邮电出版社   |  48 |
| 实用机器学习                 | 人民邮电         |  37 |
| Apache Spark机器学习         | 机械工业出版社   |  23 |
| 数据挖掘与机器学习           | 清华大学出版社   |  44 |
| 机器学习导论                 | 机械工业出版社   |  41 |
| 机器学习导论                 | 机械工业出版社   |  23 |
| 机器学习                     | 人民邮电出版社   |  31 |
| 机器学习                     | 清华大学出版社   |  37 |
```

图 6.5　【例 6.12】修改后的视图

2．使用 ALTER VIEW 语句修改视图

其语法如下：

使用 ALTER VIEW 语句修改视图

```
ALTER [ALGORITHM = {UNDEFINED | MERGE | TEMPTABLE}]
    VIEW view_name [(column_list)]
AS select_statement  [WITH CHECKOPTION]
```

该语法与 CREATE VIEW 语句类似，相关说明可参照 6.2.2 节内容。

【例 6.13】用 ALTER VIEW 语句将视图 bmes 修改为在数据库 library 中查询机械工业出版社的图书名称、出版社和库存量。

```
ALTER   VIEW   bmes   AS
SELECT   book_name,publisher,num   FROM   t_book
WHERE   publisher="机械工业出版社";
```

修改后，通过查询语句可以看到该视图与未修改前视图的区别，如图 6.6 所示。

```
mysql> select * from bmes;
+----------------------------+----------------+-----+
| book_name                  | publisher      | num |
+----------------------------+----------------+-----+
| 大数据与机器学习           | 机械工业出版社 |  48 |
| 面向机器学习的自然语言标注 | 机械工业出版社 |  43 |
| Apache Spark机器学习       | 机械工业出版社 |  23 |
| 机器学习导论               | 机械工业出版社 |  41 |
| 机器学习导论               | 机械工业出版社 |  23 |
| 机器学习与R语言实战        | 机械工业出版社 |  22 |
| 深入理解机器学习           | 机械工业出版社 |  23 |
| 什么决定中国未来?          | 机械工业出版社 |  21 |
| 人工智能                   | 机械工业出版社 |  31 |
| 人工智能狂潮               | 机械工业出版社 |  28 |
| 人工智能                   | 机械工业出版社 |  32 |
| 跟我真账实操学成本会计     | 机械工业出版社 |  49 |
| 深度学习：方法及应用       | 机械工业出版社 |  49 |
+----------------------------+----------------+-----+
13 rows in set (0.15 sec)
```

图 6.6　【例 6.13】修改后的视图

6.2.4　查看视图

查看视图是指查看数据库中已经存在的视图的定义。查看视图的方式有以下 3 种。

1. 使用 DESCRIBE 语句查看视图

其语法如下：

使用 DESCRIBE 语句查看视图

```
describe view_name;
或
desc view_name;
```

【例 6.14】 用 DESC 语句查看视图 bmes。

```
DESC    bmes;
```

执行结果如图 6.7 所示。

```
mysql> desc bmes;
+-----------+---------------+------+-----+---------+-------+
| Field     | Type          | Null | Key | Default | Extra |
+-----------+---------------+------+-----+---------+-------+
| book_name | varchar(255)  | NO   |     |         |       |
| publisher | varchar(48)   | YES  |     |         |       |
| num       | int unsigned  | NO   |     | 0       |       |
+-----------+---------------+------+-----+---------+-------+
3 rows in set (0.08 sec)
```

图 6.7　【例 6.14】执行结果

2. 使用 SHOW TABLE STATUS 语句查看视图

其语法如下：

使用 SHOW TABLE STATUS 语句查看视图

```
show table status like 'view_name';
```

【注】 该语句中 LIKE 表示后面匹配的是字符串，view_name 为视图名，需要用单引号括起来。

【例 6.15】 用 SHOW TABLE STATUS 语句查看视图 bmes。

```
show   table   status   like   'bmes';
```

执行结果如图 6.8 所示。

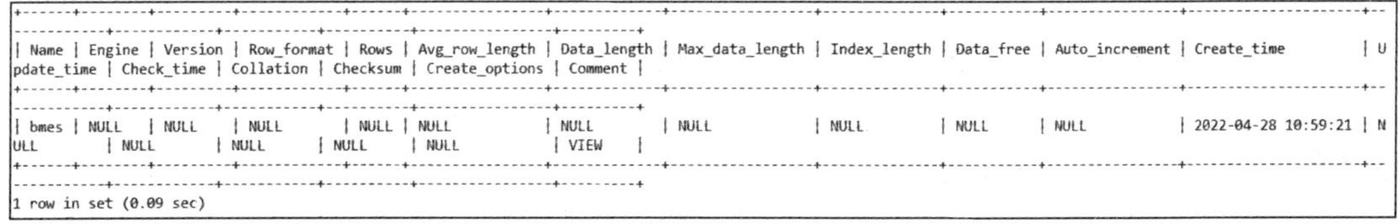

Name	Engine	Version	Row_format	Rows	Avg_row_length	Data_length	Max_data_length	Index_length	Data_free	Auto_increment	Create_time	Update_time	Check_time	Collation	Checksum	Create_options	Comment
bmes	NULL	NULL	NULL	NULL	NULL	NULL	NULL	NULL	NULL	NULL	2022-04-28 10:59:21	NULL	NULL	NULL	NULL	NULL	VIEW

1 row in set (0.09 sec)

图 6.8　【例 6.15】执行结果

3．使用 SHOW CREATE VIEW 语句查看视图

其语法如下：

使用 SHOW CREATE VIEW 语句查看视图

```
SHOW CREATE VIEW view_name;
```

【例 6.16】使用 SHOW CREATE VIEW 语句查看视图 bmes。

```
SHOW CREATE VIEW bmes;
```

执行结果如图 6.9 所示。

```
+------+-----------------------------------------------------------------------------------
---------------------------------------------------------------------+----------------------+----------------------+
| View | Create View
                                                                     | character_set_client | collation_connection |
+------+-----------------------------------------------------------------------------------
---------------------------------------------------------------------+----------------------+----------------------+
| bmes | CREATE ALGORITHM=UNDEFINED DEFINER=`root`@`localhost` SQL SECURITY DEFINER VIEW `bmes` AS select `t_book`.`book_name` AS `book_name`,`t_book`.`publisher` A
S `publisher`,`t_book`.`num` AS `num` from `t_book` where (`t_book`.`publisher` = '机械工业出版社') | utf8mb4              | utf8mb4_0900_ai_ci   |
+------+-----------------------------------------------------------------------------------
---------------------------------------------------------------------+----------------------+----------------------+
1 row in set (0.09 sec)
```

图 6.9　【例 6.16】执行结果

6.2.5　删除视图

当不再需要视图时，可以将其删除。删除视图只是删除了视图的定义，不会删除基本表中的数据。删除视图可以使用 DROP VIEW 语句，其语法如下：

使用 DROP VIEW 语句删除视图

```
DROP VIEW [IF EXISTS]  view_name [, view_name] ...
```

【说明】

（1）DROP VIEW 语句能够删除一个或多个视图，若要同时删除多个视图，需要在各个名称之间使用逗号隔开。必须在每个要删除的视图上拥有 DROP 权限。

（2）可以使用关键字 IF EXISTS 来防止因不存在的视图而出错。

【例 6.17】删除视图 bmes。

```
DROP  VIEW  IF  EXISTS  bmes;
```

删除后，通过查询语句可以验证该视图是否删除成功，如图 6.10 所示。

```
mysql> select * from bmes;
1146 - Table 'library.bmes' doesn't exist
```

图 6.10　查询删除结果

从图 6.10 中可以看出，该视图已被成功删除。

6.2.6　通过视图更新数据

可以通过视图更新基本表中的数据，但并不是所有的视图都可以进行更新操作，只有

满足可更新条件的视图才能更新数据。由于视图是一张虚表，所有对视图的更新最终都转换成对基本表的更新。在执行 UPDATE、DELETE 命令时，所删除与更新的数据必须包含在视图的结果集中。

如果视图包含下述结构中的任何一种，则不能通过视图更新数据：

（1）视图的列含有聚合函数。

（2）视图的列是通过表达式或使用列计算得出的。

（3）视图中包含 DISTINCT、GROUP BY、ORDER BY、HAVING 子句或 union 运算。

（4）不能同时修改来自两个或者多个基表的视图数据。

为了进行测试，下面重新创建一个含有读者 id、姓名、电话及类别（学生或教师）信息的视图。

```
CREATE  VIEW view_reader
AS SELECT reader_id,name,type_name  FROM  t_reader,t_reader_type
WHERE  t_reader.reader_type_id=t_reader_type.reader_type_id;
```

视图创建完成后，利用视图插入一条读者记录，内容包含读者 id 和姓名。

【例 6.18】 在视图 view_reader 中插入一条读者记录（"081107"，"李丽"）。

```
INSERT  INTO  view_reader(reader_id,name)  VALUES ("081107","李丽");
```

执行结果如图 6.11 所示。

```
Query OK, 1 row affected (0.01 sec)
```

图 6.11　【例 6.18】执行结果

通过观察 t_reader 表发现，该数据已成功添加到基本表中，如图 6.12 所示。

```
mysql> select * from t_reader;
+-----------+--------+--------+----------------+--------------+-------------+-----------+
| reader_id | name   | gender | reader_type_id | borrowed_num | phone       | is_enable |
+-----------+--------+--------+----------------+--------------+-------------+-----------+
| 081101    | 赵青青 | 女     |              1 |            3 | 13902070011 | 1         |
| 081102    | 刘明   | 男     |              1 |            1 | 13502070003 | 1         |
| 081103    | 钟敏   | 女     |              1 |            0 | 13802070013 | 1         |
| 081104    | 朱俊   | 男     |              1 |            0 | 13802070016 | 1         |
| 081105    | 王晨   | 女     |              1 |            0 | 13802070014 | 1         |
| 081106    | 叶凡   | 男     |              1 |            0 | 13802070019 | 1         |
| 081107    | 李丽   | NULL   | NULL           | NULL         | 0           | 1         |
| 091101    | 张石兵 | 男     |              2 |            1 | 13802070017 | 1         |
| 091102    | 陈琳琳 | 女     |              2 |            0 | 13802070020 | 1         |
+-----------+--------+--------+----------------+--------------+-------------+-----------+
9 rows in set (2.40 sec)
```

图 6.12　t_reader 表中数据

【说明】此题中，不能同时插入该读者的读者类型，因为该数据和读者 id 及姓名不是来自于同一张表；也不能通过该视图插入该读者的性别，因为该字段不在视图 view_reader 的结果集中。

【例 6.19】在视图 view_reader 中修改一条读者记录，将“刘明”改为“刘鸣”。

```
UPDATE  view_reader   SET  name="刘鸣"  WHERE  name ="刘明";
```

执行结果如图 6.13 所示。

```
Query OK, 1 row affected (0.01 sec)
Rows matched: 1  Changed: 1  Warnings: 0
```

图 6.13　【例 6.19】执行结果

6.2.7　检查视图

视图分为普通视图与检查视图，有 WITH CHECK OPTION 选项的为检查视图。通过检查视图更新基本表数据时，只有满足定义视图时 WHERE 子句中的条件，更新才能成功执行。即如果不符合定义视图时 WHERE 子句中的条件，插入、修改和删除操作将会被拒绝执行。

使用 WITH CHECK OPTION 或者 WITH CASCADED CHECK OPTION 表示为 CASCADED 视图（级联检查视图）；使用 WITH LOCAL CHECK OPTION 表示为 LOCAL 视图（本地检查视图）。

下面通过两个例子介绍普通视图与检查视图的区别。

【例 6.20】 创建普通视图，在视图中查询所有 reader_type_id 为 1（即本科生借阅者）的信息。

```
CREATE  VIEW  view_stu
AS  SELECT  t_reader.*  FROM  t_reader  WHERE reader_type_id=1;
```

执行结果如图 6.14 所示。

```
Query OK, 0 rows affected (0.02 sec)
```

图 6.14　【例 6.20】执行结果

视图创建完成以后，在视图中插入一条记录（"091110","王峰","男",2）。

```
INSERT  INTO  view_stu(reader_id,name,gender,reader_type_id)
VALUES ("091110","王峰","男",2);
```

执行结果如图 6.15 所示。

```
Query OK, 1 row affected (0.01 sec)
```

图 6.15　插入记录后的执行结果

通过 SELECT 语句可以看到，插入的记录已在 t_reader 表中更新，如图 6.16 所示。

```
+-----------+--------+--------+----------------+--------------+-------------+-----------+
| reader_id | name   | gender | reader_type_id | borrowed_num | phone       | is_enable |
+-----------+--------+--------+----------------+--------------+-------------+-----------+
| 081101    | 赵青青 | 女     |              1 |            3 | 13902070011 | 1         |
| 081102    | 刘鸣   | 男     |              1 |            1 | 13502070003 | 1         |
| 081103    | 钟敏   | 女     |              1 |            0 | 13802070013 | 1         |
| 081104    | 朱俊   | 男     |              1 |            0 | 13802070016 | 1         |
| 081105    | 王晨   | 女     |              1 |            0 | 13802070014 | 1         |
| 081106    | 叶凡   | 男     |              1 |            0 | 13802070019 | 1         |
| 081107    | 李丽   | NULL   | NULL           | NULL         | 0           | 1         |
| 091101    | 张石兵 | 男     |              2 |            1 | 13802070017 | 1         |
| 091102    | 陈琳琳 | 女     |              2 |            0 | 13802070020 | 1         |
| 091110    | 王峰   | 男     |              2 | NULL         | 0           | 1         |
+-----------+--------+--------+----------------+--------------+-------------+-----------+
10 rows in set (0.04 sec)
```

图 6.16　【例 6.20】更新后的 t_reader 表

可见，虽然插入的记录中读者类别的 type_id 为 2（即为教师），但是仍然能够插入成功，说明当前视图是普通视图。

【例 6.21】创建级联检查视图，在视图中查询所有本科生借阅者的信息。

```
CREATE  VIEW view_stu2
AS  SELECT  t_reader.*  FROM  t_reader  WHERE  reader_type_id=1
with  check  option;
```

该语句与【例 6.20】相比，仅在语句结尾加了 WITH CHECK OPTION。

视图创建完成后，在视图中插入一条记录（"091111","王义峰","男",2）。

```
INSERT INTO view_stu2(reader_id,name,gender,reader_type_id)
VALUES ("091111","王义峰","男",2);
```

执行结果如图 6.17 所示。

```
mysql> insert into view_stu2(reader_id,name,gender,reader_type_id) values ("091111","王义峰","男",2);
1369 - CHECK OPTION failed 'library.view_stu2'
```

图 6.17　【例 6.21】执行结果

可见，因为插入的记录中读者类别的 type_id 为 2（即为教师），所以该插入操作不能执行成功，说明当前视图是检查视图。

可以通过再次尝试向视图中插入一条本科生记录进行验证。

```
INSERT  INTO  view_stu2(reader_id,name,gender,reader_type_id)
VALUES ("081111","王义峰","男",1);
```

执行结果如图 6.18 所示。

```
Query OK, 1 row affected (0.01 sec)
```

图 6.18　插入本科生记录的执行结果

通过 SELECT 语句可以看到，插入的记录已在 t_reader 表中更新，如图 6.19 所示。

```
mysql> select * from t_reader;
+-----------+--------+--------+----------------+--------------+-------------+-----------+
| reader_id | name   | gender | reader_type_id | borrowed_num | phone       | is_enable |
+-----------+--------+--------+----------------+--------------+-------------+-----------+
| 081101    | 赵青青 | 女     |              1 |            3 | 13902070011 | 1         |
| 081102    | 刘鸣   | 男     |              1 |            1 | 13502070003 | 1         |
| 081103    | 钟敏   | 女     |              1 |            0 | 13802070013 | 1         |
| 081104    | 朱俊   | 男     |              1 |            0 | 13802070016 | 1         |
| 081105    | 王晨   | 女     |              1 |            0 | 13802070014 | 1         |
| 081106    | 叶凡   | 男     |              1 |            0 | 13802070019 | 1         |
| 081107    | 李丽   | NULL   | NULL           | NULL         | 0           | 1         |
| 081111    | 王义峰 | 男     |              1 | NULL         | 0           | 1         |
| 091101    | 张石兵 | 男     |              2 |            1 | 13802070017 | 1         |
| 091102    | 陈琳琳 | 女     |              2 |            0 | 13802070020 | 1         |
| 091110    | 王峰   | 男     |              2 | NULL         | 0           | 1         |
+-----------+--------+--------+----------------+--------------+-------------+-----------+
11 rows in set (0.07 sec)
```

图 6.19　【例 6.21】更新后的 t_reader 表

6.3　本 章 小 结

本章主要介绍了索引及视图。索引是一种物理结构，能够提高数据的查询速度。而视图是根据用户的实际需求而定义的虚拟表，只存储定义，并不直接存储对应的数据。通过本章的学习，读者应该学会并掌握对索引及视图的创建和管理。

6.4　本 章 练 习

一、单选题

1．建立索引的目的是（　　）。
　A．降低 MySQL 数据检索的速度
　B．与 MySQL 数据检索的速度无关
　C．加快数据库的打开速度
　D．提高 MySQL 数据检索的速度
2．主键索引可确保字段中输入值的（　　）。
　A．多样　　B．重复　　C．唯一　　D．若干
3．下列属性中，（　　）不适合建立索引。
　A．经常出现在 GROUP BY子句中的属性
　B．经常参与连接操作的属性
　C．经常出现在 WHERE 子句中的属性
　D．经常需要进行更新操作的属性
4．SQL 的视图是从（　　）中导出的。
　A．基本表　　B．视图　　C．基本表或视图　　D．数据库
5．视图是一种常用的数据对象，可以对数据进行（　　）。
　A．查看　　B．插入　　C．更新　　D．其他选项均可

二、填空题

1．唯一性索引是由____________关键字定义的索引。
2．当不再需要索引时，可使用____________或____________语句删除索引。
3．视图是从一个或者几个基本表（或视图）中导出的____________。
4．视图具有以下优点：____________、____________、____________。
5．由于视图是一张虚表，所有对视图的更新，最终都是转换成对____________的更新。

三、简答题

1．简述普通视图与检查视图的区别。
2．建立索引的一般原则是什么？

四、上机实践题

假设教学数据库中有以下实体：

教师（教师编号，教师姓名，联系电话）

课程（课程号，课程名，教师编号）

学生（学号，学生姓名，年龄，性别，专业）

选课（学号，课程号，成绩）

（1）为学生表的学号字段创建一个唯一性索引 istudent，索引排列顺序为降序。

（2）使用 ALTER TABLE 语句为选课表中的学号和课程号创建复合索引 isc。

（3）删除学生表上的 istudent 索引。

（4）创建视图 V_course，查询选修课程号为 07005 的所有学生的学号及姓名信息。

（5）创建视图 V_dbteacher，查询上“数据库”课程的所有教师的相关信息。

（6）删除视图 V_course。

第 7 章　数据库设计

数据库设计（database design）是指对于一个给定的应用环境，构造最优的数据库模式，建立数据库及其应用系统，使之能够有效地存储数据，满足各种用户的应用需求，包括信息管理需求和数据操作需求。在数据库领域内，常常把使用数据库的各类系统统称为数据库应用系统。

数据库系统的设计内容包括需求分析、概念结构设计、逻辑结构设计、物理结构设计、数据库的实施和数据库的运行与维护。

7.1　关系数据库设计概述

数据库设计的目的是为用户和各种应用系统提供一个信息基础设施和高效率的运行环境。当数据库比较复杂（如数据量大、表较多、业务关系复杂）时，需要先设计数据库，因为良好的数据库设计可以节省数据的存储空间，能够保证数据的完整性，方便进行数据库应用系统的开发；糟糕的数据库设计会导致数据冗余、存储空间浪费，以及数据更新和插入的异常。

数据库设计是建立数据库及其应用系统的技术，是信息系统开发和建设中的核心技术。由于数据库应用系统的复杂性，为了支持相关程序运行，数据库设计就变得异常复杂，因此最佳设计不可能一蹴而就，而只能是一种“反复探寻，逐步求精”的过程，即规划和结构化数据库中的数据对象以及这些数据对象之间关系的过程。

7.1.1　数据库设计的特点

数据库设计是一项综合性技术。“三分技术，七分管理，十二分基础数据”是数据库创建的基本规律。其特点如下：

（1）它是硬件、软件和干件的结合。

（2）技术与管理的界面称为“干件”。

（3）数据库设计与应用系统设计相结合。

（4）结构和行为分离的设计。结构（数据）设计主要是设计数据库框架或数据库结构，行为（处理）设计是设计应用程序和事务处理。

7.1.2　数据库设计的基本原则

（1）把具有同一个主题的数据存储在一个数据表中，做到“一表一用”。

（2）尽量消除冗余，提高访问数据库的速度。

（3）一般要求数据库设计达到第三范式，多对多，最大限度地消除数据冗余、修改异常、插入异常、删除异常，基本满足关系规范化的要求。

（4）在关系数据库中，各个数据表之间的关系只能为一对一或一对多的关系。对于多对多的关系，必须转换为一对多的关系来处理。

（5）设计数据表结构时，应考虑表结构的动态适应性。

7.1.3　数据库设计的方法

数据库设计的方法大致可分为直观设计法、规范设计法、计算机辅助和自动化设计法。

（1）直观设计法。直观设计法又称手工试凑法、单步逻辑设计法，是最早使用的数据库设计方法。该方法依赖于设计者的经验和水平，缺乏科学理论和工程方法的支持，设计的质量难以保证，常常在数据库运行一段时间后不同程度地出现各种问题，增加了维护代价。

（2）规范设计法。其基本思想是过程迭代和逐步求精。比较著名的是新奥尔良（new orleans）方法，它将数据库设计分为 4 个阶段：需求分析（分析用户要求）、概念设计（信息分析和定义）、逻辑设计（设计实现）和物理设计（物理数据库设计）。目前，常用的规范设计法大多起源于新奥尔良方法，如基于 3NF 的设计方法、基于 E-R 模型的数据库设计方法、LRA 方法、面向对象的数据库设计方法、统一建模语言（UML）方法及基于视图概念的数据库设计方法等。

（3）计算机辅助和自动化设计法。数据库系统设计是一项庞大且复杂的工作，具有设计难度大、周期长、设计质量难以保证等特点。为解决这些问题，出现了计算机辅助数据库设计（CADB）方法，其基本思想是提供一个人机交互过程，一方面充分利用计算机速度快、容量大和自动化程度高的特点，完成比较规则、重复性大的设计工作；另一方面是重复发挥设计者的经验和水平，做出一些重大决策，人机结合，帮助设计者又快又好地进行数据库设计，从而实现数据库设计的自动化。

7.1.4　数据库设计的基本步骤

数据库设计的基本步骤如下。

（1）需求分析阶段：需求收集和分析，得到数据字典和数据流图。

（2）概念结构设计阶段：对用户需求进行综合、归纳与抽象，形成概念模型，用 E-R 图表示。

（3）逻辑结构设计阶段：将概念结构转换为某个数据库管理系统所支持的数据模型。

（4）数据库物理设计阶段：为逻辑数据模型选取一个最适合应用环境的物理结构。

（5）数据库实施阶段：建立数据库，编制与调试应用程序，组织数据入库，程序试运行。

（6）数据库运行与维护阶段：对数据库系统进行评价、调整与修改。

7.1.5 数据库设计过程中的各级模式

数据库设计的不同阶段形成了数据库的各级模式。需求分析阶段，综合各个用户的应用需求。概念设计阶段，形成独立于机器特点、独立于各个数据库管理系统产品的概念模式（E-R 图）。逻辑设计阶段，首先将 E-R 图转换成具体的数据库产品支持的数据模型，如关系模型，形成数据库逻辑模式；然后根据用户处理的要求和安全性的考虑，在基本表的基础上再建立必要的视图，形成数据的外模式。物理设计阶段，根据数据库管理系统特点和处理的需要，进行物理存储安排，建立索引，形成数据库内模式。各级模式框架图如图 7.1 所示。

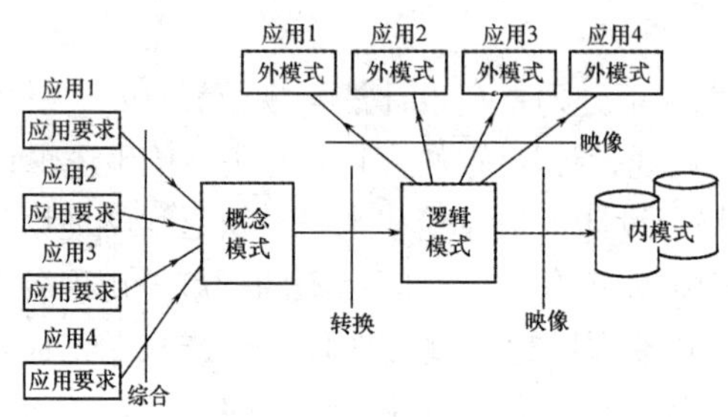

图 7.1　数据库设计过程中的各级模式框架图

7.2 需求分析

需求分析就是分析用户的需求，它是整个数据库设计过程的基础，要收集数据库所有用户的信息内容和处理要求，并加以规格化和分析。需求分析结果是否能准确地反映用户的实际需求，将直接影响到后面各个阶段的设计及其设计结果的合理性和实用性。

需求分析的基本内容是数据需求分析、数据处理需求分析、业务规则需求分析和其他需求分析，其中其他需求分析包括性能需求分析、存储需求分析、安全性需求分析、备份和恢复需求分析等。

7.2.1 需求分析的任务

用户需求分析阶段的主要任务是了解用户组织的机构，建立用户组织的结构层次方框图；分析用户的业务活动，建立用户的数据管理业务数据流图；收集所需数据，整理数据库中的信息内容；分析用户的数据处理要求和数据安全性与完整性要求；确定系统功能和软硬环境配置，最终形成系统需求分析说明书。

需求分析的重点是调查、收集与分析用户在数据管理中的信息要求、处理要求、完全性与完整性要求。难点是用户缺少计算机知识，不能准确地表达自己的需求，他们所提出的需求往往不断地变化；设计人员缺少用户的专业知识，不易理解用户的真正需求，甚至误解用户的需求。因此，需求分析阶段要求设计人员必须不断深入地与用户进行交流，才能逐步确定用户的实际需求。

7.2.2　需求分析的方法

1．常用调查方法

（1）跟班作业：通过亲自参加业务工作了解业务活动的情况。

（2）开调查会：通过与用户座谈来了解业务活动情况及用户需求。

（3）面谈调查：与专人面谈，采用专人介绍或问答方式进行。

（4）设计调查表请用户填写：调查表设计合理，则很有效。

（5）查阅记录：查阅与原系统有关的数据记录。

2．分析方法

从系统分析出发，可将需求分析方法大致分为功能分解方法、结构化分析方法、信息建模方法和面向对象的分析方法。

（1）功能分解方法。该方法是将新系统作为多功能模块的组合，其中各功能可分解为若干子功能及接口，子功能再继续分解，便可得到系统的雏形。

（2）结构化分析（structured analysis，SA）方法。结构化分析方法是按照系统内部数据传递、变换的关系，自顶向下，逐层分解，直到找到满足功能需求的所有可实现的系统为止。此方法的核心思想是“分解”和“抽象”。“分解”就是将复杂的问题分解成若干个问题，然后分别解决，从而简化复杂问题的处理。“抽象”就是抽象出问题的本质特性，暂时不考虑它们的细节。结构化分析方法一般利用图形表达用户需求，常用的分析工具有数据流图、数据字典、结构化语言、判定表和判定树等。

（3）信息建模方法。它从数据角度对现实世界建立模型。大型软件较复杂，很难直接对其进行分析和设计，常借助模型来实现。在信息系统中，模型是开发过程中的一个不可或缺的工具。模型的表示形式可以是数学公式、缩小的物理装置、图表文字说明或专用的形式化语言等。模型建立的思路有两种：自顶向下、逐步求精和自底向上、综合集成。信息系统的建模方法可分为面向过程的建模、面向数据的建模、面向信息的建模、面向决策的建模和面向对象的建模。

信息建模的核心概念是实体和关系，常用的基本工具是 E-R 图，其基本要素由实体、属性和联系构成。该方法的基本策略是从现实中找出实体，然后用属性进行描述。

（4）面向对象的分析方法。它的关键是识别问题域内的对象，分析它们之间的关系，并建立 3 类模型，即对象模型、动态模型和功能模型。

面向对象主要考虑类或对象、结构与连接、继承和封装、消息通信，只表示面向对象的分析中几项重要特征。类的对象是对问题域中事物的完整映射，包括事物的数据特征（即属性）和行为特征（即服务）。

7.3　概念结构设计

将需求分析得到的用户需求抽象为信息结构（即概念模型）的过程就是概念结构设计。它是整个数据库设计的关键。

7.3.1　概念模型

概念模型用于信息世界的建模，是现实世界到信息世界的第一层抽象，是用户与数据库设计人员之间进行交流的语言，因此概念模型一方面应该具有较强的语义表达能力，能够方便、直接地表达应用中的各种语义知识，另一方面它还应该简单、清晰、易于用户理解。概念模型描述的内容包括建立软件的算法、架构、假设与底层约束。

概念模型具有能真实、充分地反映现实世界，易于理解，易于更改，易于向关系、网状、层次等各种数据模型转换等特点。

概念模型是各种数据模型的共同基础，它比数据模型更独立于机器、更抽象，从而更加稳定。描述概念模型的有力工具是 E-R 模型。

7.3.2　概念模型的 E-R 表示方法

信息世界主要由实体、属性、主键、实体集、联系等组成。而实体—联系模型（简称 E-R 模型）是使用 E-R 图描述现实世界的概念模型，它提供了不受任何数据库管理系统约束的面向用户的表达方法，在数据库设计中被广泛用作数据建模的工具。

1．实体间的联系

在现实世界中，事物内部以及事物之间是有联系的。实体内部的联系通常是指组成实体的各属性之间的联系，实体之间的联系通常是指不同实体型的实体集之间的联系。

1）单个实体集内的联系

同一个实体集内的各实体之间也可以存在一对一、一对多和多对多的联系。例如，教职工实体型内部具有领导与被领导的联系，如某学院院长领导若干名教职工，而一个教职工只能被另外一个院长直接领导，因此这是一对多的联系。

2）两个实体集之间的联系

两个实体集之间的联系存在着一对一、一对多、多对多联系。

（1）一对一联系（1∶1）。

若一个实体集中的一个实体只与另一个实体集中的一个实体有联系，同样另一个实体集中的一个实体只与该实体集中的一个实体有联系，则称这两个实体集具有一对一联系。

例如，班级和班长之间就是一对一联系，一个班级只有一个班长，一个班长只能属于一个班级。

（2）一对多联系（1∶n）。

若一个实体集中的一个实体与另一个实体集中的任意个实体有联系，而另一个实体集中的一个实体至多与该实体集中的一个实体有联系，则称这两个实体集具有一对多联系。

例如，学院和学生之间就是一对多联系，每个学院包含多名学生，每名学生只能属于一个学院。

（3）多对多联系（m∶n）。

若一个实体集中的一个实体与另一个实体集中的任意个实体有联系，同样另一个实体集中的一个实体与该实体集中的任意个实体有联系，则称这两个实体集具有多对多联系。

例如，学生与选课之间的关系就是多对多联系，每个学生可以选择多门课程，每门课程允许多名学生选修。

可以用图形来表示两个实体集之间的这 3 类联系，如图 7.2 所示。

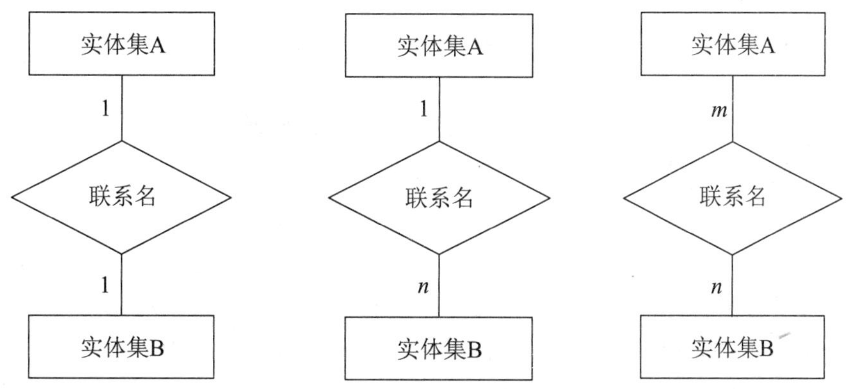

图 7.2　两个实体集之间的联系示意图

3）多个实体集之间的联系

一般地，两个以上的实体集之间也存在着一对一、一对多和多对多联系。例如，对于学院、教师和专业 3 个实体集，一个学院可有多个专业和多名教师，每一个教师只能在一个学院任教，且可给多个专业授课；每个专业只能属于一个学院，且有多名专职教师。因此学院、教师和专业之间的联系是一对多联系。

对于学生、课程和教室 3 个实体集，一个学生可选择多门课程，在多个教室上课；一门课程可供多名学生选择，可在不同教室讲授；每个教室可供多名学生上课和上多门课程。因此，学生、课程和教室 3 者之间是多对多联系，如图 7.3 所示。

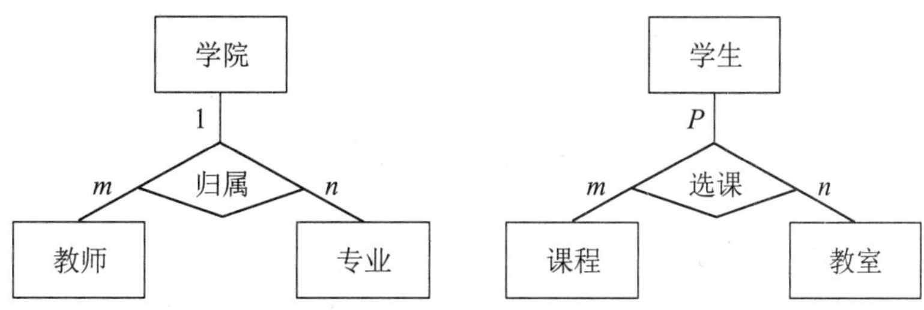

图 7.3　多个实体集之间的联系

一般地，把参与联系的实体集数目称为联系的度。两个实体集之间的联系度为 2，称为二元联系；三个实体集之间的联系度为 3，称为三元联系；*N* 个实体集之间的联系度为 *N*，称为 *N* 元联系。

2. E-R 图

E-R 图又称实体—联系图，它提供了表示实体类型、属性和联系的方法，用于描述现实世界的概念模型。构成 E-R 图的 3 个基本要素是实体、属性和联系。

1）实体

一般认为客观世界的事物就是实体，可以是具体的人和物，也可以是抽象的概念与联系。具有相同特性和性质的两个相同属性的实体，可以用实体名及其属性名集合进行抽象和刻画。在 E-R 图中用矩形框表示实体，矩形框内写明实体名。例如，读者、图书等都是实体，在数据表中的一条记录也是一个实体。

2）属性

属性是对实体特性的描述，一个实体可由若干属性来描述。在 E-R 图中用椭圆形表示属性，并用无向边把实体与属性连接起来。例如，读者的 id、姓名、性别等都是属性。

3）联系

联系又称关系，在信息世界中反映实体内部或实体之间的关联。实体内部的联系通常是指组成实体的各属性之间的联系，实体之间的联系通常是指不同实体集之间的联系。在 E-R 图中用菱形框表示联系，框内写明联系名，并用无向边把菱形框与有关实体分别连接起来，同时在无向边上标注联系的类型（1∶1、1∶*n* 或 *m*∶*n*）。例如，一个学生可选修 *n* 门课程，且每一门课程可被 *m* 个学生选择。

3. E-R 图实例

为了更好地解释 E-R 模型和 E-R 图的使用方法，下面用 E-R 图表示图书借阅管理系统的概念模型。图书借阅管理系统涉及以下几个实体。

（1）图书（t_book）：属性包括图书 id、书名、作者、出版社、详情、出版年份、ISBN、分类编号、库存数量、是否启用。

（2）图书类别（t_book_classification）：属性包括分类编号、分类名称、分类代码、父类编号、是否启用。

（3）读者（t_reader）：属性包括读者 id、姓名、性别、借阅数量、联系电话、读者类型 id、是否启用。

（4）读者类型（t_reader_type）：属性包括读者类型 id、类别名称、可借阅图书数量、归还期限。

上述实体之间的联系如下：

（1）一个读者可以借阅多本图书，一本图书可被多个读者借阅，因此读者和图书实体之间具有多对多（*m*∶*n*）联系。

（2）一本图书可以属于多个图书类别，一个图书类别可包含多本图书，因此图书类别与图书实体之间具有多对多（$m:n$）联系。

根据上述联系可画出实体间的联系图，如图 7.4 所示。

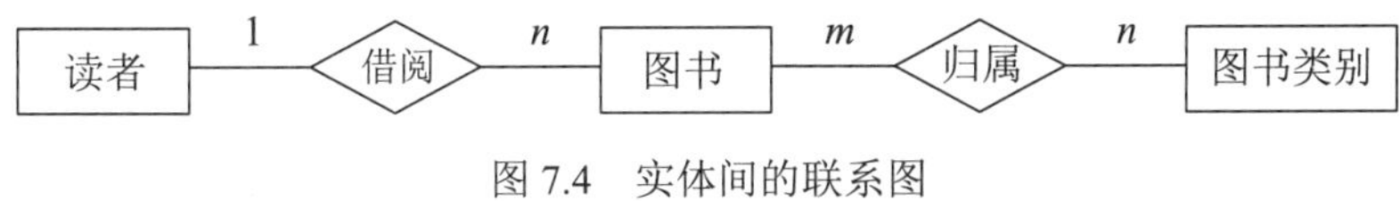

图 7.4　实体间的联系图

7.3.3　概念结构设计的原则与步骤

设计 E-R 图的关键是如何确定实体与属性，以及在集成 E-R 图时如何解决冲突等问题。概念结构设计的第一步就是对需求分析阶段收集到的数据进行分类、组织，确定实体、实体的属性、实体之间的联系类型，形成 E-R 图，实体和属性之间并没有形式上可以截然划分的界限。

1．概念模型的设计原则

（1）相对原则。实体、属性、联系是对同一对象抽象过程的不同解释，建模过程实际上是关于对象的抽象过程。因此，每个人对抽象的理解不同，产生的结果也可能不同。

（2）一致原则。同一对象在不同业务系统中的抽象结果要求保持一致，业务系统是指建立系统的各个子系统。

（3）简单原则。为简化 E-R 模型，现实世界的事物能作为属性对待的，尽量归为属性处理。凡满足以下两条准则的事务，一般均可作为属性对待：

①作为属性，不能再具有需要描述的性质，即属性必须是不可再分的数据项，不能包含其他属性。

②属性不能与其他实体具有联系，即 E-R 图中所表示的联系是实体之间的联系。

2．概念结构设计的步骤

在开发信息系统时，常用的策略是自顶向下地进行需求分析，自底向上地设计概念结构。自底向上设计是指首先设计各子系统的局部 E-R 图，然后整合局部 E-R 图得到全局 E-R 图。概念结构设计的一般步骤如下。

1）数据抽象，设计局部 E-R 图

对于一些大型数据库系统，用户一般只关心这个数据库中的某一小部分，因此将数据库系统根据功能划分成多个不同的局部应用。根据用户需求和提供的数据资料，分析实体之间的关系、实体与属性的关系、属性与属性之间的关系等，将数据进行归类，即根据数据的属性将其划分到不同的实体中去，然后根据实体所实现的功能归类，将实现同一功能的多个实体联系起来，设计一个局部 E-R 图。

【例 7.1】画出图书借阅管理系统的局部 E-R 图。

根据图书借阅管理系统的实体集信息可以画出各个实体的属性图，如图7.5～图7.8所示。

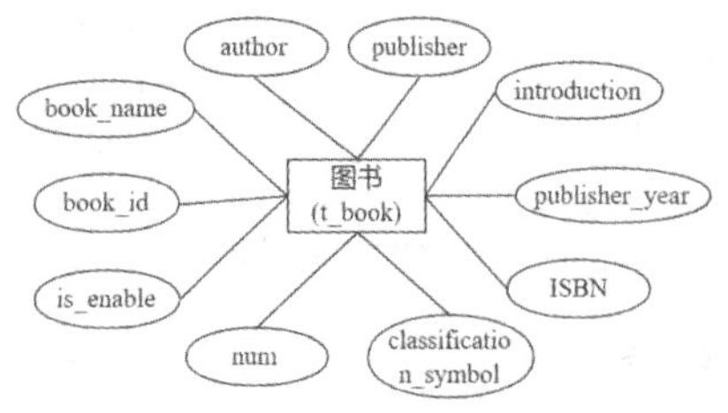

图7.5　图书实体的属性图

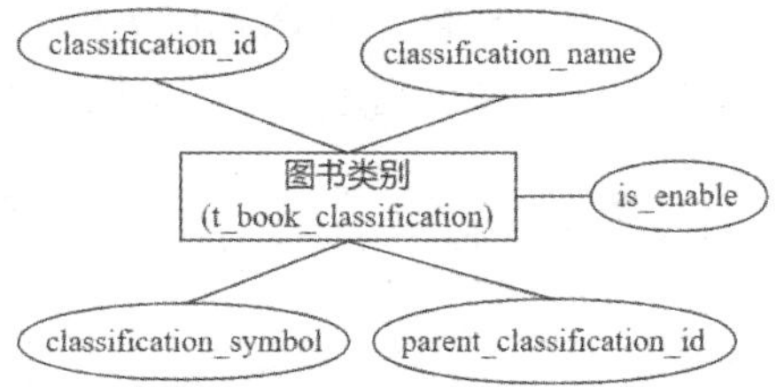

图7.6　图书类别实体的属性图

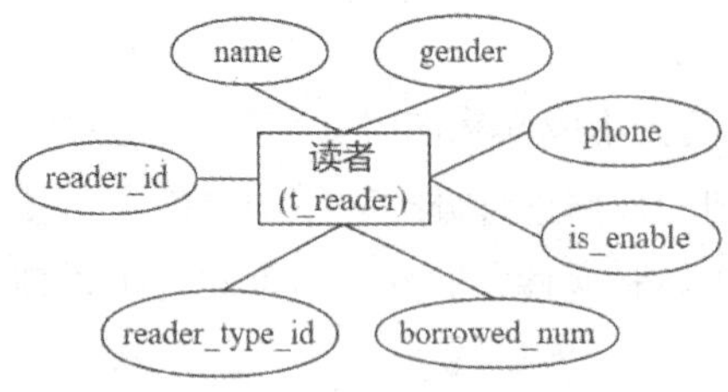

图7.7　读者实体的属性图

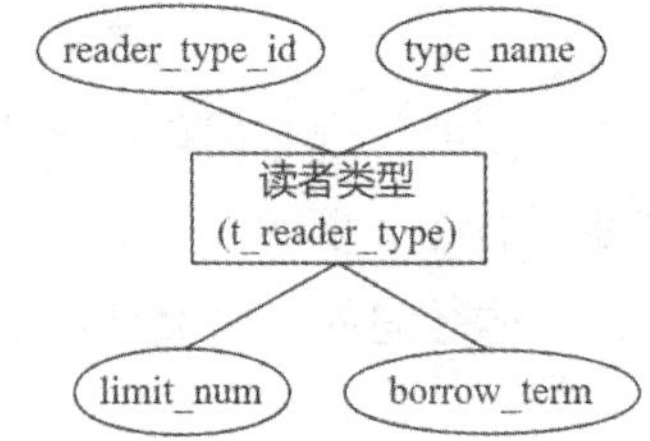

图7.8　读者类型实体的属性图

借阅（t_borrow）是一个联系，属性包括借阅id、借出日期、借阅期限、归还日期。

图书借阅管理系统的实体集和借阅联系之间按应用功能模块划分，具有以下联系。

（1）读者模块：主要涉及读者（t_reader）和读者类型（t_reader_type）两个实体，它们之间的联系是读者类型与读者之间的一对多（1∶n）联系，即一个读者只能是一种类型，而一种类型可以有多个读者。

（2）图书模块：主要涉及图书（t_book）和图书类别（t_book_classification）两个实体，它们之间的联系是图书类别与图书之间的一对多（1∶n）联系，即一本图书只能归属于一类，而一类图书包含多本图书。

（3）借阅联系模块：主要涉及图书（t_book）和读者（t_reader）两个实体，以及一个联系借阅（t_borrow）。读者与图书之间靠借阅联系，且是多对多（m∶n）联系，即一个读者可借阅多本图书，一本图书可被多个读者借阅。

那么，上述3个模块的局部E-R图如图7.9所示。

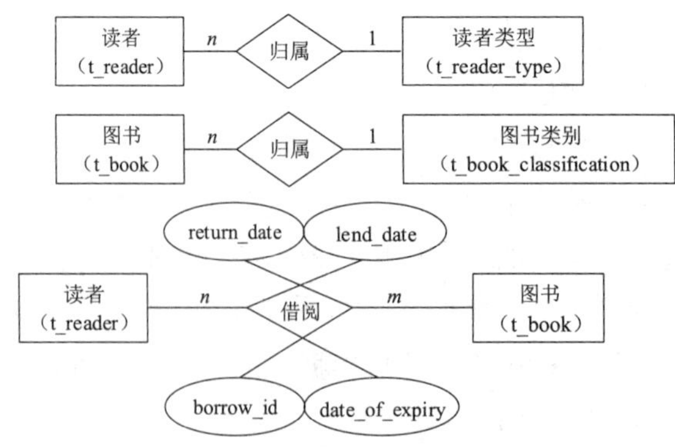

图7.9　图书借阅管理系统的局部E-R图

2）集成局部 E-R 图，生成全局 E-R 图

局部 E-R 图建立之后，还需要将其合并成一个完整的 E-R 图，即全局 E-R 图。设计全局 E-R 图可采用多个局部 E-R 图一次集成和逐步集成两种方法。不管采用哪种方法，它们都需要在合并过程中消除各局部 E-R 图的冲突，其冲突主要有属性冲突、命名冲突、结构冲突 3 类。

（1）属性冲突。属性冲突是指同一意义的属性在不同局部应用的局部 E-R 图中采用了不同的数据类型、不同的数据长度、不同的数据取值范围、不同的度量单位等而产生的冲突。例如，性别为男/女，M/F。

（2）命名冲突。命名冲突包括同名异义和异名同义两种情况。同名异义是指在不同的局部应用中意义不同的对象（实体集、联系或属性）采用了相同的名称，如学生分为本科生和研究生；异名同义是指同一意义的对象在不同的局部应用中采用了不同的名称，如联系方式、电话号码。

（3）结构冲突。结构冲突是指同一意义的对象（实体集、联系或属性）在不同局部应用的局部 E-R 图中采用了不同的结构特征。一是同一实体集在不同局部应用的局部 E-R 图中所包含的属性个数不同；二是同一意义的实体集间的联系在不同局部应用的局部 E-R 图中采用了不同的联系类型；三是同一意义的对象（实体集、属性）在不同局部应用的局部 E-R 图中具有不同的抽象。例如，在一个局部 E-R 图中抽象为实体集，而在另一个局部 E-R 图中抽象为属性。

3）优化全局 E-R 图

全局 E-R 图建立完成，相当于整个概念结构设计完成，然后征求用户和有关人员的意见，进行评审、修改和优化。若在面向各个局部应用时对全局应用考虑不周，则集成的全局 E-R 图可能存在冗余数据和冗余联系，此时需要消除冗余数据和冗余联系。

【例 7.2】 画出图书借阅管理系统的全局 E-R 图。

图书借阅管理系统的全局 E-R 图如图 7.10 所示。

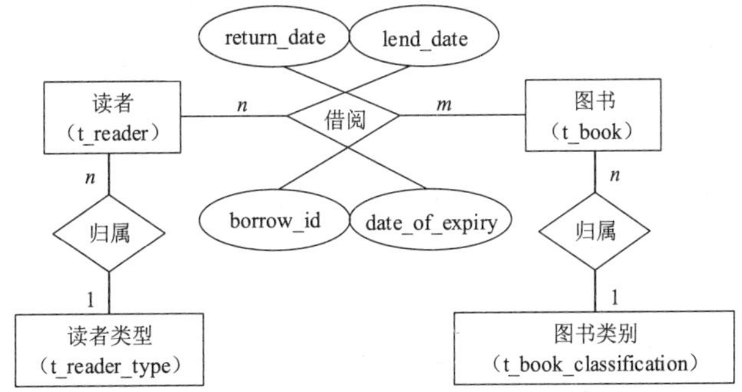

图 7.10　图书借阅管理系统的全局 E-R 图

7.4　逻辑结构设计

逻辑结构设计是将概念结构设计阶段完成的概念模型（E-R 模型）转换为被选定的数

据库管理系统所支持的数据模型。传统的基本数据模型有层次模型、网状模型和关系模型 3 种。目前常用的数据库应用系统都采用支持关系模型的关系数据库管理系统，下面主要介绍将 E-R 图转换为关系模式的方法和关系模式的规范化。

7.4.1 E-R 图转换成关系模式

由于概念结构设计的结果是 E-R 图，而数据库管理系统一般采用关系模型，因此数据库的逻辑结构设计过程就是把 E-R 图转换成关系模式的过程。

关系模型的逻辑结构是一组关系模式的集合，而关系模式是对关系（即二维表）的描述，即数据库表的表结构。E-R 图则是由实体、实体属性和实体之间的联系 3 个要素组成的，所以将 E-R 图转换为关系模式实际上就是将实体、实体属性和实体之间的联系转换为关系模式。

1．实体向关系模式的转换

实体向关系模式的转换规则是一个实体转换为一个关系模式，实体的属性就是关系的属性，实体的键就是关系的键。

【例 7.3】 将读者（t_reader）实体的 E-R 图转换为一个关系模式。

关系模式为 t_reader（reader_id，name，gender，reader_type_id，phone，borrowed_num，is_enable）。

2．实体之间的联系向关系模式的转换

实体之间的联系向关系模式的转换规则需要根据不同的情况来确定。根据实体格式分为单个实体之间的转换、两个实体之间的转换和三个实体之间的转换，然后再根据联系情况进行具体分类。

1）单个实体之间的联系向关系模式的转换

单个实体内部也有一对一、一对多、多对多的联系。例如：

（1）书是一个实体，一本书有唯一的 ISBN，一个 ISBN 只能属于一本书，这就是 1∶1 联系。

（2）1∶n 联系：教职工是一个实体，教职工中存在着领导与被领导的关系。例如，一个具有领导职位的职工可以领导多个教职工，而普通教职工只能被一个职工领导。此实体的 E-R 图如图 7.11 所示。

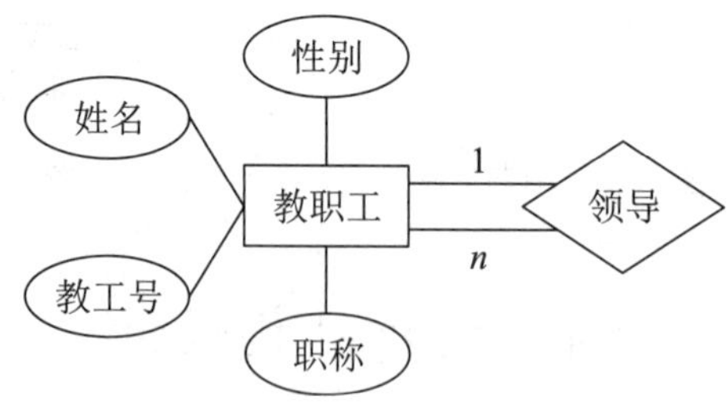

图 7.11 教职工实体的 E-R 图

可将图 7.11 所示的 E-R 图转换成两个关系模式，分别为：

教职工（<u>教工号</u>，姓名，性别，职称）。

领导（<u>教工号</u>，领导工号）。

也可将其转换为一个关系模式，即

教职工（<u>教工号</u>，姓名，性别，职称，领导工号）。

（3）*m*∶*n* 联系：计算机零部件是一个实体，计算机根据组装的零件类型不同而有所不同。一台计算机由多个零部件组装而成，一个零部件也可组装成不同类型的计算机（如同一型号 CPU 可组装成不同类型的计算机）。此实体的 E-R 图如图 7.12 所示。

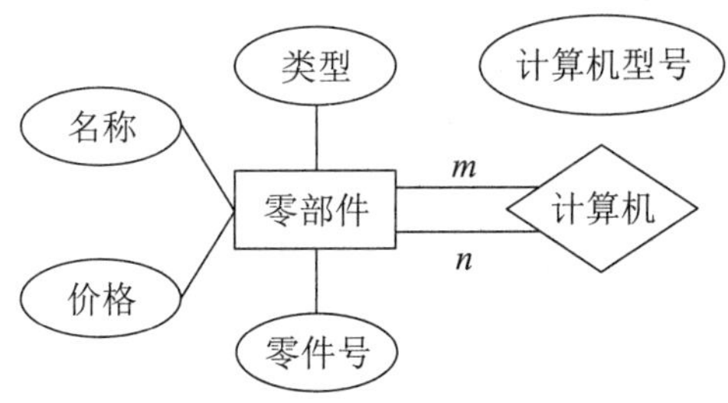

图 7.12　计算机零部件实体的 E-R 图

图 7.12 所示的 E-R 图转换的关系模式为：

零部件（<u>零件号</u>，名称，类型，价格）

计算机（<u>计算机型号</u>，零件号）。

2）两个实体之间的联系向关系模式的转换

（1）1∶1 联系的转换。

1∶1 联系可以转换为一个独立的关系模式，也可以与任意一个实体对应的关系模式合并。如果转换为一个独立的关系模式，则与该联系相连的各实体的主键以及联系本身的属性均转换为关系的属性，每个实体的主键均是该关系的候选键。如果与某一端对应的关系模式合并，则需要在该关系模式的属性中加入另一个关系模式的主键和联系本身的属性。例如，学校和校长是两个实体，一个学校只能有一个校长，一个校长只能任职一个学校，因此是一对一的联系。对应的 E-R 图如图 7.13 所示。

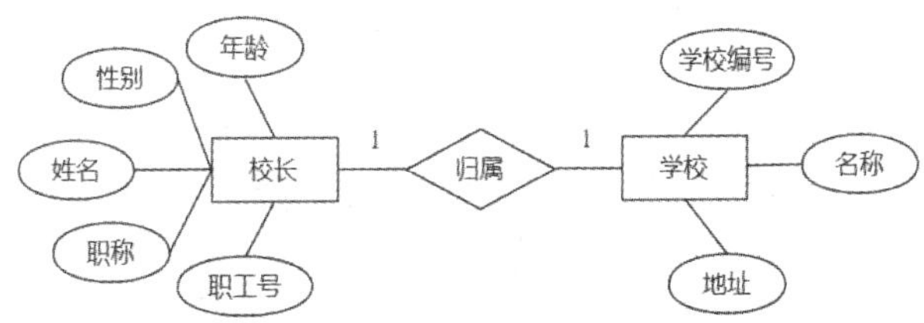

图 7.13　学校与校长实体之间联系的 E-R 图

图 7.13 所示的 E-R 图可转换为以下 3 种关系模式。

关系模式一：联系形成的关系单独成为一个关系。

学校（<u>学校编号</u>，名称，地址）。

校长（<u>职工号</u>，姓名，性别，年龄，职称）。

归属（<u>职工号</u>，学校编号）。

关系模式二：将“归属”合并到“学校”关系中。

学校（<u>学校编号</u>，名称，地址，校长职工号）。

校长（<u>职工号</u>，姓名，性别，年龄，职称）。

关系模式三：将“归属”合并到“校长”关系中。

学校（<u>学校编号</u>，名称，地址）。

校长（<u>职工号</u>，姓名，性别，年龄，职称，学校编号）。

（2）1∶*n* 联系的转换。

1∶*n* 联系可以转换为一个独立的关系模式，也可以与 *n* 端对应的关系模式合并。如果转换为一个独立的关系模式，则与该联系相连的各实体的主键以及联系本身的属性均转换为关系的属性，而关系的主键为 *n* 端实体的主键。如果与 *n* 端对应的关系模式合并，则在 *n* 端实体中增加新属性。例如，学生与专业是两个实体，一个学生只能是一个专业的，而一个专业可以有多名学生。其联系的 E-R 图如图 7.14 所示。

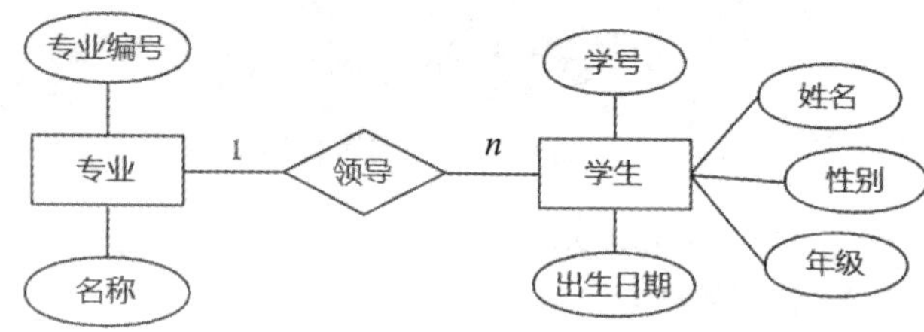

图 7.14　专业与学生实体之间联系的 E-R 图

图 7.14 所示的 E-R 图可转换为以下两种关系模式。

关系模式一：

专业（<u>专业编号</u>，名称）。

学生（<u>学号</u>，姓名，性别，年级，出生日期）。

归属（<u>学号</u>，专业编号）。

关系模式二：

专业（<u>专业编号</u>，名称）。

学生（<u>学号</u>，姓名，性别，专业编号，年级，出生日期）。

（3）*m*∶*n* 联系的转换。

转换规则是与该联系相连的各个实体的键及属性均转换为关系的属性。而关系的键为各实体键的组合。例如，学生与课程实体之间联系的 E-R 图如图 7.15 所示。

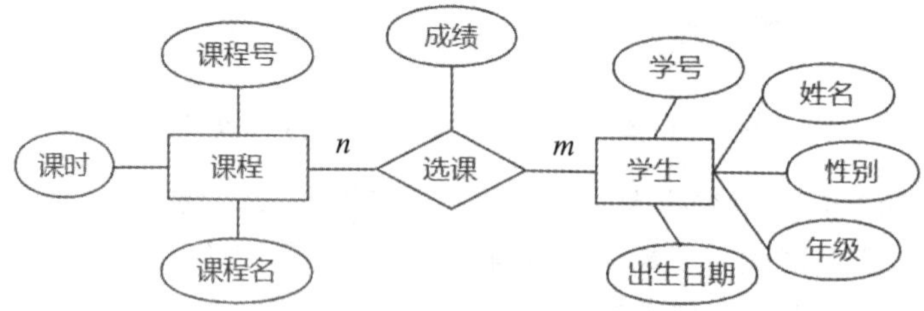

图 7.15　学生与课程实体之间联系的 E-R 图

图 7.15 所示的 E-R 图可转换为以下关系模式：

学生（<u>学号</u>，姓名，性别，年级，出生日期）。

课程（<u>课程号</u>，课程名，课时）。

选课（<u>学号，课程号</u>，成绩）。

3）3 个实体之间的联系向关系模式的转换

3 个实体之间的联系有 1∶1∶1、1∶1∶*n*、1∶*m*∶*n*、*m*∶*n*∶*p* 4 种。

（1）1∶1∶1 联系可以在 3 个实体类型转换成的 3 个关系模式中的任意一个关系模式的属性中加入另两个关系模式的键（作为外键）和联系类型的属性。

（2）1∶1∶*n* 联系在 *n* 端实体类型转换成的关系模式中加入两个 1 端实体类型的键（作为外键）和联系类型的属性。

（3）1∶*m*∶*n* 联系将联系类型也转换成关系模式，其属性为 *m* 端和 *n* 端实体类型的键（作为外键）加上联系类型的属性，而键为 *m* 端和 *n* 端实体键的组合。

（4）*m*∶*n*∶*p* 联系将联系类型也转换成关系模式，其属性为 3 端实体类型的键（作为外键）加上联系类型的属性，各实体的键组成关系的键或关系键的一部分。3 个或 3 个以上实体间的一个多元联系可以转换为一个关系模式，与该多元联系相连的各实体的键以及联系本身的属性均转换为关系的属性，各实体的键组成关系的键或关系键的一部分。

7.4.2　关系模式规范化设计

从 7.4.1 节可以看出，数据库逻辑设计的结果并不是唯一的。不同的关系模式设计，可能会出现不同的问题，如数据冗余、更新异常、插入异常和删除异常等。为了避免这些问题的出现，进一步提高数据库应用系统的性能，在设计关系模型时应当考虑关系的规范化。其基本思想就是逐步消除数据依赖关系中不合适的部分，从而使依赖于同一个数据模型的数据达到有效分离。

1. 范式

利用规范化理论，使关系模式的函数依赖集满足特定的要求，满足特定要求的关系模式称为范式（normal form）。关系（关系是“关系模式”的一个实例，可以将“关系”理解为一张包含数据的二维表，而“关系模式”是这张表的表结构）按其规范化程度从低到高可分为 6 级范式，分别称为 1NF、2NF、3NF、BCNF、4NF、5NF。高一级范式所包含的属性集是低一级范式的子集，即表示符合高一级规范化程度的设计，必定符合低一级的规范化程度。一个低一级范式的关系模式，通过模式分解可以转换成若干高一级范式的关系模式的集合，这个过程称为规范化。满足最低要求的称为第一范式，在第一范式的基础上进一步满足一些要求的称为第二范式，以此类推，各种范式呈递次规范，越高的范式数据库冗余越小。一般在设计关系数据库时，最多考虑到第三范式。

1）第一范式（1NF）

第一范式是指数据表的每一列都是不可分割的基本数据项，同一列中不能有多个值，即实体中的某个属性不能有多个值或者不能有重复的属性，如表 7.1 所示。

表 7.1　关系的第一范式设计

（a）原始关系表

学　号	姓　名	家庭地址		
		省　份	城　市	详细地址
200001	张三	A 省	B 市	C 区天悦小区 5 栋

（b）满足第一范式设计的关系表

学　号	姓　名	省　份	城　市	详细地址
200001	张三	A 省	B 市	C 区天悦小区 5 栋

2）第二范式（2NF）

第二范式是指每个表必须有主关键字，其他数据元素与主关键字一一对应，即要求实体的属性完全依赖于主关键字。所谓完全依赖，是指不能存在仅依赖主关键字一部分的属性，如果存在，则这个属性和主关键字的这一部分应该分离出来组成一个新的实体，新实体与原实体之间是一对多的关系。第二范式要求每个表只描述一件事，即在一个数据表中只能保存一种数据，不可以把多种数据保存在同一张数据表中。例如，表 7.2 所示的关系就不满足第二范式，因为它将学生成绩表和学生宿舍表的数据放在一张表中。

表 7.2　学生信息表

学　号	所在系	宿　舍	课程号	成　绩
856324	数学系	H-A-501	821435	89
856521	软工系	H-A-502	821443	75

表 7.2 中的“学号”和“课程号”为表的主属性，而“所在系”和“宿舍”依赖于“学号”，“成绩”依赖于“课程号”和“学号”。因此，此关系不满足第二范式。那么该表会出现数据冗余和更新异常，为了解决这些问题，将此表分解为两个满足第二范式的关系表，如表 7.3 所示。

表 7.3　满足第二范式的关系表

（a）学生成绩表

学号	课程号	成绩
856324	821435	89
856521	821443	75

（b）学生宿舍表

学号	所在系	宿舍
856324	数学系	H-A-501
856521	软工系	H-A-502

3）第三范式（3NF）

第三范式是指表中的所有数据元素不但要能唯一地被主关键字所标识，而且它们之间还必须相互独立，不存在其他的函数关系。也就是说，在满足第二范式的关系模式中有可能存在某些属性依赖于其他非关键属性的现象，这种现象称为传递函数依赖。如表 7.4 所示，实体集（学号，姓名，学校编号，学校名称），主键是学号，学号决定学校编号，学校编号决定学校名称，且学校编号、学校名称都属于非主属性，那么这个实体集就存在传递函数依赖。因此，必须消除这种传递函数依赖关系才能满足第三范式。

表 7.4　学生就读学校信息表

学　　号	姓　　名	学 校 编 号	学 校 名 称
20211001	张三	G501	南华中学
20212003	李四	G502	朗明路中学

可以将表 7.4 分解成两个满足第三范式的表来消除传递函数依赖关系。分解之后的关系模式如下：

学生（学号，姓名，学校编号）。

学校（学校编码，学校名称）。

4）BC 范式（BCNF）

BC 范式是指对于关系模式 R，若 R 为第一范式，且每个属性既不部分依赖于候选键也不传递函数依赖于候选键，则称 R 为 BC 范式。相对于第三范式，BC 范式的要求更加严格。第三范式只是要求 R 为第二范式且非主属性不传递函数依赖于 R 的候选键，而 BC 范式则是对 R 的每个属性都做要求。

由关系模式的定义可知，若 R 为 BC 范式，则 R 满足：

（1）所有非主属性对每一个键都是完全函数依赖。

（2）所有主属性对每一个不包含它的键，也是完全函数依赖。

（3）没有任何属性完全函数依赖于非键的任何一组属性。

例如，在关系模式“选课（学生，教师，课程）”中，每个教师只能教一门课程，每门课由一名教师教授，如一个学生选定了某门课程，就确定了一个固定的教师；某个学生选修了某个教师的课程，就确定了所选修的课程名称。于是有以下函数依赖关系：

（1）教师依赖于（学生，课程），记为（学生，课程）→教师。

（2）课程依赖于（学生，教师），记为（学生，教师）→课程。

（3）课程依赖于教师，记为教师→课程。

因此，（学生，教师）和（学生，课程）都可作为候选键。因为学生、教师和课程都是主属性，该关系模式中不存在非主属性，所以没有任何非主属性对键传递函数依赖或部分依赖，故该关系模式为第三范式。但由于函数依赖（教师→课程）的决定因素“教师”不含候选键，故此关系模式属于 BC 范式。

若要求关系模式属于 BC 范式，则要消除非主属性对候选键的部分依赖和传递函数依赖，以及主属性对候选键的部分依赖和传递函数依赖。于是上述例子中的关系模式在第三范式的基础上消除主属性对候选键的部分依赖与传递函数依赖，并将关系模式中的属性重新定义属性名，得到：

学生（学号，课程名称，教师编号），教师（教师编号，教师姓名）。

2．范式设计的优缺点

范式可以避免数据冗余，减少数据库的空间，减少维护数据完整性的麻烦。按照范式规范设计表时，等级越高的范式设计出来的表越多。例如，按第一范式设计的表可能只有一张表；若按第二范式设计这张表，则有可能生成两张或更多张表；若按第三范式或更高的范式设计这张表，则会出现更多的表。当表的数量增多时，查询所需的时间也相应地增加，即范式等级越高，对数据的操作性越低。

因此，在利用范式设计表时，要根据具体的应用需求选择合适的范式。一般情况下，使用第三范式就可以满足项目需求，其性能好且方便管理数据。

当数据库所涉及的表非常多，经常会有多表连接，并且要求对表的操作时间要尽量短时，可以考虑使用“反范式”设计关系模式。

3．反范式设计

数据库的反范式设计与范式设计所要求的正好相反，在反范式的设计模式中，可以允许适当的数据冗余，用这个冗余去缩短操作时间。其本质就是用空间来换取时间，把数据冗余分摊在多个表中，当查询时可以减少或者避免表之间的关联。

常用的反范式设计方法有以下几种。

1）增加冗余列

增加冗余列是指在多个表中具有相同的列，它常用于在查询时避免连接操作。

例如，以规范化设计的理念，学生成绩表中不需要“姓名”字段，因为“姓名”字段可以通过学号查询；但在反规范化设计中，会将“姓名”字段加入表中，这样查询一个学生的成绩时，不需要与学生表进行连接操作，便可得到对应的“姓名”。

2）增加派生列

增加派生列是指增加的列可以通过表中其他数据计算生成。它的作用是在查询时减少计算量，从而加快查询速度。

例如，订单表中有商品号、商品单价、采购数量，当需要订单总价时，可以通过计算得到，所以规范化设计的理念是无须在订单表中设计“订单总价”字段。但反规范化则不这样考虑，由于在每次查询时都需要计算订单总价，这样会占用系统的大量资源，所以在此表中增加派生列“订单总价”以提高查询效率。

3）合并表

合并表是指当用户需要查看两个表连接出来的结果数据时，可把这两个表重新组成一个表来减少连接，从而提高操作性能。

4）分割表

当表中字段（列）数太多、表记录（数据）太多、表记录的独立性较强或表记录所属类别对象不同时，可以对表进行分割来提高操作性能。分割表包括垂直分割和水平分割。

对于表中字段数多的情况，可采用垂直分割方法。垂直分割就是将除了主键列之外的所有列分割成多份，把主键和一些列放到一个表中，然后把主键和另外的列放到另一个表中。如果一个表中某些列常用，而另外一些列不常用，则可以采用垂直分割方法。另外，垂直分割可以使数据行变小，一个数据页能存放更多的数据，在查询时就会减少I/O次数。其缺点是需要管理冗余列，查询所有数据需要连接操作。

水平分割是指根据一列或多列数据的值把数据行放到两个独立的表中。水平分割通常在以下情况下使用。

（1）表很大的情况。分割后可以减少在查询时需要读取的数据和索引的页数，同时可以减少索引的层数，提高查询效率。

（2）表中的数据本来就有独立性。例如，表中分别记录各个地区的数据或不同时期的数据，特别是有些数据常用，而另外一些数据不常用。

（3）需要把数据存放到多个介质上。

反范式设计的优点是可以避免关联，因为所有数据几乎都可以在一张表上显示，可以设计有效的索引；缺点是增加了对数据冗余的维护工作（为了保证数据的一致性，可以用触发器来解决这个问题，某个表被修改后触发另一个表的更新）。

4．范式设计与反范式设计的比较

范式设计与反范式设计是一场时间和空间上的较量，满足范式设计节省空间，满足反范式设计提高操作速度。可在满足范式设计数据库的前提条件下，再根据具体的业务需求完成反范式的设计。在操作数据表过程中，范式设计和反范式设计的差异性如下：

（1）查询记录。满足范式设计的关系表需要进行多表连接，而反范式设计只需在同一张表中查询，在数据量较大的情况下，反范式设计查询效率更高。在查询时过多使用 GROUP BY 或 DISTINCT 命令时，反范式设计的时效性能下降。

（2）修改数据。当要更新数据时，范式设计更灵活，而反范式设计要修改全部数据，且易出错。

7.5　物理结构设计

数据库的物理结构主要指数据库在物理设备上的存储结构与存取方法，它依赖于选定的数据库管理系统。物理结构设计的任务是为给定的逻辑结构模型选择合适的存储结构和存取路径，即设计数据库的内模式。

数据库的逻辑结构设计是整个数据库应用系统设计的前半部分，包括实体、关系和实体规范化等；设计的后半部分则是数据库的物理结构设计，包括选择数据库产品，确定数据库实体属性（字段）、数据类型、长度、精度、数据库管理系统页面大小等。

通常，关系数据库物理结构设计的内容主要包括：关系模式存取方法选择，设计关系、索引等数据库文件的物理存储结构。关系数据库的物理结构设计通常分为两步，第一步是确定数据库的物理结构，第二步是评价实施空间效率和时间效率。

由于目前使用的数据库管理系统基本上都是关系数据库，其物理结构设计的主要工作由系统自动完成，用户只要考虑索引文件的创建即可。例如，MySQL 创建数据表时自动默认存储引擎为 MyISAM 类型。因此，这里不再对物理结构设计进行详细描述。

7.6　数据库实施和维护

前面所有设计过程完成之后，设计人员就要用数据库语言（如 SQL）和其他应用程序将数据库的逻辑设计和物理设计结果严格地描述出来，使其成为关系数据库管理系统可以接受的源代码，再进行调试、组织数据入库等，这就是数据库实施过程。

7.6.1　应用程序设计与代码编写

应用程序的代码编写和调试是数据库实施阶段最重要的过程之一。一般情况下，数据库应用程序包括页面设计、页面控件设置、输入输出屏幕、报表设计、代码设计、网络安全保护、数据有效性和完整性验证等功能模块的设计和代码编写。

为了提高应用系统的开发效率，可利用自动生成技术和复用已有的模块技术，在程序设计中可以采用 PowerDesigner 辅助设计工具（CASE）来帮助编写程序和文档。PowerDesigner 辅助设计工具可实现数据库的整个设计过程，首先使用工具建立概念模型，然后将概念模型转换成逻辑模型，最后将概念模型转换成物理模型，根据物理模型生成建表的 SQL 语句，运行生成的 SQL 语句。

7.6.2　数据入库

数据库设计完成之后，就可以使用命令向数据库中输入数据。一般数据库的数据量非常大，且数据的组织方式、结构、格式等经常因应用对象不同而不同，因此数据载入工作就变得很复杂，需要将不同类型的数据转换为符合关系数据结构的形式，再输入数据库。为了提高输入数据的效率，满足用户的需求，针对具体的应用环境设计一个数据录入子系统来完成数据入库工作，且子系统需要包括校验数据正确性、完整性和完全性等功能模块。

7.6.3　数据库的调试与试运行

程序编写完成之后且载入一部分数据的情况下，就可以开始对数据库系统进行调试，这也称为数据库的试运行。调试过程必须要实际运行数据库应用程序，执行数据库的各种操作，测试应用程序的各个功能是否满足设计要求。如果不满足，则修改、调整程序，直到满足设计要求为止。

数据库试运行中特别要注意的是数据入库的错误问题和系统不稳定导致数据丢失等问题。如果数据入库之后，运行程序出现问题，则需要修改数据库的设计或录入子系统的设计。在试运行过程中，系统不稳定、软硬件故障、操作人员不熟悉或误操作等可能会导致数据丢失等情况，因此要做好数据库的备份和恢复工作，在发生问题时，能尽快恢复数据库，尽量减少对数据库的破坏。

7.6.4　数据库的运行与维护

数据库试运行合格后，数据库开发工作就基本完成，可以投入正式运行。但是由于应用环境在不断变化，数据库运行过程中的物理存储也会不断变化，对数据库设计进行评价、调整、修改等维护工作是一个长期的任务，也是设计工作的继续和提高。

数据库经常性的维护工作是由数据库管理员完成的，其维护工作主要包括：

（1）数据库的转储和恢复。

（2）数据库的安全性、完整性控制。

（3）数据库性能的监督、分析和改造。

（4）数据库的重组织与重构造。

7.7　PowerDesigner 辅助设计工具

7.7.1　PowerDesigner 简介

PowerDesigner 是 Sybase 公司的 CASE 工具集，使用它可以方便地对管理信息系统进行分析设计，它几乎包括了数据库模型设计的全过程。利用 PowerDesigner 可以制作数据流程图、概念模型、物理模型，可以生成多种客户端开发工具的应用程序；还可以为数据仓库制作结构模型，也能对团队设计模型进行控制。使用 PowerDesigner 可以更加直观地表现出数据库中表之间的关系，并且可以直接导出相应的建表语句。

使用 PowerDesigner 可以分别从概念模型和物理模型两个层次对数据库进行设计。在这里，概念模型描述的是独立于数据库管理系统的实体定义和实体关系定义；物理模型是在概念模型的基础上针对目标数据库管理系统的具体化。

1．PowerDesigner 的功能

1）DataArchitect

使用 DataArchitect（数据结构）可利用 E-R 图为一个信息系统创建概念模型，并且可根据概念模型生成数据库管理系统的物理模型，还可优化物理模型；可以生成数据库管理系统创建数据库的 SQL 语句。另外，DataArchitect 还可以根据已存在的数据库反向生成物理模型、概念模型以及创建数据库的 SQL 脚本。

2）ProcessAnalyst

ProcessAnalyst（过程分析）的主要功能是通过建立处理分析模型（PAM）帮助系统分析人员收集数据，编写数据字典，并绘制数据流图（DFD）；还包括创建功能模型和分层次数据流图。

3）AppModeler

AppModeler 表示应用模型，其主要功能是为客户/服务器应用程序创建应用模型。

4）ODBC Administrator

ODBC Administrator 的主要功能是用于管理系统的各种数据源。

2．PowerDesigner 支持的模型

1）概念模型（CDM）

概念模型表现数据库的全部逻辑结构，与任何的软件或数据存储结构无关。一个概念模型经常包括在物理数据库中仍然不实现的数据对象。它给运行计划或业务活动的数据一个正式表现方式。

2）逻辑模型（LDM）

逻辑模型采用一种图形化的展现方式，一般采用面向对象的设计方法，借助相对抽象、逻辑统一且稳健的结构，实现数据仓库系统所要求的数据存储目标，有效组织来源多样的各种业务数据，使用统一的逻辑语言描述业务。逻辑模型主要采用层次数据模型、网状数据模型、关系数据模型以及面向对象模型，其中最常用的是关系数据模型，对应的数据库称为关系数据库（如 MySQL），而面向对象模型是一种新兴的数据模型。

3）物理模型（PDM）

物理模型叙述数据库的物理实现。它提供了系统初始设计所需要的基础元素以及相关元素之间的关系，即描述数据是如何在计算机中存储的，如何表达记录结构、记录顺序和访问路径等信息。物理模型是在逻辑模型的基础上，综合考虑各种存储条件的限制进行的数据库设计，从而真正实现数据在数据库中的存放。物理模型可以将数据库的物理设计结果从一种数据库移植到另一种数据库，完成多种数据库的详细物理设计。

4）面向对象模型（OOM）

面向对象模型是一种新兴的数据模型，它采用面向对象的方法来设计数据库。面向对象的数据库存储对象以对象为单位，每个对象包含对象的属性和方法，具有类和继承等特点。一个面向对象模型本质上是软件系统的一个静态的概念模型。

5）业务程序模型（BPM）

业务程序模型描述业务的各种不同内在任务和内在流程，以及客户如何以这些任务和流程互相影响。业务程序模型是从业务合伙人的角度来看业务逻辑和规则的概念模型，使用一个图表描述程序、流程、信息和合作协议之间的交互作用。

3. PowerDesigner 软件工作界面

第一次启动 PowerDesigner 软件时的工作界面如图 7.16 所示。

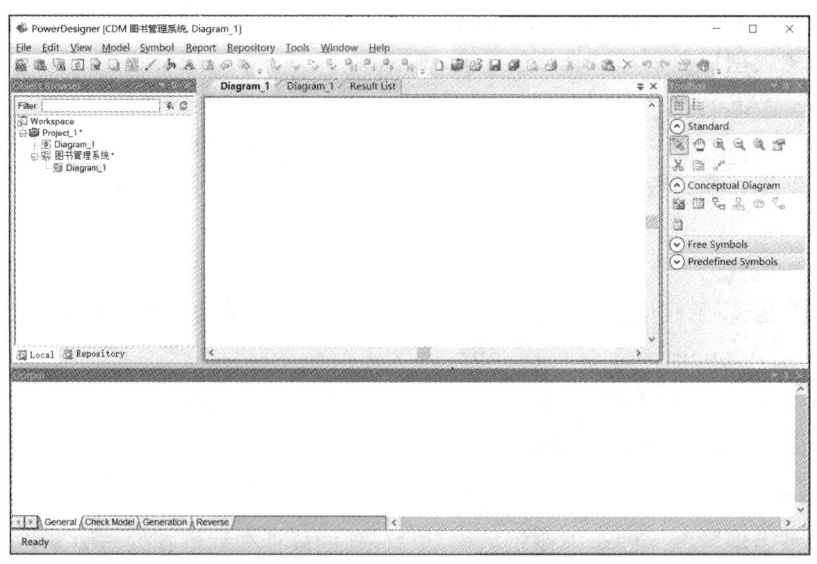

图 7.16　PowerDesigner 软件工作界面

工作界面包括以下几部分内容。

1）对象浏览器（Object Browser）

对象浏览器可以分层结构显示工作空间（Workspace）、项目（Project）、文件夹（Folder）、模型（Model）、包（Package）和图（Diagram）等对象。通过对象浏览器可以访问 PowerDesigner 库。

2）输出窗口（Output）

输出窗口用于显示操作的进程，如模型检测。

3）结果列（Result List）

结果列用于显示生成、覆盖和检查模型结果，以及设计环境的总体信息。

4）图表窗口（Diagram Window）

图表窗口用于绘制模型中的图表，以图形方式显示模型中各实体之间的关系。

5）工具框（Toolbox）

工具框主要是操作模型所需的工具栏。

7.7.2　概念模型的建立

概念模型又称信息模型，是将现实世界抽象为概念世界，再将概念世界转为机器语言世界的过程。其本质就是将现实世界的客观对象抽象为实体和联系，它不依赖于计算机系统或某个数据库管理系统。概念模型是一组严格定义模型元素的集合，包括数据结构、数据操作、数据完整性约束等。

（1）数据结构主要是实体和属性。

（2）数据操作包括实体中记录的插入、修改、查询和删除等操作。

（3）完整性约束包括数据自身完整性约束和参照完整性约束。

1．创建概念模型

创建概念模型的步骤如下：

（1）启动 PowerDesigner，新建一个工程 Project_1，如图 7.17 所示。

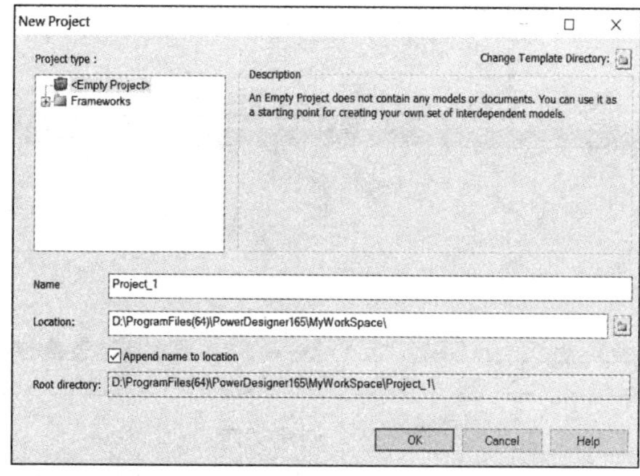

图 7.17　新建工程

（2）右击工程名，在弹出的快捷菜单中选择 New—Conceptual Data Model 命令，在弹出的对话框中输入模型名称（如“图书管理系统”），如图 7.18 所示。

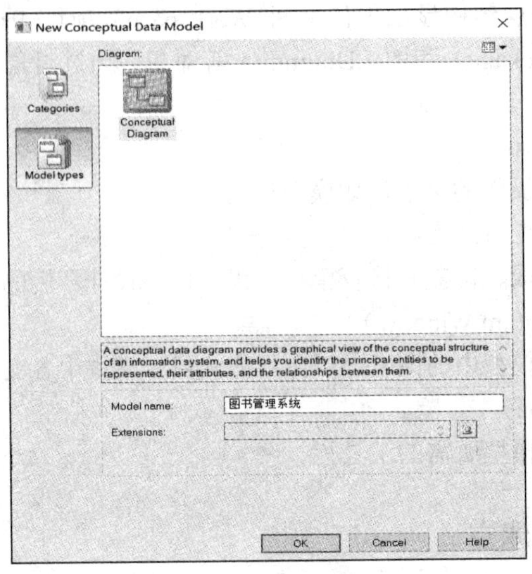

图 7.18　新建概念模型

2．创建实体，设置实体属性

创建实体和设置实体属性的步骤如下。

（1）创建实体：单击右侧工具栏 Conceptual Diagram 中的 Entity 图标，在设计工作区的适当位置单击，则在此位置上会出现一个实体符号，如图 7.19 所示。

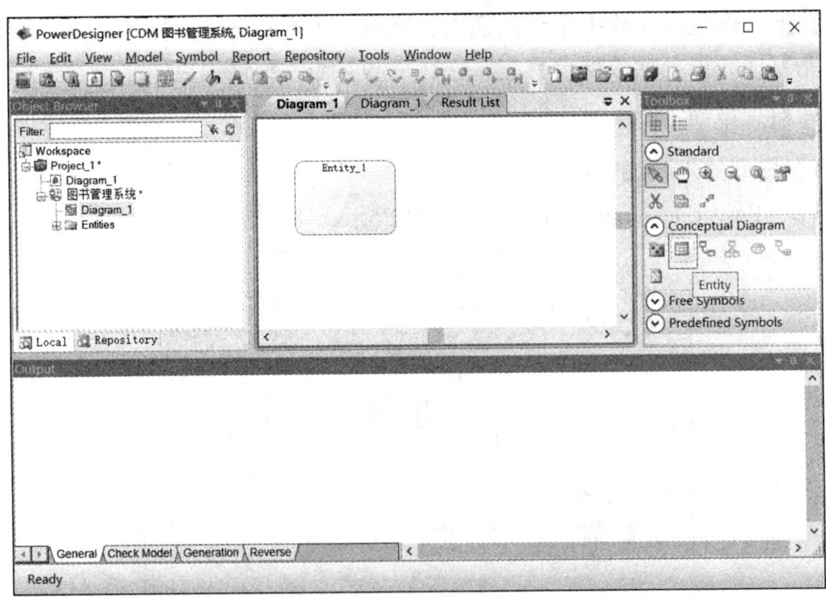

图 7.19　创建实体

（2）设置实体的名称：单击右侧工具栏中的 Pointer 图标，使光标变为箭头形状，然后双击实体，打开实体属性窗口，其中 General 选项卡用于设置实体通用属性，设置实体名 Name 为“读者”，实体代码 Code 为 t_reader，如图 7.20 所示。

图 7.20　读者（t_reader）实体的名称设置

（3）设置实体包含的属性：单击 Attributes 选项卡，设置实体的各个属性。Name：属性名，相当于字段含义或说明，供显示使用。Code：属性代码，相当于表中的字段名。Data Type：数据类型。Length：长度。M（Mandatory，强制的）：该属性强制非空。P（Primary）：该属性为主键。D（Displayed）：该属性显示在实体图形符号中。Domain：域。读者实体包含读者编号、姓名、性别、年级、读者类型编号、已借数量、电话等属性，各属性设置如图 7.21 所示。

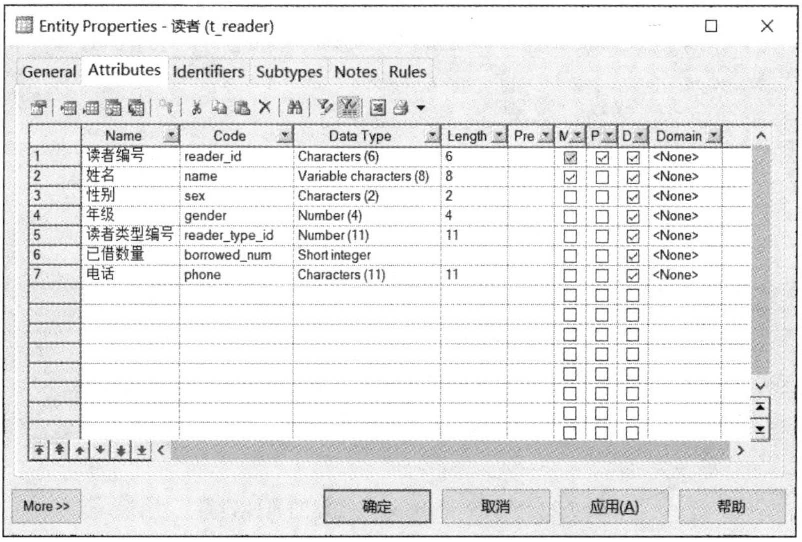

图 7.21　读者（t_reader）实体的属性设置

（4）按上述方法创建图书（t_book）和读者类型（t_reader_type）实体，各实体的属性如表 7.5 和表 7.6 所示，相应的属性设置如图 7.22 和图 7.23 所示。

表 7.5　图书（t_book）实体的属性

属性代码（Code）	属性名（Name）	数据类型（Data Type）	备　注
book_id	图书编号	char(4)	非空，主键
book_name	图书名称	Varchar(20)	
author	作者	Varchar (8)	
publisher	出版社	Varchar (20)	
introduction	简介	TEXT	
publisher_year	出版年份	Varchar(32)	
ISBN	ISBN	Varchar(15)	非空
classification_symbol	图书分类编号	Varchar(20)	
num	库存量	INT	非空

表 7.6　读者类型（t_reader_type）实体的属性

属性代码（Code）	属性名（Name）	数据类型（Data Type）	备　注
reader_type_id	读者类型编号	INT	非空，主键
type_name	类型名称	Varchar(15)	非空
limit_num	限借数量	INT	非空
borrow_term	借阅期限	INT	非空

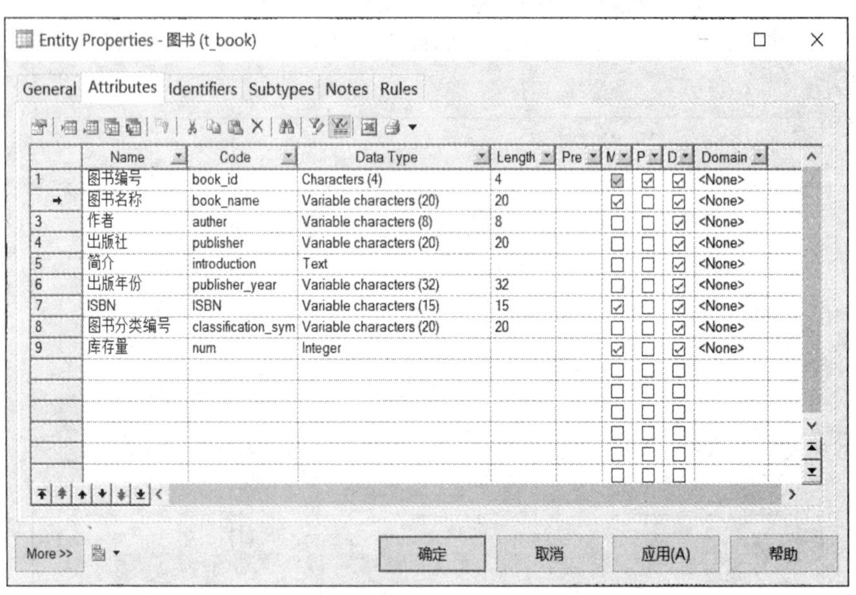

图 7.22　图书（t_book）实体的属性设置

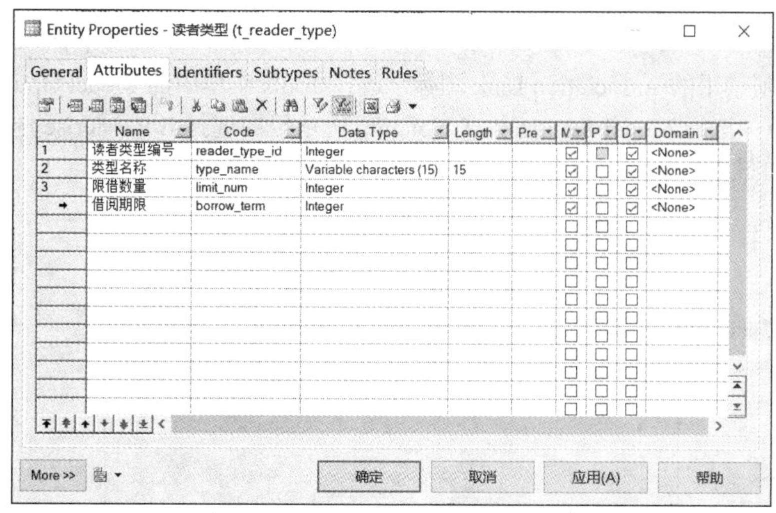

图 7.23　读者类型（t_reader_type）实体的属性设置

3．建立实体之间的关系

（1）单击右侧工具栏中的 Relationship 图标，在需要设置关系的一个实体“读者”上单击，拖动鼠标到另一个实体“读者类型”上再释放，这样在两个实体之间就建立了关系。

（2）单击右侧工具栏中的 Pointer 图标，进入对象编辑状态。双击刚创建的关系，打开关系属性窗口（见图 7.24），在 General 选项卡中设置关系名称（如包含），在 Cardinalities 选项卡中设置关系类型，其中 One-many 表示一对多；Many-many 表示多对多；Cardinality 表示基数；“0,n”表示一个实体可以有 0 到 *n* 个关系实体；“1,1”表示一个实体必须对应另一个实体；Mandatory 表示强制（值为 1）；Dependent 为依赖关系，表示实体所包含的基本信息必须依赖于另一个实体的基本信息。

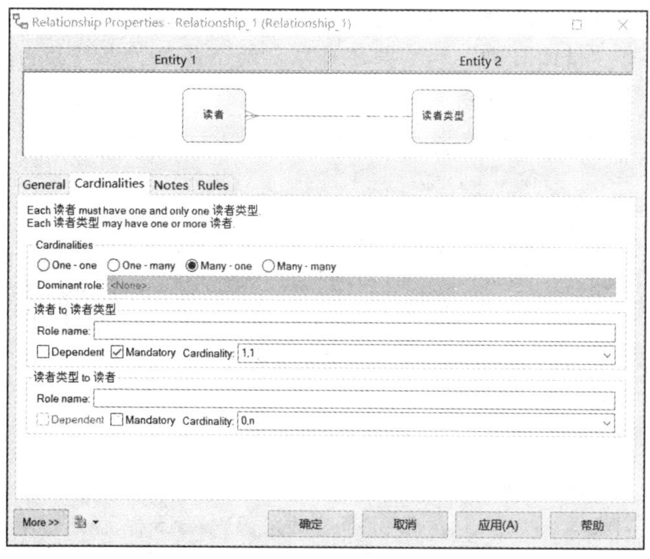

图 7.24　“包含”关系的类型设置

4．建立实体之间的联系

（1）取消禁用的 Association Link 图标，选择 Tools 菜单中的 Model Options 命令，在弹出的对话框中选择 Model Settings，在 Notation 选项组中选择 E/R+Merise 选项，单击 OK 按钮即可，如图 7.25 所示。

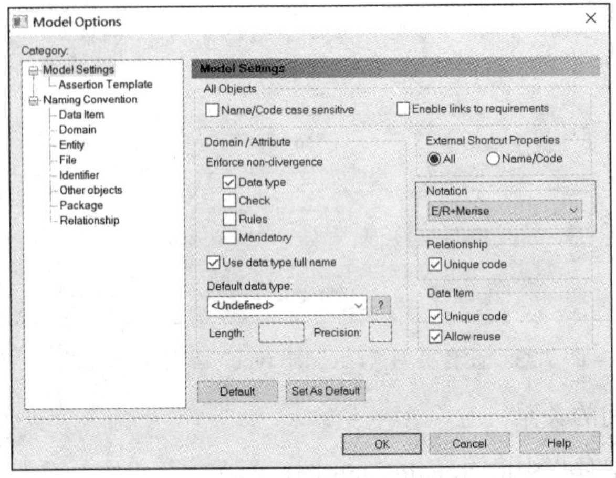

图 7.25　E/R+Merise 设置

（2）单击右侧工具栏中的 Association Link 图标，在需要设置联系的一个实体“读者”上单击，拖动鼠标到另一个实体“图书”上再释放，这样在两个实体之间就建立了联系。

（3）单击右侧工具栏中的 Pointer 图标，进入对象编辑状态。双击刚创建的联系，打开联系属性窗口，在 General 选项卡中设置联系名称（如借阅），在 Attributes 选项卡中设置联系的属性。

【注】实体的联系（Association Link）和实体的关系（Relationship）不同。前者在转换为物理模型时单独对应一个表，后者转换为表之间的外键约束。例如，图书与读者实体之间的借阅联系具有“借阅日期”和“归还日期”两个属性，在转换为物理模型时需要将借阅联系单独转换为一个表，如图 7.26 所示。

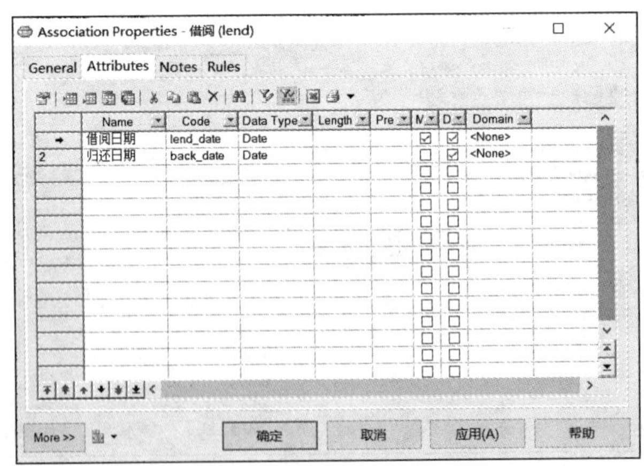

图 7.26　“借阅”联系的属性设置

5. 验证模型

选择 Tools 菜单中的 Check Model 命令，进入检查模型参数设置界面，如图 7.27 所示，设置好检查模型参数后，单击“确定”按钮，即可检查概念模型的错误。检查结果分为错误、警告和没有错误 3 类，错误是必须要更正的，警告可以不用理会。

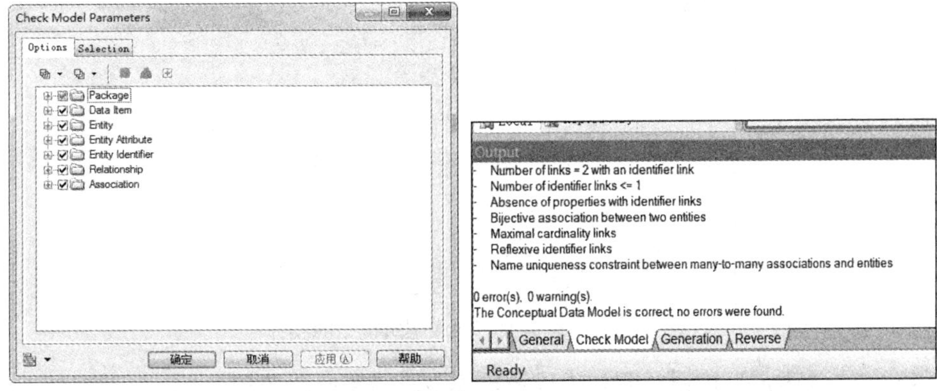

图 7.27　检查模型参数设置界面和检查结果

6. 保存概念模型

若概念模型经检查无误，则可以保存。选择 File 菜单中的 Save 命令，将建好的概念模型保存成.cdm 文件，也可以保存整个项目。

7.7.3　逻辑模型的建立

逻辑模型用于完成信息系统的逻辑结构设计，它独立于具体的数据库管理系统，但可以进行外键、索引和视图等对象的设计工作。将概念模型转换为逻辑模型的步骤如下：

（1）在 PowerDesigner 软件中，打开前面保存的概念模型“图书管理系统.cdm”。

（2）选择 Tools 菜单中的 Generate Logical Data Model 命令，弹出 LDM Generation Options 窗口，在 General 选项卡中设置逻辑模型的名称和编码，如图 7.28 所示。

图 7.28　设置逻辑模型的名称和编码

（3）在 Selection 选项卡中选择需要转换为逻辑模型的实体，如图 7.29 所示。

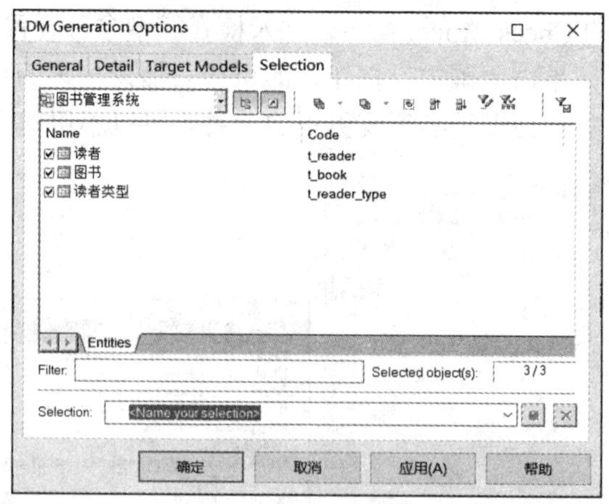

图 7.29　选择需要转换成逻辑模型的实体

（4）单击“确定”按钮，开始生成逻辑模型，结果如图 7.30 所示。

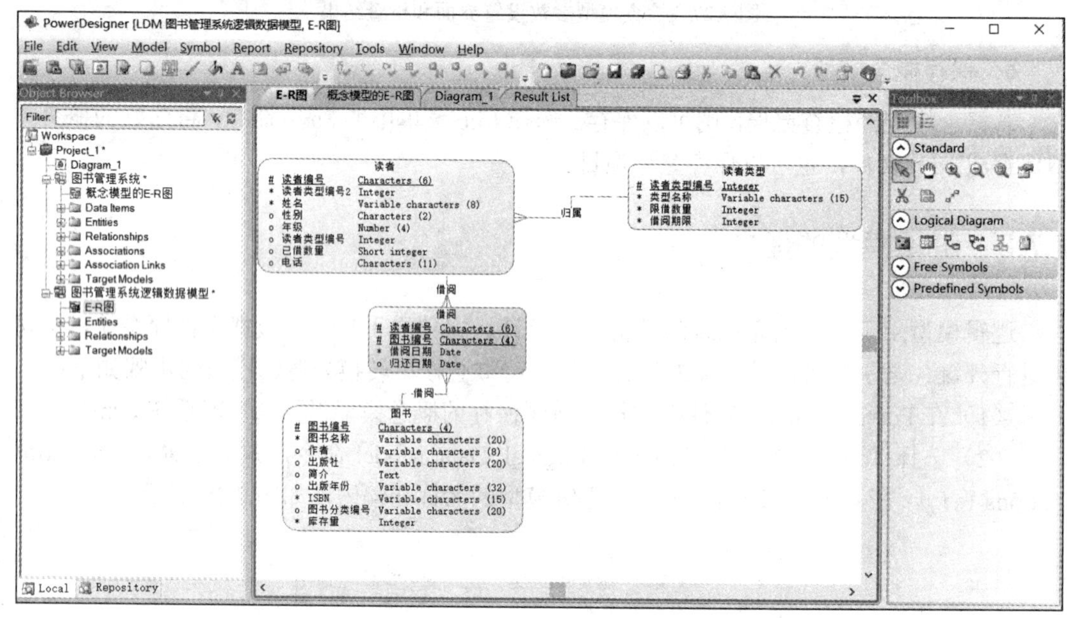

图 7.30　概念模型生成逻辑模型

7.7.4　概念模型转为物理模型

概念模型完成的是信息系统的概要设计，但在数据库的物理设计阶段必须在此基础上进行详细的后台设计，只有将概念模型转换成物理模型才能完成该阶段的设计工作。将概念模型转换成物理模型之前，必须要选择一种数据库管理系统作为目标数据库，概念模型中定义的实体属性的数据类型将转换为目标数据库对应的数据类型，概念模型中的对象要转换成物理模型中的对象，即物理数据库中的对象。将概念模型转换为物理模型的步骤如下：

（1）在 PowerDesigner 软件中，打开前面保存的概念模型“图书管理系统.cdm”。

（2）选择 Tools 菜单中的 Generate Physical Data Model 命令，弹出 PDM Generation Options 窗口，在 General 选项卡中选择数据库管理系统，设置生成物理模型的方式及参数，如图 7.31 所示。

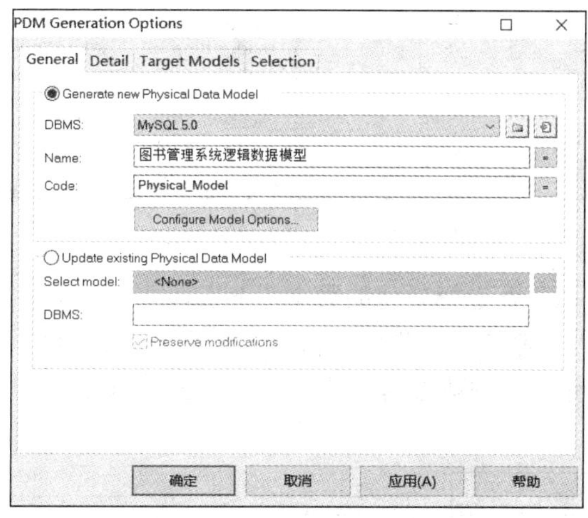

图 7.31　设置生成物理模型的方式及参数

（3）在 Selection 选项卡中选择需要转换为物理模型的实体。

（4）单击“确定”按钮，开始生成物理模型。

7.7.5　物理模型生成 SQL 语句

物理模型生成 SQL 语句的步骤如下：

（1）选择“物理模型”—Database—Generate Database 命令，打开 Database Generation 窗口（见图 7.32），其中包括生成数据库的各种参数选项。Directory 表示保存 SQL 语句的目录，File name 表示定义文件名称，在这里定义为 books。

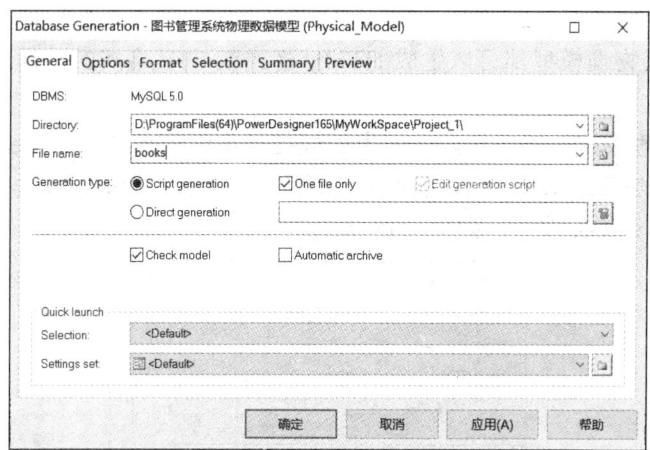

图 7.32　生成 SQL 语句设置

（2）单击“确定”按钮，弹出生成文件，如图 7.33 所示。单击 Edit 按钮，可以浏览生成的 SQL 语句。单击 Close 按钮，可在指定路径下生成一个脚本文件（books.sql）。

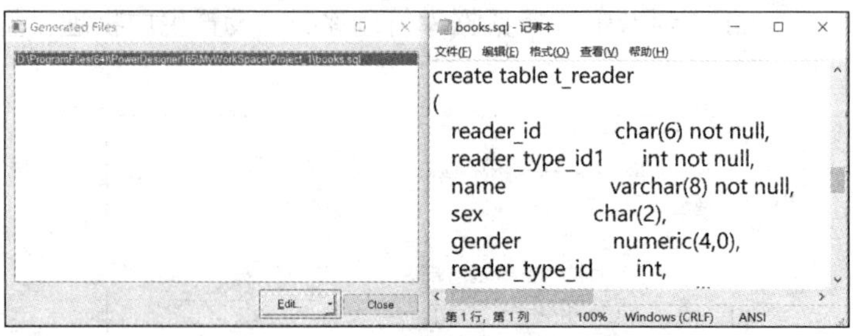

图 7.33　SQL 脚本文件的生成

（3）打开 Navicat 软件，选择新建的数据库 library 02，然后右击，在弹出的快捷菜单中选择“运行 SQL 文件”命令，在弹出的窗口中选择生成的 SQL 文件，单击“开始”按钮，如果没有出现运行错误，刷新数据库就可以看到运行 SQL 文件生成的数据表信息，如图 7.34 所示。

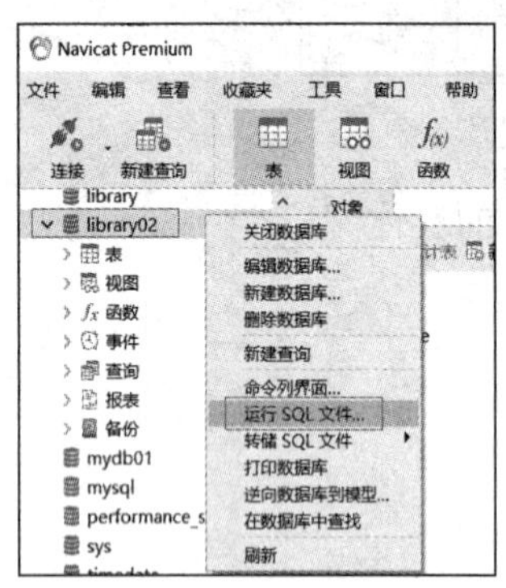

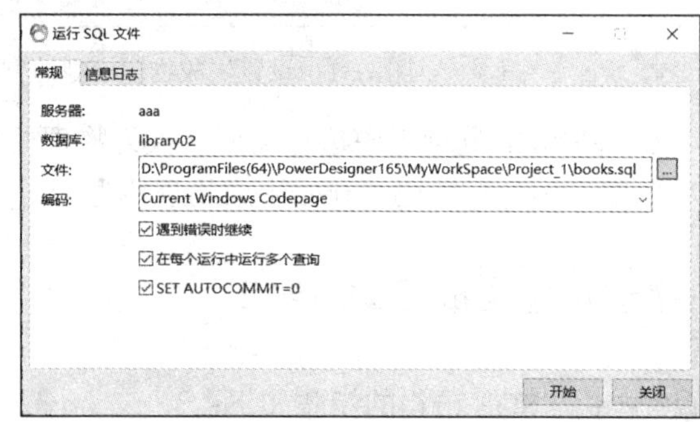

图 7.34　Navicat 运行 books.sql 文件生成数据库

7.7.6　生成报告（Report）

由概念模型或物理模型都可以生成 HTML 格式或 RTF 格式的数据字典。其具体步骤如下：

（1）右击物理模型工程名称，在弹出的快捷菜单中选择 New—Report—New Report 命令，新建报告名称（Report name），选择语言类型（Language）和报告模板（Report template）。设置完参数后，单击 OK 按钮，如图 7.35 所示。

图 7.35　生成报告参数设置

（2）弹出的窗口如图 7.36 所示，在 Availabe items 框中选择需要生成报告的文件，按住鼠标左键，将其拖曳到右侧 Report items 框的 Section_2 中，然后松开鼠标即可。例如，将 Diagram 和 Table 拖曳到 Section_2 中。

图 7.36　需要生成报告的文件

（3）确定输出报告设置完成后，选中待生成报告的文件名，右击，在弹出的快捷菜单中选择 Generate RTF 命令，即可生成 RTF 格式的报告，如图 7.37 所示。

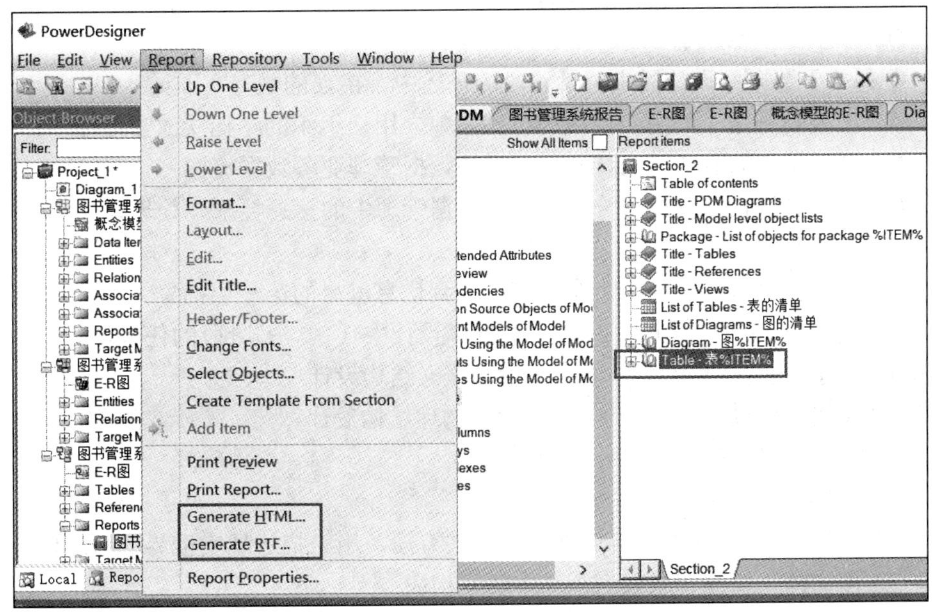

图 7.37　生成 RTF 报告

生成成功后会生成一个 Word 文档，从文档中可以查看数据库管理系统中的所有信息。

7.8　本 章 小 结

本章主要讨论数据库设计的方法和步骤，通过列举实例，详细介绍了数据库设计各个阶段的目标、方法以及应注意的事项。本章的重点是概念结构设计和逻辑结构设计，这也是数据库设计过程中最重要的两个环节。

概念结构设计着重介绍了 E-R 模型的基本概念和图示方法。读者应重点掌握实体、属性和联系的概念，理解实体之间的一对一、一对多和多对多联系；掌握 E-R 模型的设计以及把 E-R 模型转换为关系模型的方法。

通过本章的学习，读者要努力掌握书中讨论的基本方法，还要能在实际工作中运用这些思想设计符合应用需求的数据库模式和数据库应用系统。

7.9　本 章 练 习

一、单选题

1．下列关于数据库设计原则的描述中，正确的是（　　）。

A．在关系数据库中，各个数据表之间的关系只能为一对一和一对多的关系

B．具有同一个主题的数据存储在一个数据表中

C．一般要求数据库设计达到第三范式

D．以上三个都正确

2．下列关于数据库设计需求分析阶段的描述中，错误的是（　　）。

A．主要任务是了解用户组织的机构，建立用户组织的结构层次方框图

B．分析用户的业务活动，建立用户的数据管理业务数据流图

C．重点是调查、收集与分析用户在数据管理中的信息要求、处理要求、完全性与完整性要求

D．用于信息世界的建模，是现实世界到信息世界的第一层抽象

3．在关系数据库中，设计 E-R 图是数据库设计中（　　）阶段的任务。

A．需求分析　　B．概念结构设计

C．逻辑结构设计　　D．物理结构设计

4．下列关于 E-R 图的描述中，错误的是（　　）。

A．是实体—联系图

B．它提供了表示实体类型、属性和联系的方法，用来描述现实世界的概念模型

C．由实体、属性和联系三个基本要素构成

D．是设计二维表的工具

5．概念模型属于（　　）。

A．层次模型　　B．网状模型　　C．关系模型　　D．实体—关系模型

6．实体内部的联系通常是指（　　）的联系。

A．实体　　B．属性　　C．元组　　D．节点

7．一个班级有一个班主任和多名学生，那么学生与班主任的联系类型为（　　）。

A．1∶1　　B．1∶n　　C．n∶1　　D．m∶n

8．学院、教师和专业三个实体集之间的联系度为（　　）。

A．0　　B．1　　C．2　　D．3

9．在数据库设计中，将 E-R 图转换为关系模式的是（　　）阶段。

A．需求分析　　B．概念结构设计

C．逻辑结构设计　　D．物理结构设计

10．用于描述数据库概念模型的工具是（　　）。

A．数据流图　　B．关系模式　　C．二维表　　D．E-R 图

11．在数据库设计中，（　　）不是数据库实施阶段的工作。

A．收集数据　　B．加载数据　　C．系统调试　　D．代码编写

12．关系数据库的规范化理论主要解决的问题是（　　）。

A．如何构造合理的数据概念模型　　B．如何构造合理的数据逻辑结构

C．如何构造合理的数据物理结构　　D．如何构造合理的 E-R 图

13．在关系模式规范化设计中，要求数据表中的每一列都是不可再分割的基本数据项属于（　　）范式。

A．第一　　B．第二　　C．第三　　D．BC

14．（　　）不是反范式设计的方法。

A．增加冗余列　　B．增加派生列　　C．合并表　　D．减小冗余

15．在关系模式中，满足第三范式的模式（　　）。

A．可能是第一范式　　B．可能是第二范式

C．必定是第一范式　　D．必定是第一范式和第二范式

16．关系模式的任何属性（　　）。

A．不可再分　　B．可以再分

C．命名在关系模式上可以不唯一　　D．以上都不是

17．关系模式的主关键字只有（　　）。

A．0 个　　B．1 个　　C．多个　　D．1 个或多个

二、填空题

1．数据库系统设计包括_________、_________、_________、_________和_________等几个阶段。

2．数据库设计方法大致可分为_________、_________、_________和_________。

3．实体与实体之间的联系有_________、_________和_________三种。

4. 结构化分析方法的常用图形表达工具有__________、__________、__________和__________。

5. 数据库的生命周期可分为两个阶段：一是____________，二是____________。

三、简答题

1. 数据库设计的目的是什么？
2. 需求分析阶段的设计目标是什么？分析方法有哪些？
3. 简述数据库设计步骤。
4. 简述数据库的概念结构设计原则和基本步骤。
5. 什么是 E-R 图？构成 E-R 图的基本要素是什么？

四、上机实践题

假设有以下实体：

学生（学号，姓名，性别，出生日期，民族，专业，年级）

课程（课程号，课程名称，课程性质，开课学院）

教师（教师号，姓名，性别，职称，教授课程）

成绩（学号，课程号，成绩）

实体之间的联系如下：

（1）一个学生可以选修多门课程，一门课程可被多个学生选修。

（2）一个教师可讲授多门课程，一门课程可以有多个教师讲授。

试使用 PowerDesigner 辅助设计工具完成以下工作：

（1）设计全局 E-R 图。

（2）将该全局 E-R 图转换为关系模式。

（3）生成 SQL 语句。

第 8 章　MySQL 语言基础

8.1　MySQL 编程基础知识

8.1.1　标识符

标识符用于命名一些对象，如数据库、表、列、变量等，以便在脚本中的其他语句中引用。标识符由英文字母、数字或下画线组成，且第一个字符必须是英文字母或下画线。

不加引号的标识符可以由大写或小写形式的英文字母，数字 0～9、美元符号、下画线，以及在 U+0080 到 U+FFFF 之间的 Unicode 扩展字符构成。不加引号的标识符不允许完全由数字字符构成，因为那样会难以与数字区分。标识符可以用反引号引起来，这对 SQL 保留字或者包含空格或其他特殊字符很有用。

另外，某些以特殊符号（如“@”或“@@”）开头的标识符在 MySQL 中具有特定的含义，其中以“@”开头的标识符表示一个局部变量或一个函数的参数，以“@@”开头的标识符表示一个全局变量。

8.1.2　定界符与注释

1．定界符

MySQL 默认的语句定界符为分号“;”。通常情况下，MySQL 命令行窗口中默认遇到分号“;”时判断为语句结束，立即执行 SQL 语句。但有时需要在命令行窗口中一次输入多条 SQL 语句，最后一起执行，如自定义函数或存储过程的创建等。这时可以使用 DELIMITER 来指定一个新的语句定界符，待函数或存储过程创建完毕后，再恢复默认定界符。使用 DELIMITER 指定定界符是为了防止 MySQL 尝试将自定义函数或存储过程中的任何分号解释为定界符。其语法如下：

语法：DELIMITER 指定定界符

```
-- 指定$$为新的定界符
DELIMITER $$
函数体或存储过程语句块
-- 恢复默认定界符“;”
DELIMITER ;
```

定界符可以指定为“$$”“//”“%%”“@@”等符号，但不能使用“\\”作为定界符。

2．注释

MySQL 的注释分为单行注释和多行注释。

（1）单行注释符号为“#”或“—”，一般放在行末。注意，双连号“--”后一定要加一个空格。

（2）多行注释符号为正斜杠星号符“/*......*/”。注释内容位于开始注释对（/*）和结束注释对（*/）之间。

8.1.3　常量与变量

1．常量

常量就是定值，即不会变动的值，如 1、2、'a'、'abc'。在 MySQL 程序设计过程中，定义常量的格式取决于它所表示的值的数据类型。表 8.1 所示为 MySQL 中可用的常量类型及说明。

表 8.1　常量类型及说明

常 量 类 型	说　明
字符串常量	包括在单引号或双引号中，如'books'、"计算机原理"
整型常量	使用不带小数点的十进制数据表示，如 1234、+10、−20
十六进制整数常量	使用前缀 0x 后跟十六进制数字串表示，如 0x18
日期常量	使用单引号将日期时间字符串括起来，如'2022/01/01'、'2022-03-01'
实型常量	使用定点数据类型表示或浮点数据类型表示，如 123.48、−123E4

2．变量

变量是指在程序执行过程中可以改变的量。可以利用变量存储程序执行过程中涉及的数据，如计算结果、用户输入的字符串以及对象的状态等。变量由变量名和变量值构成，其类型与常量一样。变量名不能与命令和函数名相同。在 MySQL 中，变量可分为系统变量、用户变量和局部变量。

1）系统变量

系统变量包括全局变量和会话变量两种类型。全局变量是 MySQL 系统提供并赋值的变量，它影响整个 MySQL 实例的全局设置，大部分全局变量都是作为 MySQL 的服务器调节参数存在的。对全局变量的修改会影响整个服务器。当服务器启动时，它将所有全局变量初始化为默认值，这些默认值可以在配置文件（my.ini）中或在命令行中指定的选项进行更改。服务器启动后，通过@@或 GLOBAL 来操作系统变量。要想更改全局变量，必须具有 SUPER 权限。全局变量的定义以@@开始，形式为"@@变量名"。对于动态会话变量，客户端可以通过 SET SESSION var_name 语句更改它们。设置会话变量不需要特殊权限，但客户端只能更改自己的会话变量，不能更改其他客户端的会话变量。当前连接断开后，其设置的所有会话变量均会自动释放。会话变量在每次创建一个连接时，由 MySQL 进行

初始化操作，它会将当前所有的全局变量复制一份，存储为会话变量。会话变量的定义是在变量名前面加一个@符号。

【例 8.1】查看 MySQL 数据库中的所有全局变量。

```
-- 查看全局变量
SHOW  GLOBAL|SESSION  VARIABLES;
-- 模糊查看全局变量
SHOW  GLOBAL  VARIABLES  LIKE 'version%';
```

模糊查看全局变量的运行结果如图 8.1 所示。

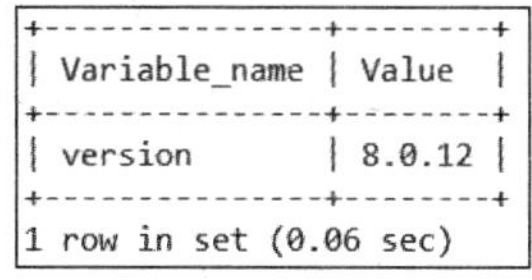

```
+---------------+--------+
| Variable_name | Value  |
+---------------+--------+
| version       | 8.0.12 |
+---------------+--------+
1 row in set (0.06 sec)
```

图 8.1　模糊查看全局变量

【例 8.2】查看具体的某个全局变量。

```
SHOW  GLOBAL  VARIABLES  LIKE  'version';
```

运行结果如图 8.2 所示。

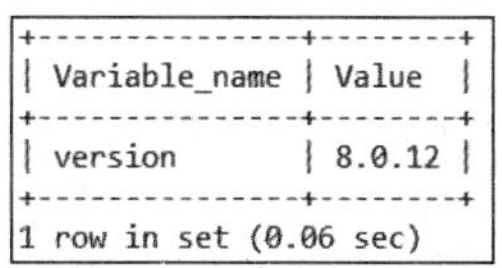

```
+---------------+--------+
| Variable_name | Value  |
+---------------+--------+
| version       | 8.0.12 |
+---------------+--------+
1 row in set (0.06 sec)
```

图 8.2　查看全局变量

【例 8.3】使用系统全局变量@@version 查看当前使用的 MySQL 版本信息。

```
SELECT  @@version;
```

运行结果如图 8.3 所示。

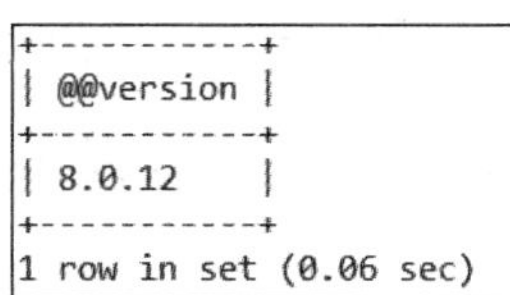

```
+-----------+
| @@version |
+-----------+
| 8.0.12    |
+-----------+
1 row in set (0.06 sec)
```

图 8.3　查看系统全局变量

2）用户变量

MySQL 的用户变量是基于会话变量实现的，可以暂存值，并传递给同一连接中的下一条 SQL 使用的变量。当客户端连接退出时，变量会被释放。用户变量以@开始，形式为"@变量名"。用户变量的赋值可以使用 SET 关键字和 SELECT 关键字。对于 SET 关键字，可以使用“=”或“:=”作为分配符。分配给每个变量的值可以为整数、实数、字符串或者 NULL 值。使用 SELECT 关键字定义用户变量时只能使用“:=”作为分配符（因为在非 SET 语句中，“=”被视为一个比较操作符）。

【例 8.4】用户变量定义及变量赋值运算。

```
SET  @t1=0, @t2=0, @t3=0;
SELECT  @t1:=(@t2:=1)+@t3:=4,@t1,@t2,@t3;
```

运行结果如图 8.4 所示。

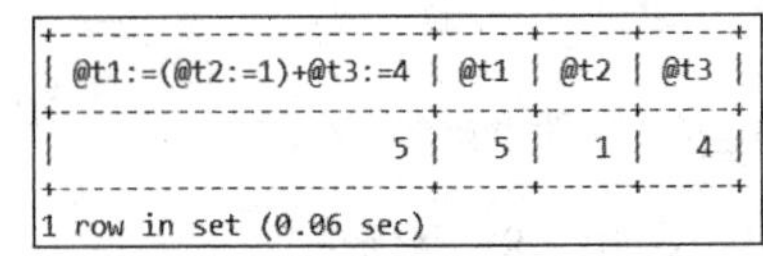

```
+-----------------------+------+------+------+
| @t1:=(@t2:=1)+@t3:=4  | @t1  | @t2  | @t3  |
+-----------------------+------+------+------+
|                     5 |    5 |    1 |    4 |
+-----------------------+------+------+------+
1 row in set (0.06 sec)
```

图 8.4　用户变量定义及变量赋值运算结果

【注】用户变量与 MySQL 客户端是绑定的，设置的变量只对当前用户使用的客户端生效。

用户变量是用户定义的变量，是 MySQL 服务器定义和维护的变量，所以用户变量和会话变量之间的区别在于，是谁在维护这些变量。用户变量和系统会话变量在当前客户端退出后都会自动释放。而系统会话变量在客户端建立连接时会创建一系列会话变量，并以全局变量的当前值初始化会话变量（会话变量相当于系统全局变量的副本），对系统会话变量的操作修改仅对当前客户端产生影响，并不会修改系统全局变量。自定义的会话变量的特性与用户变量没有区别。

3）局部变量

局部变量是作用域局限在一定范围内且拥有特定数据类型的 SQL 对象。局部变量的作用范围仅局限在被声明的 BEGIN...END 块内，当语句执行完毕时，局部变量就会消失。声明局部变量的语法如下：

语法：声明局部变量

```
DECLARE varname[,...] datatype [DEFAULT value];
```

声明局部变量后要为局部变量赋值，可以使用 SET 语句赋值。SET 语句的语法如下：

语法：SET 语句

```
SET varname=expression[, varname1=expression2, ...];
```

【例 8.5】将局部变量 var1 声明为 VARCHAR 类型，长度为 10 字节，并为其赋值“经济学”。

```
BEGIN
    DECLARE  var1  VARCHAR(10);
    SET  @var1='经济学';
END
```

【例 8.6】通过局部变量查询 t_book 表中 book_name 为“深度学习”的图书信息。

```
SET  @bookname = "深度学习";
SELECT  book_name,author,publisher,publisher_year  FROM  t_book
WHERE  book_name=@bookname;
```

8.1.4　MySQL 的运算符与表达式

运算符是用于连接表达式中各个变量的符号，其作用是指明对操作数所进行的运算。MySQL 数据库通过使用运算符，不但可以使数据库的功能更加强大，而且可以更加灵活地使用表中数据。MySQL 运算符包括算术运算符、比较运算符、逻辑运算符和位运算符 4 类。

1．算术运算符

算术运算符是 MySQL 中最基本的运算符。MySQL 支持的算术运算符包括加、减、乘、除和取余，如表 8.2 所示。

表 8.2　算术运算符及其作用

符　　号	作　　用
+	加法运算
-	减法运算
*	乘法运算
/	除法运算，返回商
%	求余运算，返回余数

【说明】 当除法（/）和求余运算（%）的除数为零时，MySQL 会返回 NULL，但除数为零是不允许的。

【例 8.7】 使用算术运算符进行加、减、乘法运算。

```
SELECT 1+2.0, 3-4, 5*6, 7/2, 9%2;
```

运行结果如图 8.5 所示。

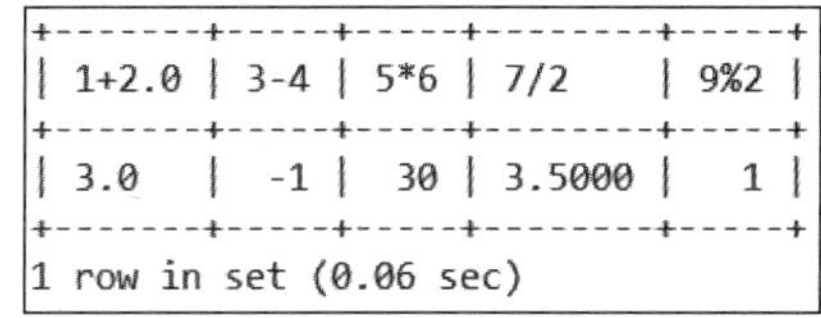

```
+-------+-----+-----+--------+-----+
| 1+2.0 | 3-4 | 5*6 | 7/2    | 9%2 |
+-------+-----+-----+--------+-----+
| 3.0   |  -1 |  30 | 3.5000 |   1 |
+-------+-----+-----+--------+-----+
1 row in set (0.06 sec)
```

图 8.5　算术运算符运算结果

2．比较运算符

当使用 SELECT 语句进行查询时，MySQL 允许用户对表达式的左边操作数和右边操作数进行比较，比较结果为真，则返回 1；比较结果为假，则返回 0；比较结果不确定，则返回 NULL。比较运算符可用于比较数字、字符串和表达式的值。其中，字符串的比较是不区分大小写的。MySQL 支持的比较运算符如表 8.3 所示。

表 8.3　比较运算符

符号（说明）	SELECT 语句示例	示例解释
= （等于）	SELECT * FROM t_book WHERE num=20;	查询 t_book 表中库存数量等于 20 的图书信息

续表

符号（说明）	SELECT 语句示例	示例解释
<>,!= （不等于）	SELECT * FROM t_book WHERE num<>20;	查询 t_book 表中库存数量不等于 20 的图书信息
> （大于）	SELECT * FROM t_book WHERE num>20;	查询 t_book 表中库存数量大于 20 的图书信息
< （小于）	SELECT * FROM t_book WHERE num<20;	查询 t_book 表中库存数量小于 20 的图书信息
>= （大于或等于）	SELECT * FROM t_book WHERE num>=20;	查询 t_book 表中库存数量大于或等于 20 的图书信息
<= （小于或等于）	SELECT * FROM t_book WHERE num<=20;	查询 t_book 表中库存数量小于或等于 20 的图书信息
BETWEEN...AND （在两值之间）	SELECT * FROM t_book WHERE num BETWEEN 20 AND 40;	查询 t_book 表中库存数量介于 20 和 40 之间的图书信息
IN （在集合中）	SELECT * FROM t_book WHERE num IN (20,40,60);	查询 t_book 表中库存数量是 20、40 和 60 三个中的任意一个的图书信息
NOT IN （不在集合中）	SELECT * FROM t_book WHERE num NOT IN (20,40,80);	查询 t_book 表中库存数量不是 20、40 和 60 三个中的任意一个的图书信息
LIKE （匹配）	SELECT * FROM t_book WHERE book_name LIKE '计算机%';	查询 t_book 表中图书名称以“计算机”开头的图书信息
ISNULL/ ISNOTNULL （是否为空）	SELECT * FROM t_book WHERE ISBN ISNULL;	查询 t_book 表中 ISBN 为 NULL 的图书信息

【例 8.8】使用比较运算符进行判断运算。

```
SELECT   5>3, 'A'>'Z', 'A'='a', 1+2<>3, 'a'<='a';
```

运行结果如图 8.6 所示。

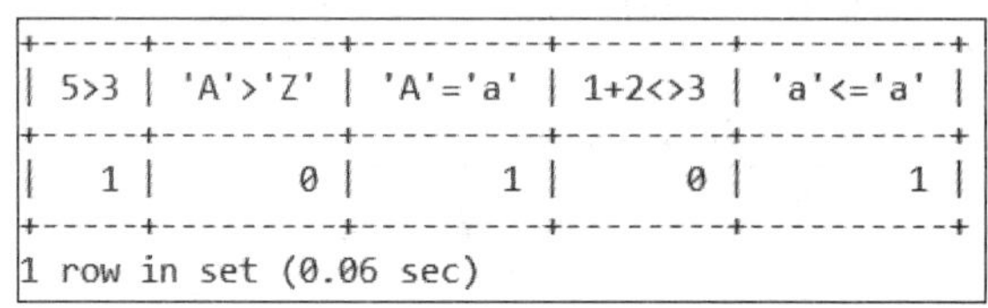

```
+-----+---------+---------+--------+----------+
| 5>3 | 'A'>'Z' | 'A'='a' | 1+2<>3 | 'a'<='a' |
+-----+---------+---------+--------+----------+
|   1 |       0 |       1 |      0 |        1 |
+-----+---------+---------+--------+----------+
1 row in set (0.06 sec)
```

图 8.6　比较运算符运算结果

3．逻辑运算符

逻辑运算符又称布尔运算符，用于确定表达式的真和假，包括与、或、非和异或等。其返回值为布尔型，即真值（1 或 TRUE）和假值（0 或 FALSE）。MySQL 支持的逻辑运算符如表 8.4 所示。

表 8.4　逻辑运算符

符　号	作　用	描　述
&& / AND	逻辑与	如果所有数据不为空或 0，则返回 1；如果存在任何一个 0，则返回 0；如果存在一个数据为空，则返回 NULL

续表

符　　号	作　　用	描　　述
|| / OR	逻辑或	所有数据中存在任何一个为 0 的数据，则返回 1；如果数据中不包含非 0 的数，则返回 0 或 NULL
! / NOT	逻辑非	非运算返回的是与操作数据相反的结果
XOR	逻辑异或	只要其中任何一个操作数据为 NULL，则返回 NULL；如果两个数都是非 0 或 0，则返回结果为 0；如果一个数为 0，另一个数为非 0，则返回 1

【例 8.9】逻辑运算符操作示例。

```
SELECT    (8>5) && (8<10), (5<8) || (5>8), !(5=5), ('SQL'='sql') XOR (2+2=3);
```

运行结果如图 8.7 所示。

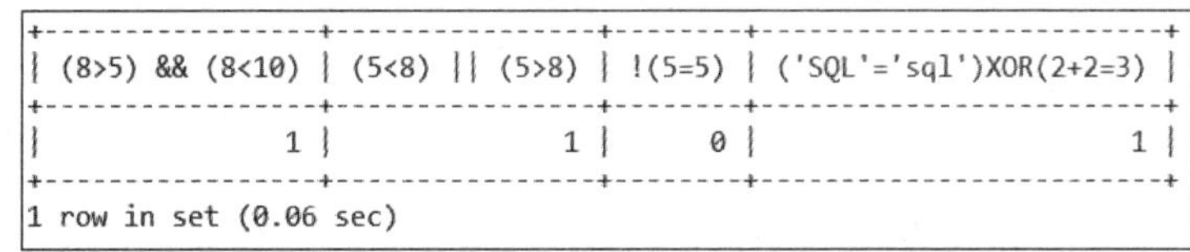

```
+-----------------+----------------+--------+--------------------------+
| (8>5) && (8<10) | (5<8) || (5>8) | !(5=5) | ('SQL'='sql')XOR(2+2=3)  |
+-----------------+----------------+--------+--------------------------+
|               1 |              1 |      0 |                        1 |
+-----------------+----------------+--------+--------------------------+
1 row in set (0.06 sec)
```

图 8.7　逻辑运算符运算结果

4．位运算符

所谓位运算，是指以二进制位为对象的运算，这是计算机能够支持的最小单位的运算。程序中所有的数据都是以二进制形式在内存中存储的，位运算就是对这些二进制数据进行操作。位运算一般用于操作整数，对整数进行位运算才有实际的意义。其操作过程是先将十进制整数转为二进制数，然后进行位运算，再将计算结果转回十进制数。MySQL 支持的位运算符如表 8.5 所示。

表 8.5　位运算符

符　　号	含　　义	描　　述
&	与	参与运算的两位二进制数都为 1，则运算结果为 1，否则为 0
|	或	参与运算的两位二进制数至少有一个为 1，则运算结果为 1；两个都是 0 时，结果才为 0
~	取反	将对应的二进制数逐位反转，即 1 取反后变 0，0 取反后变 1
^	异或	参与运算的两个二进制数，如果两个对应位相同，则结果为 0，相异则结果为 1
<<	按位左移	将运算对象的二进制位全部左移指定的位数，左边高位的二进制位被移除并丢弃，右边补 0
>>	按位右移	将运算对象的二进制位全部右移指定的位数，右边二进制位被移除并丢弃，左边补 0

【注】位运算中的&、|、~和逻辑运算中的&&、||、!非常相似。

5．表达式和运算符的优先级

1）表达式

在 MySQL 数据库中，一个由常量、变量、列名、运算符和函数等组成的式子称为表达式，特别地，单个常量、变量或函数也可称为表达式。表达式可以在查询语句中的任何位置使用。与常量和变量一样，表达式的值也具有某种数据类型，如字符类型、数值类型和日期时间类型等。根据表达式的值的数据类型，表达式可分为字符型表达式、数值型表达式和日期时间型表达式。

2）运算符的优先级

运算符的优先级决定了不同的运算符在表达式中计算的先后顺序，MySQL 中的各类运算符及其优先级如下。

（1）赋值运算符：:=。

（2）逻辑操作符：||，OR，XOR。

（3）逻辑操作符：&&，AND，NOT。

（4）比较运算符：BETWEEN。

（5）比较运算符：=，<>，>=，<=，<，>，LIKE，IN(NOT IN)。

（6）位操作符：|，&，<<，>>。

（7）算术运算符：+，-，*，/，%，MOD，^。

可以看出，不同运算符的优先级是不同的。一般情况下，级别高的运算符优先进行计算，如果级别相同，则 MySQL 按表达式的顺序从左到右依次计算。

8.2 MySQL 的常用函数

MySQL 数据库提供了丰富的函数，包括数学函数、字符串函数、日期和时间函数、聚合函数、条件判断函数、数据类型转换和格式化函数、系统信息函数和加密函数等。SQL 语言中的 SELECT、INSERT、UPDATE 和 DELETE 等语句及其条件表达式都可以使用这些函数。

8.2.1 数学函数

数学函数是 MySQL 中常用的一类函数，主要用于数值计算，包括绝对值函数、三角函数、最大最小值函数、平方根函数、取整函数、获取随机数函数等。常用的数学函数如表 8.6 所示。

表 8.6　MySQL 常用的数学函数

函 数 名	类 型
ABS(x)	绝对值函数
FLOOR(x)	向下取整函数
CEILING(x)	向上取整函数
ROUND(x)	四舍五入函数
TRUNCATE(x,y)	截尾函数
SIGN(x)	符号函数
SQRT(x)	平方根函数
POW(x,n)	幂函数

续表

函　数　名	类　　型
LOG(x), LOG10(x)	对数运算函数
PI()	圆周率函数
MOD(x,n)	求余函数
RAND()	随机数生成函数
RADIANS(x)	角度弧度转换函数
DEGREES(x)	弧度转为角度函数

【例 8.10】应用 FLOOR()函数、CEILING()函数和 ROUND()函数进行取整运算。

```
SELECT   FLOOR(3.78),FLOOR(-3.14),CEILING(3.14),ROUND(3.14),ROUND(3.78);
```

运行结果如图 8.8 所示。

```
+-------------+--------------+---------------+-------------+-------------+
| floor(3.78) | floor(-3.14) | ceiling(3.14) | round(3.14) | round(3.78) |
+-------------+--------------+---------------+-------------+-------------+
|           3 |           -4 |             4 | 3           | 4           |
+-------------+--------------+---------------+-------------+-------------+
1 row in set (0.02 sec)
```

图 8.8　取整运算

【例 8.11】利用 EXP()函数计算指数，LOG()函数计算对数，POW()函数计算平方，SQRT()函数计算平方根。

```
SELECT   EXP(2),LOG(8),POW(2,3),SQRT(9);
```

运行结果如图 8.9 所示。

```
+------------------+--------------------+----------+---------+
| exp(2)           | log(8)             | pow(2,3) | sqrt(9) |
+------------------+--------------------+----------+---------+
| 7.38905609893065 | 2.0794415416798357 |        8 |       3 |
+------------------+--------------------+----------+---------+
1 row in set (0.04 sec)
```

图 8.9　指数、对数、平方和平方根函数运算

【例 8.12】利用随机数生成函数 RAND()和四舍五入函数 ROUND()生成 0 到 10 的随机整数和 60 分以上的随机成绩。

```
SELECT   ROUND(10*RAND()), 60+ROUND(40*RAND());
```

8.2.2　字符串函数

字符串函数主要用于处理字符串（CHAR 或 VARCHAR 数据类型）输入值，并返回一个字符串或数字值。MySQL 中的字符串函数包括计算字符长度函数、合并函数、替换函数、转换函数、比较函数和查找指定字符串位置函数等，常用的字符串函数及其功能描述如表 8.7 所示。

表 8.7　常用的字符串函数

类　型	函 数 名	功 能 描 述
计算字符长度函数	LENGTH(str);	计算字符串的字节长度
	CHAR_LENGTH(str);	计算字符串 str 所包含的字符个数
合并函数	CONCAT(str1, str2,…)	合并多个字符串
	CONCAT_WS(sep,str1,str2,…)	合并多个字符串，以 sep 为分隔符
替换函数	REPLACE(str,from_str,to_str)	字符串替换，用 to_str 替换字符串 str 中的 from_str 字符
转换函数	ASCII(str)	字符（字母或汉字）转换为 ASCII 码值
	CHAR(value)	数字转为字符
	LOWER(str)	字符串的所有字符全部转换成小写
	UPPER(str)	字符串的所有字符全部转换成大写
	REVERSE(str)	将字符串 str 逆序输出
比较函数	STRCMP(str1, str2)	比较两个字符串是否相等
查找或取值函数	SUBSTR(str,start,length)	返回字符串 str 中从 start 开始的 length 个长度的字符串
	SUBSTRING(str,start,length)	
	LEFT(str, n)	返回从左边开始的 *n* 个字符
	RIGHT(str,n)	返回从右边开始的 *n* 个字符
	SPACE(N)	返回由 *N* 个空格构成的字符串
删除字符串函数	LTRIM(str)	删除字符串左边空格
	RTRIM(str)	删除字符串右边空格
	TRIM(str)	删除字符串两侧的空格
	TRIM(str1 from str)	删除字符串 str 中两端所有的子字符串 str1
字符串填充函数	LPAD(str, len, padstr)	左填充函数。在 str 的左侧，用 padstr 补足至 len 长度，返回补足后的字符串。如果 str 的长度小于 len 值，则长度差由 padstr 在左边填充；如果 str 的长度大于 len 指定的值，则截取 str 到 len 指定的长度
	RPAD(str, len, padstr)	右填充函数。在 str 的右侧，用 padstr 补足至 len 长度，返回补足后的字符串。如果 str 的长度小于 len 值，则长度差由 padstr 在右边填充；如果 str 的长度大于 len 指定的值，则截取 str 到 len 指定的长度
	REPEAT(str，n)	返回一个由重复字符串 str 组成的字符串
	SPACE(N)	返回由 *N* 个空格构成的字符串

【例 8.13】利用 CHAR_LENGTH()函数和 LENGTH()函数计算字符串的长度。

```
SELECT CHAR_LENGTH("ABS234"),LENGTH("ABS234"),CHAR_LENGTH("字符串"),
LENGTH("字符串");
```

运行结果如图 8.10 所示。

```
+----------------------+--------------------+------------------------+------------------+
| CHAR_LENGTH("ABS234") | LENGTH("ABS234") | CHAR_LENGTH("字符串") | LENGTH("字符串") |
+----------------------+--------------------+------------------------+------------------+
|                    6 |                  6 |                      3 |                9 |
+----------------------+--------------------+------------------------+------------------+
1 row in set (0.03 sec)
```

图 8.10　计算字符串长度

【例 8.14】 利用 CONCAT()函数和 CONCAT_WS()函数实现字符串合并。

```
SELECT  CONCAT('《','计算机原理','》'),CONCAT_WS('-','2022','03','01');
```

运行结果如图 8.11 所示。

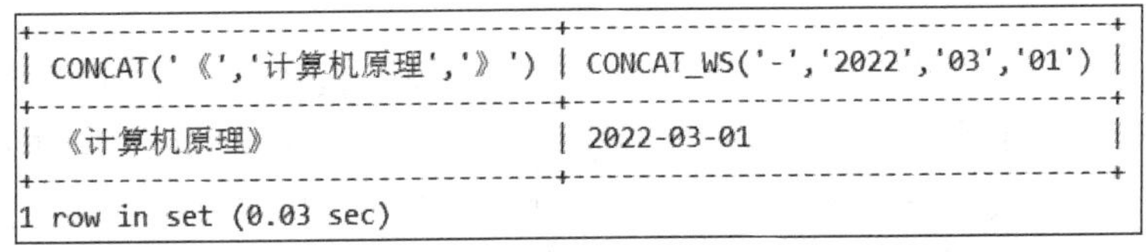

```
+-------------------------------+-------------------------------------+
| CONCAT('《','计算机原理','》') | CONCAT_WS('-','2022','03','01') |
+-------------------------------+-------------------------------------+
| 《计算机原理》                  | 2022-03-01                          |
+-------------------------------+-------------------------------------+
1 row in set (0.03 sec)
```

图 8.11　字符串合并操作

【例 8.15】 将字符串'abcdefgkcdea'中的子字符串'cde'替换为'XXX'字符串；字符串'你是中国人，你爱中国！'中的'你'替换成'我'。

```
SELECT  REPLACE('abcdefgkcdea','cde','XXX'), REPLACE('你是中国人，你爱中国！','你','我');
```

运行结果如图 8.12 所示。

```
+----------------------------------------+------------------------------------------+
| REPLACE('abcdefgkcdea','cde','XXX') | REPLACE('你是中国人，你爱中国！','你','我') |
+----------------------------------------+------------------------------------------+
| abXXXfgkXXXa                           | 我是中国人，我爱中国！                        |
+----------------------------------------+------------------------------------------+
1 row in set (0.07 sec)
```

图 8.12　字符串替换函数操作

【例 8.16】 利用 SUBSTRING()函数返回指定字符串，并利用 REPEAT()函数将提取的字符串重复 3 次并返回。

```
SELECT  SUBSTRING("中国共产党建党 100 周年",8,8),
REPEAT(SUBSTRING("中国共产党建党 100 周年",8,8),3) ;
```

运行结果如图 8.13 所示。

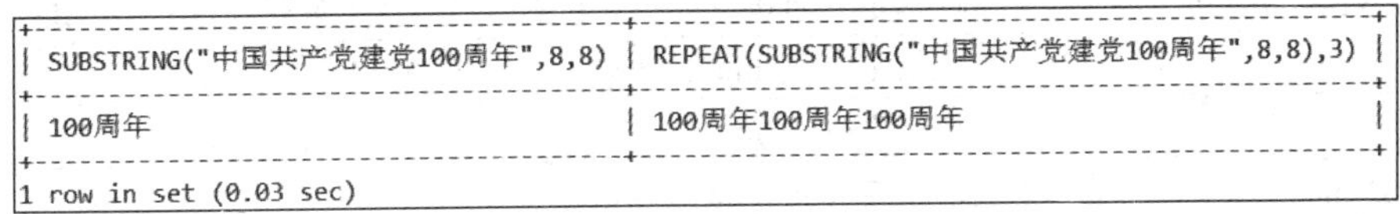

```
+--------------------------------------+-------------------------------------------------+
| SUBSTRING("中国共产党建党100周年",8,8) | REPEAT(SUBSTRING("中国共产党建党100周年",8,8),3) |
+--------------------------------------+-------------------------------------------------+
| 100周年                               | 100周年100周年100周年                              |
+--------------------------------------+-------------------------------------------------+
1 row in set (0.03 sec)
```

图 8.13　提交部分字符串和字符串重复操作

【例 8.17】 利用 LTRIM()函数、RTRIM()函数和 TRIM()函数删除字符串左侧、右侧和两侧的空格，此类函数可以用于批量去掉表中某个字段数据两端的空格，使其对齐。

```
SELECT  CONCAT('(',LTRIM('  爱国'),LTRIM(' 、敬业'),
```

```
RTRIM('、诚信、    '),TRIM('    友善    '),')') AS result;
```

运行结果如图 8.14 所示。

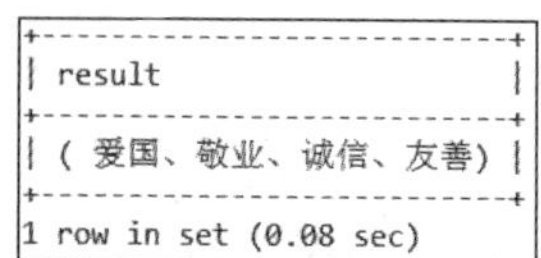
```
+------------------------------+
| result                       |
+------------------------------+
| ( 爱国、敬业、诚信、友善)    |
+------------------------------+
1 row in set (0.08 sec)
```

图 8.14　删除字符串左侧、右侧和两侧的空格

8.2.3　日期和时间函数

日期和时间函数主要用于处理表中的日期和时间数据，按其使用功能可分为两类：获取日期时间函数和计算日期时间函数。MySQL 支持的日期和时间类型主要有 DATE 类型、YEAR 类型、TIME 类型、DATETIME 类型和 TIMESTAMP 类型。其中，DATE 表示日期类型；YEAR 类型用于表示年；TIME 是时间类型；DATETIME 类型通常用于表示日期时间，最小单位为秒；TIMESTAMP 类型表示时间戳。常用的日期和时间函数如表 8.8～表 8.10 所示。

表 8.8　常用的获取日期和时间函数

函 数 名	功 能 描 述
NOW() CURRENT_TIMESTAMP()	获取 SQL 语句开始执行的日期时间。输出格式为 yyyy-mm-dd hh:ii:ss
SYSDATE()	获取当前系统的动态日期时间。输出格式为 yyyy-mm-dd hh:ii:ss
CURDATE()	获取当前系统的日期，输出格式为 yyyy-mm-dd
CURTIME()	获取当前系统的时间，输出格式为 hh:ii:ss
YEAR(date)	获取指定日期 date 的年份
QUARTER(date)	获取指定日期 date 的季度数
MONTH(date)	获取指定日期 date 的月份
DAY(date)	获取指定日期 date 的日期整数
DAYNAME(date)	获取指定日期 date 是星期几，并以英文名方式显示
DAYOFYEAR(date)	获取指定日期 date 在一年中的位置（即该年中的第几天）
DAYOFMONTH(date)	获取指定日期 date 在当月中的位置（即当月中的第几天，是从 1 到 31 的数字）
DAYOFWEEK(date)	获取指定日期 date 的工作日索引值，其中星期日为 1，星期六为 7
HOUR(time)	获取指定时间 time 的小时数
MINUTE(time)	获取指定时间 time 的分钟数
SECOND(time)	获取指定时间 time 的秒数

表 8.9　常用的日期和时间转换函数

函 数 名	功 能 描 述
DATE_FORMAT(datetime,format)	将日期时间转换为指定格式的字符串
TIME_FORMAT(time,format)	将时间转换为字符串

续表

函　数　名	功 能 描 述
STR_TO_DATE(str,format)	将字符串转换为指定格式的日期时间
TO_DAYS(date)	将指定日期转换为数值（即从 0000-00-00 到当前日期的总天数）
FROM_DAYS(nums)	将指定数值（天数）转换为日期
TIME_TO_SEC(time)	将指定时间转换为秒数
SEC_TO_TIME(seconds)	将指定秒数转换为时间
UNIX_TIMESTAMP(datetime)	将日期时间 datetime 转换为 UNIX 时间戳
FROM_UNIXTIME(timestamp)	将时间戳转换为日期时间值

表 8.10　常用的计算日期和时间函数

函　数　名	功 能 描 述
MAKDEDATE(year,days),	日期拼凑函数，计算给定天数 days 在指定年份 year 的日期
MAKETIME(hour,minute,second)	时间拼凑函数，计算由 3 个数值组成的时间
DATE_ADD(date, interval n keyword)	从日期加上指定的时间间隔
DATE_SUB(date, interval n keyword)	从日期减去指定的时间间隔
DATEDIFF(date1,date2)	两个日期相减
TIMEDIFF(time1,time2)	两个时间相减
TIMESTAMPDIFF(unit,begin,end)	计算两个时间间隔，其中 unit 参数为 day、week、hour 等

【例 8.18】 获取当前系统的日期和时间信息。

```
SELECT NOW(),SLEEP(5),NOW(),SYSDATE(),CURDATE(),CURTIME();
```

运行结果如图 8.15 所示。

```
+---------------------+----------+---------------------+---------------------+------------+-----------+
| now()               | sleep(5) | now()               | sysdate()           | curdate()  | curtime() |
+---------------------+----------+---------------------+---------------------+------------+-----------+
| 2022-09-16 23:45:12 |        0 | 2022-09-16 23:45:12 | 2022-09-16 23:45:17 | 2022-09-16 | 23:45:12  |
+---------------------+----------+---------------------+---------------------+------------+-----------+
1 row in set (5.02 sec)
```

图 8.15　获取当前系统的日期和时间信息

【例 8.18】中的 SLEEP(5)表示停顿 5 秒。从运行结果可以看出，NOW()函数与 SYSDATE()函数是有区别的，NOW()函数不管停顿多长时间，返回的永远是 SQL 命令开始执行的时间，而 SYSDATE()函数获得的是当前系统时间，是动态变化的。CURTIME()函数获取的时间与 NOW()函数的时间是一致的。

【例 8.19】 获取指定日期时间的年、月、日、小时、分钟、秒等数据。

```
SET   @dt = '2022-05-01 08:20:45';              #定义一个变量存放日期时间
SELECT   YEAR(@dt),MONTH(@dt),DAY(@dt),HOUR(@dt),MINUTE(@dt),SECOND(@dt);
```

运行结果如图 8.16 所示。

```
+------------+-------------+-----------+------------+--------------+--------------+
| year(@dt)  | month(@dt)  | day(@dt)  | hour(@dt)  | MINUTE(@dt)  | second(@dt)  |
+------------+-------------+-----------+------------+--------------+--------------+
|       2022 |           5 |         1 |          8 |           20 |           45 |
+------------+-------------+-----------+------------+--------------+--------------+
1 row in set (0.03 sec)
```

图 8.16　获取年、月、日、小时、分钟和秒

【例 8.20】获取指定日期在当年、当月中的位置值和工作日序数。

```
SET   @dt = '2022-05-01';      #2022-05-01 是星期日
SELECT   DAYOFYEAR(@dt),DAYOFMONTH(@dt),DAYOFWEEK(@dt);
```

运行结果如图 8.17 所示。

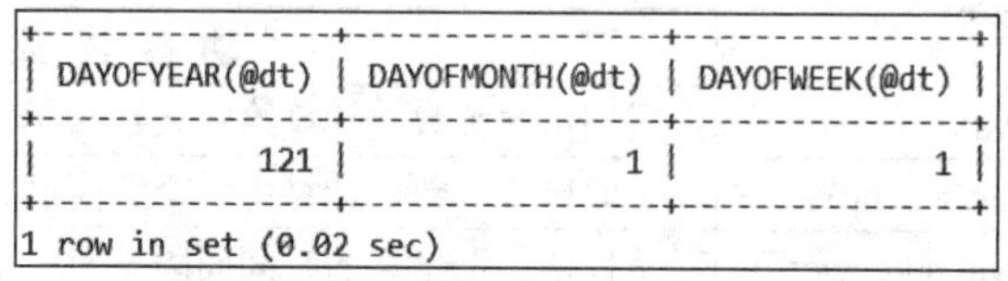

DAYOFYEAR(@dt)	DAYOFMONTH(@dt)	DAYOFWEEK(@dt)
121	1	1

1 row in set (0.02 sec)

图 8.17　获取指定日期在当年、当月中的位置值和工作日序数

【例 8.21】利用 DATE_FORMAT()函数和 TIME_FORMAT()函数将日期时间转换为字符串，利用 STR_TO_DATE()函数将字符串转换为日期时间。

```
SET   @dt = '2022-05-01 08:25:45';
SELECT   DATE_FORMAT(@dt,"%Y 年%m 月%d 日  %H 点%i 分%s 秒") AS dateformat,
TIME_FORMAT(@dt,"%H 点%i 分%s 秒")   AS   timeformat,
STR_TO_DATE('2022/05/15', '%Y/%m/%d')   AS   strtodate;
```

运行结果如图 8.18 所示。

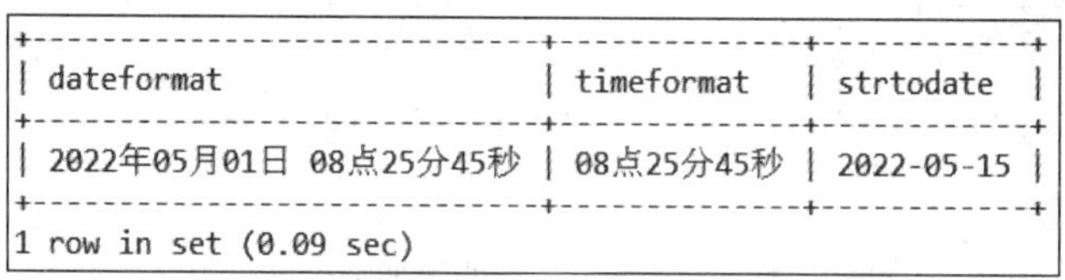

dateformat	timeformat	strtodate
2022年05月01日 08点25分45秒	08点25分45秒	2022-05-15

1 row in set (0.09 sec)

图 8.18　日期时间与字符串之间的相互转换

【例 8.22】利用 TO_DAYS()函数和 FROM_DAYS()函数实现日期与天数之间的相互转换，利用 TIME_TO_SEC()函数和 SEC_TO_TIME()函数实现时间与秒数之间的相互转换，利用 UNIX_TIMESTAMP()函数和 FROM_UNIXTIME()函数实现日期时间与时间戳之间的相互转换。

```
SELECT    TO_DAYS('2022/02/19'),FROM_DAYS(738870),
TIME_TO_SEC('18:28:08'),SEC_TO_TIME(32180);
SELECT    UNIX_TIMESTAMP('2022/02/19 08:25:40'),
FROM_UNIXTIME(1617738876,'%Y 年%M 月%D 日  %H:%I:%S');
```

运行结果如图 8.19 所示。

```
+-------------------------+---------------------+-----------------------------+--------------------+
| TO_DAYS('2022/02/19')   | FROM_DAYS(738870)   | TIME_TO_SEC('18:28:08')     | SEC_TO_TIME(32180) |
+-------------------------+---------------------+-----------------------------+--------------------+
|                  738570 | 2022-12-16          |                       66488 | 08:56:20           |
+-------------------------+---------------------+-----------------------------+--------------------+
1 row in set (0.06 sec)

+-------------------------------------------+----------------------------------------------------+
| UNIX_TIMESTAMP('2022/02/19 08:25:40')     | FROM_UNIXTIME(1617738876,'%Y年%M月%D日 %H:%I:%S')  |
+-------------------------------------------+----------------------------------------------------+
|                                1645230340 | 2021年April月7th日 03:03:36                        |
+-------------------------------------------+----------------------------------------------------+
1 row in set (0.07 sec)
```

图 8.19　日期与天数、时间与秒数、日期时间与时间戳之间的相互转换

【例 8.23】利用 MAKEDATE()函数和 MAKETIME()函数实现日期与时间的合并操作。

```
SELECT  MAKEDATE(2022,80),MAKETIME(18,38,30);
```

运行结果如图 8.20 所示。

```
+-------------------+--------------------+
| MAKEDATE(2022,80) | MAKETIME(18,38,30) |
+-------------------+--------------------+
| 2022-03-21        | 18:38:30           |
+-------------------+--------------------+
1 row in set (0.02 sec)
```

图 8.20　日期与时间的合并操作

【例 8.24】分别计算两个指定日期（2022-05-15、2022-06-01）同时加上 5 天、减去 5 天之后的日期，然后计算这两个日期的差值。

```
SELECT   DATE_ADD('2022-05-15', INTERVAL 5 DAY) AS  D1,
DATE_ADD('2022-05-15', INTERVAL -5 DAY)  AS  D2,
DATE_SUB('2022-06-01', INTERVAL 5 DAY)  AS  D3,
DATEDIFF(DATE_SUB('2022-06-01', INTERVAL 5 DAY),
DATE_ADD('2022-05-15', INTERVAL 5 DAY))  AS  DIFF;
```

运行结果如图 8.21 所示。

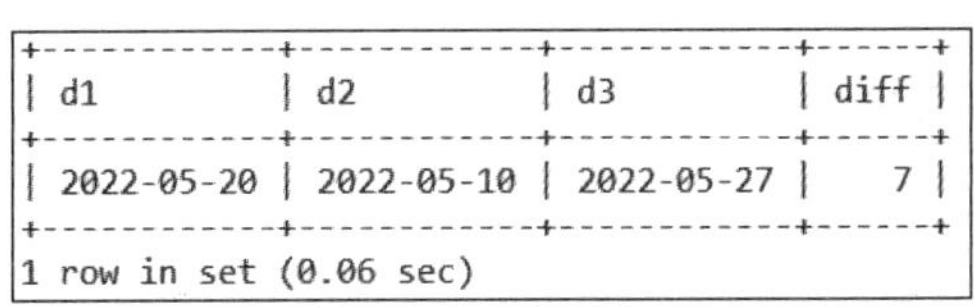

```
+------------+------------+------------+------+
| d1         | d2         | d3         | diff |
+------------+------------+------------+------+
| 2022-05-20 | 2022-05-10 | 2022-05-27 |    7 |
+------------+------------+------------+------+
1 row in set (0.06 sec)
```

图 8.21　日期加减运算

【例 8.24】中使用的 DATE_ADD(date, interval n keyword)函数和 DATE_SUB(date, interval n keyword)函数中的 keyword 参数说明如表 8.11 所示。

表 8.11　keyword 参数说明

关 键 字	间隔值的格式	示　例
YEAR	年	DATE_SUB(NOW(),INTERVAL 1 YEAR),
YEAR_MONTH	年-月	DATE_ADD('2022-02-19',INTERVAL '2 2' YEAR_MONTH);
MONTH	月	DATE_SUB(NOW(),INTERVAL 1 MONTH),
DAY	天（日期）	DATE_SUB(NOW(),INTERVAL 2 DAY),

续表

关 键 字	间隔值的格式	示 例
DAY_HOUR	日期：小时	DATE_SUB('2022-02-19 18:18:30',INTERVAL '2 02' DAY_HOUR);
DAY_MINUTE	日期：小时：分钟	DATE_SUB('2022-02-19 18:18:30',INTERVAL '2 02:08' DAY_MINUTE);
DAY_SECOND	日期：小时：分钟：秒	DATE_SUB('2022-02-19 18:18:30',INTERVAL '2 02:08:18' DAY_SECOND);
HOUR	小时	DATE_SUB('2022-02-19 18:18:30',INTERVAL '02' HOUR);
HOUR_MINUTE	小时：分钟	DATE_SUB('2022-02-19 18:18:30',INTERVAL '02:08' HOUR_MINUTE);
HOUR_SECOND	小时：分钟：秒	DATE_SUB('2022-02-19 18:18:30',INTERVAL '02:08:10' HOUR_SECOND);
MINUTE	分钟	DATE_SUB('2022-02-19 18:18:30',INTERVAL '08' MINUTE);
MINUTE_SECOND	分钟：秒	DATE_SUB('2022-02-19 18:18:30',INTERVAL '08:10' MINUTE_SECOND);

【例 8.25】利用 DATEDIFF()函数将两个日期相减，利用 TIMEDIFF()函数将两个时间相减，利用 TIMESTAMPDIFF()函数将两个日期时间数据相减。

```
SELECT  DATEDIFF('2021-08-08', '2021-08-01'),
TIMEDIFF('2022-02-19 18:08:08', '2022-02-19 12:00:00');
SELECT  TIMESTAMPDIFF(WEEK,'2022-05-15','2022-09-01')  AS  DIFF_WEEK,
TIMESTAMPDIFF(DAY,'2022-05-15','2022-09-01')  AS  DIFF_DAY,
TIMESTAMPDIFF(MINUTE,'2022-05-15 08:30:25','2022-05-15 09:10:45')  AS  DIFF_MIN;
```

运行结果如图 8.22 所示。

```
+-------------------------------------+-------------------------------------------------------+
| DATEDIFF('2021-08-08', '2021-08-01') | TIMEDIFF('2022-02-19 18:08:08', '2022-02-19 12:00:00') |
+-------------------------------------+-------------------------------------------------------+
|                                   7 | 06:08:08                                              |
+-------------------------------------+-------------------------------------------------------+
1 row in set (0.02 sec)

+-----------+----------+----------+
| DIFF_WEEK | DIFF_DAY | DIFF_MIN |
+-----------+----------+----------+
|        15 |      109 |       40 |
+-----------+----------+----------+
1 row in set (0.02 sec)
```

图 8.22　日期时间相减运算

其中，TIMESTAMPDIFF(unit,begin,end)函数的 unit 参数有 YEAR、QUARTER、MONTH、WEEK、DAY、HOUR、MINUTE、SECOND 等。

8.2.4　聚合函数

聚合函数又称分组统计函数，主要用于 SELECT 语句的 GROUP BY 子句、HAVING 子句。常用的聚合函数如表 8.12 所示。

表 8.12　常用的聚合函数

函　数　名	功 能 描 述
AVG([distinct] expr)	求组中数据的平均值
COUNT({*|[distinct] } expr)	统计组中项目的数量
MAX([distinct] expr)	求多个数据的最大值
MIN([distinct] expr)	求多个数据的最小值
SUM([distinct] expr)	求组中数据的和

参数说明：

（1）每个组函数接收一个参数。

（2）默认情况下，组函数忽略列值为 NULL 的行，不参与计算。

（3）可以使用 DISTINCT 关键字剔除字段值重复的条数。

使用函数时的注意事项：

（1）当使用组函数的 SELECT 语句中没有 GROUP BY 子句时，中间结果集中的所有行自动形成一组，然后计算组函数。

（2）组函数不允许嵌套，如 COUNT(MAX(…))。

（3）组函数的参数可以是列或函数表达式。

（4）一个 SELECT 语句中可出现多个聚合函数。

【例 8.26】 统计 t_book 表中的记录条数，分组统计出版社的数量。

```
SELECT   COUNT(*)   FROM   T_BOOK;
SELECT   publisher,COUNT(publisher)   FROM   t_book   GROUP   BY publisher;
```

运行结果如图 8.23 所示。

```
+-----------+
| count(*)  |
+-----------+
|       187 |
+-----------+
1 row in set (0.03 sec)

+------------------------------+------------------+
| publisher                    | COUNT(publisher) |
+------------------------------+------------------+
| 机械工业出版社               |               13 |
| 电子工业出版社               |                4 |
| 人民邮电出版社               |                5 |
| 人民邮电                     |                1 |
| 清华大学出版社               |                2 |
| 中国人民大学出版社           |                1 |
| 佳魁信息股份有限公司         |                2 |
| 博硕文化股份有限公司         |                1 |
| 知兵堂出版社                 |                2 |
| 科学出版社                   |                2 |
| 海洋出版社                   |                1 |
| 国家行政学院出版社           |                2 |
| 陕西科学技术出版社           |                1 |
| 江苏凤凰美术出版社           |                1 |
| 人民出版社                   |                3 |
```

图 8.23　计数函数 COUNT()操作

8.2.5　条件判断函数

MySQL 中常用的条件判断函数有 IF()函数和 IFNULL()函数，如表 8.13 所示。

表 8.13　常用的条件判断函数

函 数 名	说　　明
IF(expr,v1,v2)	如果表达式 expr 成立，则返回结果 v1；否则返回结果 v2
IFNULL(v1,v2)	如果 v1 不为空，则返回结果 v1；否则返回结果 v2

【例 8.27】IF()函数与 IFNULL()函数的使用示例。

```
SELECT  IF(1>2,2,3),IF(1<2,'YES','NO'),IF(STRCMP('test','test1'),'NO','YES');
SELECT  IFNULL(1,2),IFNULL(NULL,10),IFNULL(1/0,'WRONG');
```

运行结果如图 8.24 所示。

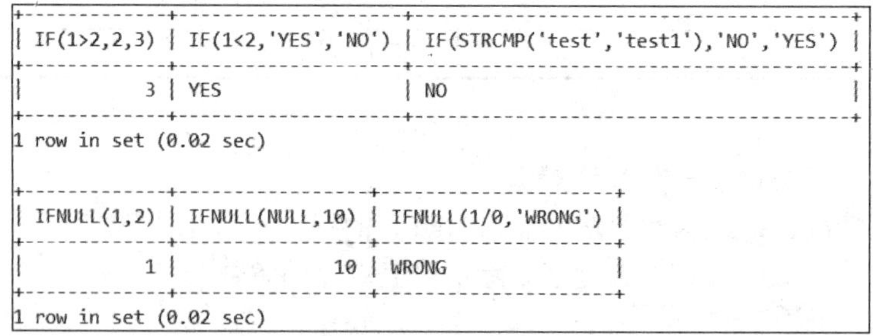

```
+-------------+--------------------+-----------------------------------------+
| IF(1>2,2,3) | IF(1<2,'YES','NO') | IF(STRCMP('test','test1'),'NO','YES') |
+-------------+--------------------+-----------------------------------------+
|           3 | YES                | NO                                      |
+-------------+--------------------+-----------------------------------------+
1 row in set (0.02 sec)

+-------------+-----------------+---------------------+
| IFNULL(1,2) | IFNULL(NULL,10) | IFNULL(1/0,'WRONG') |
+-------------+-----------------+---------------------+
|           1 |              10 | WRONG               |
+-------------+-----------------+---------------------+
1 row in set (0.02 sec)
```

图 8.24　IF()函数与 IFNULL()函数示例结果

8.2.6　数据类型转换和格式化函数

MySQL 的数据类型转换函数有 CAST()函数和 CONVERT()函数，它们可用于获取一个类型的值，并产生另一个类型的值。格式化函数为 FORMAT()函数，它是将数据内容格式化，可以将数据格式化为整数或者带几位小数的浮点数（四舍五入）。

1. CAST()函数和 CONVERT()函数

CAST()函数用于将值从一种数据类型转换为表达式中指定的另一种数据类型。CONVERT()函数用于将值从一种数据类型转换为另一种数据类型，还可以用于将值从一个字符集转换为另一个字符集，它接受两个参数，即输入值和要转换的类型。CAST()函数和 CONVERT()函数的语法如下：

语法：数据类型转换函数

```
CAST(expression as datatype);
CONVERT(expression,datatype);
CONVERT(expression using character_set);
```

【例 8.28】数据类型转换函数示例。

```
SELECT  CAST((1/3)*100  AS  UNSIGNED)  AS  '百分比',
CONCAT('考试成绩是：', CONVERT(90, CHAR(8)));
```

运行结果如图 8.25 所示。

```
+--------+--------------------------------------+
| 百分比 | CONCAT('考试成绩是：', CONVERT(90,CHAR(8))) |
+--------+--------------------------------------+
|     33 | 考试成绩是：90                        |
+--------+--------------------------------------+
1 row in set (0.07 sec)
```

图 8.25　数据类型转换函数操作结果

2. FORMAT()函数

在 MySQL 中，数据内容格式化可使用 FORMAT(X,D)函数实现。FORMAT()函数可以将数据格式化为整数或者带几位小数的浮点数（如'#，###，###.##'）。函数中的参数 X 表示待格式化的原数据，D 表示保留的小数点位数。

【例 8.29】利用 FORMAT()函数实现小数点位数保留功能。

```
SELECT  log(8),FORMAT(log(8),2);
```

运行结果如图 8.26 所示。

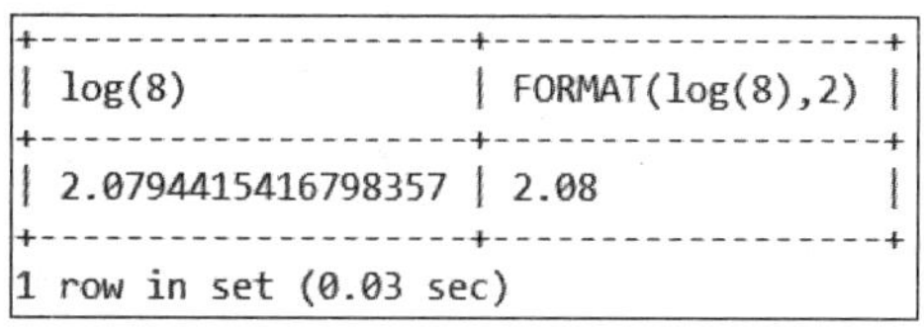

```
+--------------------+-----------------+
| log(8)             | FORMAT(log(8),2) |
+--------------------+-----------------+
| 2.0794415416798357 | 2.08            |
+--------------------+-----------------+
1 row in set (0.03 sec)
```

图 8.26　FORMAT()函数操作结果

8.2.7　其他函数

1. 系统信息函数

系统信息函数用于查询 MySQL 数据库的系统信息。例如，查询数据库的版本，查询数据库的当前用户等。常用的系统信息函数如表 8.14 所示。

表 8.14　常用的系统信息函数

函 数 名	功 能 描 述
VERSION()	返回 MySQL 服务器的版本号
CONNECTION_ID()	返回当前客户连接服务器的次数
DATABASE()/SCHEMA()	返回当前数据库名
USER()/SYSTEM_USER()	返回当前登录用户名
CHARSET(str)	返回字符串的字符集
LAST_INSERT_ID()	查看插入数据后，返回最后一条插入数据的 id
BENCHMARK(n,expr)	将表达式 expr 重复运行 *n* 次
PROCESSLIST	查看当前连接 MySQL 服务器的用户连接信息

2. 加密函数

数据加密、解密在安全领域非常重要。对程序员而言，在数据库中以密文方式存储用户密码对防止入侵者剽窃用户隐私意义重大。PASSWORD(str)函数可以对字符串 str 进行加密（此函数在 MySQL 8.0 及以上版本已被移除）。MD8()函数可以将字符串加密成 32 位十六进制数。COMPRESS()函数用于压缩字符串，返回的值是二进制字符串。SHA1()函数使用 SHA-1 技术加密字符串，SHA1 代表安全哈希算法，它为用户输入的字符串生成一个 160 位的校验和。

【例 8.30】加密函数示例。

```
SELECT    MD8('student1357');
SELECT    SHA1('abc'),SHA('abc');
```

运行结果如图 8.27 所示。

```
+----------------------------------+
| md5('student1357')               |
+----------------------------------+
| 332d8e6e6ce2157ea75b3b86ace34379 |
+----------------------------------+
1 row in set (0.13 sec)
```

```
+------------------------------------------+------------------------------------------+
| SHA1('abc')                              | SHA('abc')                               |
+------------------------------------------+------------------------------------------+
| a9993e364706816aba3e25717850c26c9cd0d89d | a9993e364706816aba3e25717850c26c9cd0d89d |
+------------------------------------------+------------------------------------------+
1 row in set (0.02 sec)
```

图 8.27　加密函数操作结果

8.3　MySQL 的自定义函数

用户在编写程序的过程中，除了可以调用系统函数，还可以根据应用需要创建自定义函数（又称存储函数），以便像系统函数一样可以在任何地方使用。MySQL 的自定义函数类似于 C 语言中的自定义函数，它一般用于计算和返回一个值，可以将经常需要使用的计算或功能写成一个函数。

8.3.1　创建自定义函数

在 MySQL 中，创建自定义函数的语法如下：

语法：创建自定义函数 CREATE FUNCTION

```
CREATE FUNCTION func_name([[IN|OUT|INOUT] func_parameter type[,...]])
RETURNS return_type
[characteristic...]
BEGIN
function_body_statements;
RETURN [return_values];
END
```

上述语法中各参数的含义如下：

（1）CREATE FUNCTION：是创建自定义函数的关键字。

（2）[IN|OUT|INOUT]：IN 表示输入参数，OUT 表示输出参数，INOUT 表示输入输出参数。

（3）characteristic：用于指定函数的特征参数，由以下一种或几种选项组合而成。

①LANGUAGE SQL：表示函数体是使用 SQL 语言编写的，默认语言是 SQL。

②[NOT] DETERMINISTIC：DETERMINISTIC 表示结果是确定的，即每次执行函数，相同的输入会得到相同的输出；NOT DETERMINISTIC 表示结果是不确定的，相同的输入可能得到不同的输出，默认为 NOT DETERMINISTIC。

③CONTAINS SQL：表示函数体包含 SQL 语句，但不包含读写数据的 SQL 语句。

④NO　SQL：表示子程序不包含 SQL。

⑤READS SQL DATA：表示子程序包含读数据的语句，但是不包含写数据的语句。

⑥MODIFIES SQL DATA：表示子程序包含写数据的语句。

⑦SQL SECURITY DEFINER|INVOKER：用来指定函数是使用创建者的许可来执行，还是执行者的许可来执行，默认值是 DEFINER，表示只有创建者的身份才能执行；INVOKER 表示拥有权的调用者的才能执行。

⑧comment 'string'：函数添加功能说明等注释信息。

在 MySQL 中，服务器处理语句时以分号“;”为结束标识符，但是在创建自定义函数或存储过程时，函数体或存储过程体中可能包含多个 SQL 语句，每个 SQL 语句都是以分号结尾的，如果没有进行特殊处理，服务器则在遇到第一个分号后就会认为程序结束，显然这是不行的。所以需要定义一个“定界符”来防止程序提前结束（详细介绍见 8.1 节）。

【例 8.31】创建一个自定义函数，计算两个参数的最小值。

```
DELIMITER  $$
CREATE  FUNCTION  mymin(a  INT,b  INT)
RETURNS INT
BEGIN
    DECLARE k INT;
    IF a<b THEN
        SET k=a;
    ELSE
        SET k=b;
    END IF;
    RETURN k;
END $$
DELIMITER ;
```

运行结果提示错误，如图 8.28 所示。

```
This function has none of DETERMINISTIC, NO SQL or READS SQL DATA in its declaration and binary
logging is enabled (you *might* want to use the less safe log_bin_trust_function_creators variable)
```

图 8.28　错误提示

此错误表示在自定义函数中缺少特征参数 DETERMINISTIC、NO　SQL 或 READS　SQL DATA 等。修改代码如下：

```
DELIMITER  $$
CREATE  FUNCTION  mymin(a  INT ,b  INT)
RETURNS INT
NO SQL
BEGIN
    DECLARE k INT;
```

```
    IF a<b THEN
        SET k=a;
    ELSE
        SET k=b;
    END IF;
    RETURN k;
END $$
DELIMITER ;
```

上述代码是纯命令式的函数书写方式，如果使用可视化管理软件（Navicat）创建函数，则不需要使用 DELIMITER 定义结束符，其代码如下：

```
CREATE  FUNCTION  mymin(a  INT ,b  INT)
RETURNS  INT(11)
NO SQL
BEGIN
DECLARE k INT;
    IF a<b THEN
        SET k=a;
    ELSE
        SET k=b;
    END IF;
    RETURN k;
END
```

【例 8.32】创建一个函数，计算圆的面积。

```
CREATE  FUNCTION  area(r  FLOAT)
RETURNS  FLOAT
NO SQL
BEGIN
    RETURN  PI()*r*r;
END
```

8.3.2　调用自定义函数

在 MySQL 中，如果要调用函数，需要打开相应的数据库或指定数据库名称。自定义函数的调用与 MySQL 内部函数的使用方法一样，可以通过 SELECT 语句调用函数。

【例 8.33】使用 SELECT 语句调用 mymin()函数和 area()函数。

```
SELECT    mymin(2,3),area(1.0);
```

运行结果如图 8.29 所示。

```
+------------+--------------------+
| mymin(2,3) | area(1.0)          |
+------------+--------------------+
|          2 | 3.1415927410125732 |
+------------+--------------------+
1 row in set (0.06 sec)
```

图 8.29　mymin()函数和 area()函数的返回值

8.3.3　自定义函数的管理

对自定义函数的管理主要是查看函数的定义、修改函数和删除函数等操作。

1．查看函数的定义

查看自定义函数的方式有两种，一种是命令式查看，另一种是交互式查看。

1）命令式查看

其示例如下：

示例：命令式查看函数信息

```
SHOW FUNCTION STATUS;                        #查询 MySQL 系统中所有的函数
SHOW FUNCTION STATUS WHERE Db='books';       #查询指定数据库 books 中的函数
SHOW FUNCTION STATUS LIKE 'area';            #模糊查询指定的存储函数
```

运行结果如图 8.30 所示。

Db	Name	Type	Definer	Modified	Created	Security_type
books	area	FUNCTION	root@localhost	2022-02-20 13:42:03	2022-02-20 13:42:03	DEFINER
books	author	FUNCTION	root@localhost	2022-02-20 14:56:31	2022-02-20 14:56:31	DEFINER
books	book_borrow	FUNCTION	root@localhost	2022-02-22 20:48:21	2022-02-22 20:48:21	DEFINER
books	cj	FUNCTION	root@localhost	2022-02-22 20:58:13	2022-02-22 20:58:13	DEFINER
books	mymin	FUNCTION	root@localhost	2022-02-20 13:38:56	2022-02-20 13:38:56	DEFINER
books	score_grade	FUNCTION	root@localhost	2022-02-22 21:17:40	2022-02-22 21:17:40	DEFINER
books	sum100	FUNCTION	root@localhost	2022-02-22 21:55:20	2022-02-22 21:55:20	DEFINER
books	sum_loop	FUNCTION	root@localhost	2022-02-22 22:15:44	2022-02-22 22:15:44	DEFINER
books	sum_repeat	FUNCTION	root@localhost	2022-02-22 22:22:27	2022-02-22 22:22:27	DEFINER
books	week	FUNCTION	root@localhost	2022-02-22 21:40:13	2022-02-22 21:40:13	DEFINER
books	weeks7	FUNCTION	root@localhost	2022-02-22 21:44:19	2022-02-22 21:44:19	DEFINER

11 rows in set (0.09 sec)

Db	Name	Type	Definer	Modified	Created	Security_type
books	area	FUNCTION	root@localhost	2022-02-20 13:42:03	2022-02-20 13:42:03	DEFINER

1 row in set (0.08 sec)

图 8.30　命令式查看函数信息结果

函数的信息都保存在 information_schema 数据库的 routines 表中，可以使用 SELECT 语句查询函数的相关信息。

【例 8.34】查询数据库 library 中定义的所有函数信息。

```
SELECT * FROM information_schema.routines WHERE ROUTINE_SCHEMA='library';
```

运行结果（部分信息）如图 8.31 所示。

SPECIFIC_NAME	ROUTINE_CATALOG	ROUTINE_SCHEMA	ROUTINE_NAME	ROUTINE_TYPE	DATA_TYPE
area	def	library	area	FUNCTION	float
mymin	def	library	mymin	FUNCTION	int

图 8.31　数据库 library 中自定义的函数信息（部分信息）

2）交互式查看

在 Navicat 软件中查看数据库 library 中的所有自定义函数，其操作方式如图 8.32 所示。

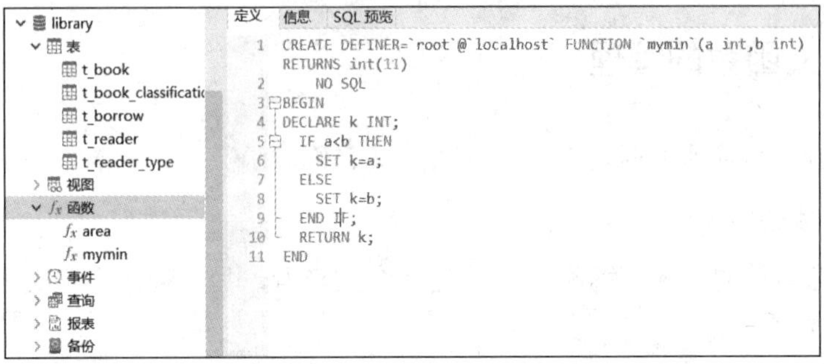

图 8.32　交互式查看

双击“函数”中的某个函数，即可查看自定义函数。

2．修改函数

在 MySQL 中，可以使用 ALTER FUNCTION 语句修改函数，其语法如下：

语法：修改函数

```
ALTER FUNCTION func_name [characteristic ...]
```

该语法结构是 MySQL 官方给出的，修改的内容可以包含 SQL 语句，也可以不包含 SQL 语句。但是，这种修改方式不能修改函数的参数和函数体。

如果想使用命令方式修改函数的参数或函数体，就需要删除这个函数，然后重新创建。由于 MySQL 的自定义函数自身不保存任何用户数据，只是一组 MySQL 表达式，因此删除函数对数据库没有任何影响。如果既要保留原函数又要修改函数的参数和函数体，则需要使用交互式的方式操作。在 Navicat 软件中直接打开自定义的函数，然后直接修改函数代码并保存即可。

3．删除函数

在 MySQL 中，可以使用 DROP FUNCTION 语句删除函数，其语法如下：

语法：删除函数

```
DROP FUNCTION IF EXISTS func_name;
```

另外，在 Navicat 软件中，直接选中待删除的函数，右击，在弹出的快捷菜单中选择“删除函数”命令即可。

8.4　MySQL 的流程控制语句

在 MySQL 中，可以通过流程控制语句实现顺序结构、选择结构和循环结构 3 种基本结构。流程控制语句可以编写出能够解决较为复杂问题的存储函数、存储过程和触发器等。

8.4.1　顺序控制语句

顺序控制语句是以 BEGIN 开始、以 END 结尾的语句，即 BEGIN...END 语句。在

BEGIN...END 语句中可以定义 SQL 语句块，可以是一行语句，也可以是多行语句。其语法如下：

语法：顺序控制语句

```
BEGIN
SQL statement block;
END
```

【例 8.35】在数据库 library 中创建一个自定义函数，查询某本书的作者信息。

```
CREATE  FUNCTION  author(bookname  VARCHAR(20))
RETURNS  VARCHAR(20)
READS SQL DATA
BEGIN
    RETURN SELECT author FROM t_book WHERE book_name=bookname;
END
-- 调用函数
SELECT  author('中国未来五年发展新布局');
```

运行结果如图 8.33 所示。

```
+-----------------------------------+
| author("中国未来五年发展新布局") |
+-----------------------------------+
| 刘鹏主编                          |
+-----------------------------------+
1 row in set (0.11 sec)
```

图 8.33　author()函数的返回值

8.4.2　条件控制语句

1. IF 语句

IF 语句实现条件判断，根据不同的条件执行不同的操作。如果条件为真，则执行 THEN 后面的语句；如果条件为假，可以使用 ELSE 关键字指定执行语句。IF 语句的语法如下：

语法：IF 语句

```
IF condition THEN
    SQL statement block
ELSE
    SQL statement block
END IF;
```

【例 8.36】创建一个图书借阅函数 book_borrow。通过 IF...ELSE 语句判断图书是否在馆，如果在馆，则定义图书“可以借阅”，否则为“不可以借阅”。

```
CREATE FUNCTION  book_borrow(book VARCHAR(20))
RETURNS VARCHAR(12)
READS SQL DATA
BEGIN
DECLARE num INT;
```

```
SELECT COUNT(*) INTO num   FROM t_book WHERE book_name=book;
if num=0 THEN
    RETURN '不可以借阅';
ELSE
    RETURN '可以借阅';
END IF;
END
-- 调用函数
SELECT book_borrow();
```

运行结果如图 8.34 所示。

```
mysql> select book_borrow("数据库");       mysql> select book_borrow("机器学习");
+------------------------+                 +--------------------------+
| book_borrow("数据库")  |                 | book_borrow("机器学习")  |
+------------------------+                 +--------------------------+
| 不可以借阅             |                 | 可以借阅                 |
+------------------------+                 +--------------------------+
1 row in set (0.03 sec)                    1 row in set (0.02 sec)
```

图 8.34　book_borrow()函数的返回值

【例 8.37】创建一个函数 cj，输入一个分数，判断其是否大于或等于 80 分，如果大于或等于 80 分，则表示考试通过，否则表示考试不通过。

```
CREATE   FUNCTION   cj(x INT)
RETURNS   VARCHAR(12)
NO SQL
BEGIN
     IF x>=80 THEN
          RETURN '考试通过';
     ELSE
          RETURN '考试不通过';
     END IF;
END
-- 调用函数
SELECT   cj(85);
```

运行结果如图 8.35 所示。

```
+-----------+
| cj(85)    |
+-----------+
| 考试通过  |
+-----------+
1 row in set (0.07 sec)
```

图 8.35　cj()函数的返回值

【例 8.38】创建一个函数 f1，输入一个数，判断其奇偶性。如果是偶数，则输出 0，否则输出 1。

```
CREATE   FUNCTION f1(j INT)
RETURNS   INT
NO SQL
```

```
BEGIN
        DECLARE  i  INT;
        IF i%2=0  THEN
              RETURN  0;
        ELSE
              RETURN  1;
     END IF;
END
-- 调用函数
SELECT  f1(23);
```

运行结果如图 8.36 所示。

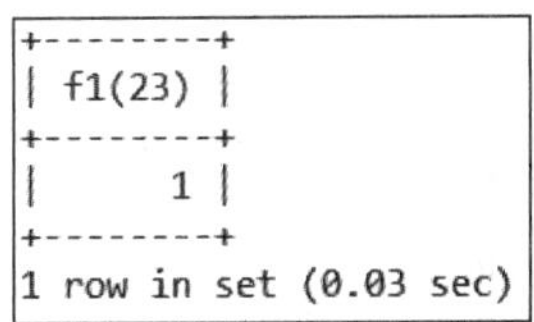

```
+--------+
| f1(23) |
+--------+
|      1 |
+--------+
1 row in set (0.03 sec)
```

图 8.36　f1()函数的返回值

2．CASE 语句

CASE 关键字可根据表达式的真假来确定是否返回某个值，可以在表达式的任何位置使用这一关键字。使用 CASE 语句可以进行多个分支的选择。CASE 语句的语法如下：

语法：CASE 语句

```
CASE <value>
      WHEN <value> THEN <statement>;
      [WHEN <value> THEN <statement>;
      [...]];
      [ELSE <statement>];
END CASE;
或
CASE
    WHEN <value> THEN <statement>;
    [WHEN <value> THEN <statement>;
    [...]];
    [ELSE <statement>];
END CASE;
```

【例 8.39】输入学生的考试成绩，按照 A、A-、B、B-、C、C-、D、D-及 E 显示成绩。

```
CREATE  FUNCTION  score_grade(V INT)
RETURNS  CHAR(6)
NO  SQL
BEGIN
    DECLARE cj  CHAR(6);
     CASE
          WHEN  V>=98 THEN SET  cj='A';
          WHEN  V>=90 AND V<98  THEN  SET cj='A-';
          WHEN  V>=88 AND V<90  THEN  SET cj='B';
```

```
            WHEN    V>=80 AND V<88    THEN    SET cj='B-';
            WHEN    V>=78 AND V<80    THEN    SET cj='C';
            WHEN    V>=70 AND V<78    THEN    SET cj='C-';
            WHEN    V>=68 AND V<70    THEN    SET cj='D';
            WHEN    V>=60 AND V<68    THEN    SET cj='D-';
            ELSE    SET    CJ='E';
      END CASE;
      RETURN CJ;
END
-- 调用函数
SELECT score_grade(93);
```

运行结果如图 8.37 所示。

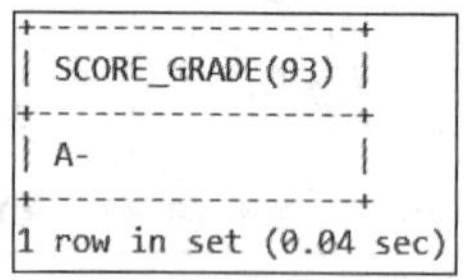
```
+-----------------+
| SCORE_GRADE(93) |
+-----------------+
| A-              |
+-----------------+
1 row in set (0.04 sec)
```

图 8.37　score_grade()函数的返回值

【例 8.40】创建函数 weeks7（请勿使用 week 作为函数名，否则函数不能输出结果），通过 CASE 语句判断输入的参数（星期一到星期日），输出对应的英文名称。

```
CREATE    FUNCTION    weeks7(x CHAR(12))
RETURNS    VARCHAR(12)
NO SQL
BEGIN
      DECLARE enweek    VARCHAR(12);
      CASE x
            WHEN    '星期一'    THEN    SET    enweek='Monday';
            WHEN    '星期二'    THEN    SET    enweek='Tuesday';
            WHEN    '星期三'    THEN    SET    enweek='Wednesday';
            WHEN    '星期四'    THEN    SET    enweek='Thursday';
            WHEN    '星期五'    THEN    SET    enweek='Friday';
            WHEN    '星期六'    THEN    SET    enweek='Saturday';
            ELSE    SET    enweek='Sunday';
      END    CASE;
      RETURN    enweek;
END
```

或

```
CREATE FUNCTION    weeks7(x    INT)
RETURNS    VARCHAR(12)
NO SQL
BEGIN
      DECLARE    enweek    VARCHAR(12);
      CASE x
            WHEN 1    THEN    SET    enweek='Monday';
            WHEN 2    THEN    SET    enweek='Tuesday';
```

```
        WHEN 3  THEN  SET  enweek='Wednesday';
        WHEN 4  THEN  SET  enweek='Thursday';
        WHEN 5  THEN  SET  enweek='Friday';
        WHEN 6  THEN  SET  enweek='Saturday';
        ELSE  SET  enweek='Sunday';
    END  CASE;
    RETURN  enweek;
END
-- 调用函数
SELECT weeks7(2);
```

运行结果如图 8.38 所示。

```
+------------+
| weeks7(2) |
+------------+
| Tuesday   |
+------------+
1 row in set (0.02 sec)
```

图 8.38　weeks7()函数的返回值

8.4.3　循环控制语句

1. WHILE 语句

WHILE 语句用于设置重复执行 SQL 语句或语句块的条件。当条件为真时，执行循环，否则退出循环。该语句的语法如下：

语法：WHILE 语句

```
WHILE <condition> DO
   ...
END WHILE;
```

【例 8.41】使用 WHILE 语句计算 1 到 100 的和。

```
CREATE  FUNCTION  sum100(N  INT)
RETURNS INT
NO SQL
BEGIN
    DECLARE  S INT  DEFAULT  0;
    DECLARE  I  INT  DEFAULT  1;
    WHILE i<=N DO
       SET S=S+I;
       SET i=i+1;
    END  WHILE;
    RETURN  S;
END
-- 调用函数
SELECT  sum100(100);
```

运行结果如图 8.39 所示。

```
+--------------+
| sum100(100) |
+--------------+
|        5050 |
+--------------+
1 row in set (0.03 sec)
```

图 8.39　sum100()函数的返回值

2. LOOP 语句

LOOP 语句没有内置的循环条件，即死循环，但可以使用 LEAVE 语句来退出循环。这里的 LEAVE 语句的功能类似于 C 语言中的 BREAK 语句。其语法如下：

语法：LOOP 语句

```
[byname:] LOOP
...
END LOOP
```

【例 8.42】 使用 LOOP 语句计算 1 到 100 的和。

```
CREATE FUNCTION sum_loop(n INT)
RETURNS INT
NO SQL
BEGIN
    DECLARE S INT DEFAULT 0;
    DECLARE I INT DEFAULT 1;
    LOOP_LABEL:LOOP
        SET S = S+i;
        SET i = i+1;
        IF i>n THEN
            LEAVE LOOP_LABEL;
        END IF;
    END LOOP;
    RETURN S;
END
-- 调用函数
SELECT sum_loop(100);
```

运行结果如图 8.40 所示。

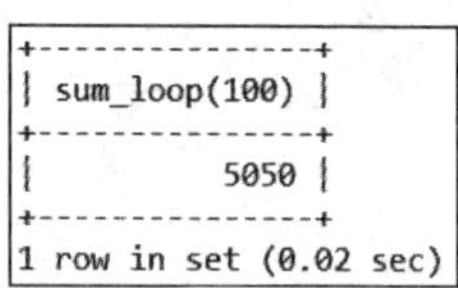

```
+---------------+
| sum_loop(100) |
+---------------+
|          5050 |
+---------------+
1 row in set (0.02 sec)
```

图 8.40　sum_loop(100)函数的返回值

3. REPEAT 语句

REPEAT 语句是先执行一次循环，然后判断条件是否为真，如果条件为真，则退出循环，否则继续执行循环。其语法如下：

语法：REPEAT 语句

```
REPEAT
...
until condition
END REPEAT
```

【例 8.43】使用 REPEAT 语句计算 1 到 100 的和。

```
CREATE  FUNCTION  sum_repeat(N  INT)
RETURNS  INT
DETERMINISTIC
BEGIN
    DECLARE  S  INT  DEFAULT  0 ;
    DECLARE  I  INT  DEFAULT  1;
    REPEAT
        SET S = S+i;
        SET i = I+1;
        UNTIL i>N
    END  REPEAT;
    RETURN  S;
END
-- 调用函数
SELECT  sum_repeat(100);
```

函数运行结果如图 8.41 所示。

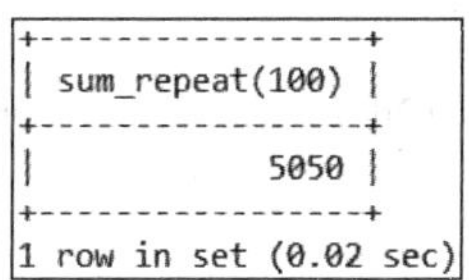

```
+-----------------+
| sum_repeat(100) |
+-----------------+
|            5050 |
+-----------------+
1 row in set (0.02 sec)
```

图 8.41 sum_repeat(100)函数的返回值

8.5 本章小结

本章介绍了 MySQL 的标识符、定界符、注释、常量和变量、运算符与表达式，以及 MySQL 的常用函数和自定义函数、条件控制语句和循环控制语句等。

在本章学习过程中，读者需要重点掌握以下知识点：

（1）变量的定义和使用方法。

（2）常用的字符串函数和日期时间函数的应用。

（3）聚合函数在查询语句中的应用。

（4）数据类型转换函数的应用。

（5）MySQL 自定义函数的定义、使用方法和应用场景。

（6）条件控制语句的应用。

（7）循环控制语句的应用和区别。

8.6　本 章 练 习

一、单选题

1．（　　）关键字是定义的局部变量，只作用于 BEGIN...END 语句块内。

A．SET　　B．DECLARE　　C．DELIMITER　　D．DEFINE

2．定义三个局部变量 SET@x=0,@y=0,@z=0;然后执行语句 SELECT @x:=(@y:=2)+@z:=3,@y,@z;执行结果为（　　）。

A．5,2,3　　B．5,0,0　　C．0,0,0　　D．0,2,3

3．（　　）是求余运算符。

A．/　　B．\　　C．%　　D．%%

4．下列关于运算符优先级的描述中，正确的是（　　）。

A．算术运算符＞关系运算符＞赋值运算符

B．赋值运算符＞关系运算符＞算术运算符

C．赋值运算符＞关系运算符＞逻辑运算符

D．关系运算符＞算术运算符＞逻辑运算符

5．下列选项中，（　　）不是逻辑运算符。

A．&&　　B．||　　C．&　　D．!

6．（　　）函数是向下取整函数。

A．FLOOR()　　B．CEILING()　　C．ROUND()　　D．RAND()

7．下列关于字符串函数的描述中，错误的是（　　）。

A．CONCAT()函数是字符串合并函数

B．REPLACE()函数是字符串替换函数

C．SUBSTR()函数是字符串提取函数

D．LOWER()函数是删除字符串中空格的函数

8．下列语句中，（　　）不能从字符串"祖国啊我亲爱的祖国"中提取"祖国"。

A．SELECT substr("祖国啊我亲爱的祖国",1,2);

B．SELECT substr("祖国啊我亲爱的祖国",0,2);

C．SELECT left("祖国啊我亲爱的祖国",2);

D．SELECT right("祖国啊我亲爱的祖国",2);

9．用于获取 SQL 语句开始执行的日期时间函数是（　　）函数。

A．CURDATE()　　B．SYSDATE()　　C．NOW()　　D．CURTIME()

10．日期相减函数 date_sub('2022-03-01', INTERVAL 5 DAY)的执行结果为（　　）。

A．2022-03-06　　B．2022-02-06　　C．2022-02-24　　D．2022-02-25

11．下列关于聚合函数的语句中，使用错误的是（　　）。

A．SELECT COUNT(*) FROM T_BOOK;

B．SELECT COUNT(*) as 总数 FROM T_BOOK;

C．SELECT sex,COUNT(sex) FROM t_reader;

D．SELECT sex,COUNT(sex) FROM t_reader GROUP BY sex;

12．下列关于自定义函数的描述中，正确的是（　　）。

A．定义自定义函数的关键字是 CREATE FUNCTION

B．自定义函数括号中的参数可以为空

C．自定义函数括号中的参数可以是[IN|OUT|INOUT]中的任何一种类型

D．以上都正确

二、填空题

1．MySQL 定义局部变量的标识符是________________。

2．语句 SELECT FLOOR(-4.321), ROUND(-4.321)的执行结果是__________________和__________________。

3．语句 SELECT LENGTH("Hello123"),LENGTH("MySQL 数据库")的执行结果是______________________和__________________。

4．若身份证号码为"214352202210016666"，从中提取出"年月"字符串的 SQL 语句是_______________________________。

5．语句 SELECT STRCMP("Hello","Hello")的执行结果是________________________。

6．语句 SELECT DAYOFMONTH("2022-10-1"),DAYOFWEEK("2022-10-1")的执行结果是__________________和__________________。

7．假设当前日期格式为 2022-10-1，将其改为“2022 年 10 月 1 日”日期格式，则 SQL 语句为__________________。

8．查看指定数据库 t_book 中的函数，命令是___________________________。

9．语句 SELECT IF(3>2,if(STRCMP('zhangsan','shangsan'),'不匹配','匹配'), length('zhangsan')) 的执行结果为___________________________。

三、简答题

1．简述 IF 语句与 CASE 语句的区别。

2．在 MySQL 8 版本中创建函数时，需要指定函数的特征参数（characteristic），简述各种参数的使用场景。

3．简述 MySQL 中 WHILE 循环、LOOP 循环与 REPEAT 循环的区别。

四、上机实践题

1．创建一个自定义函数，计算 3 个数的最大值。

2．使用 IF...ELSE 语句判断学生的出生时间是否是星期日。

3．使用 CASE 语句实现读者阅读等级评定，将一个月内读了 20 本书以上的读者评为“铂金读者”，读了 13～20 本书的读者评为“黄金读者”，读了 6～12 本书的读者评为“白银读者”，读了 1～5 本书的读者评为“普通读者”。

4．使用 WHILE 语句实现利用公式 $\frac{\pi}{4} \approx 1-\frac{1}{3}+\frac{1}{5}-\frac{1}{7}+\cdots$，求 π 的近似值。

第 9 章　存储过程、触发器与事件

9.1　存 储 过 程

存储过程是数据库中的一种重要对象，是为了完成特定功能的一组 SQL 语句的集合，经编译创建并保存在数据库中。再次调用时无须重复编译，因此其执行效率较高。用户可以通过指定存储过程的名称并给出参数（如果该存储过程带有参数）执行存储过程。存储过程具有以下优点。

（1）封装性：存储过程一旦被创建，就可以被多次调用。

（2）执行速度快：存储程序是预编译的，只在创建时进行编译，以后每次执行存储过程都不需要再重新编译。用户只要通过指定存储过程的名称并给出参数（如果该存储过程带有参数）即可执行存储过程。

（3）减少网络流量：存储过程存储在服务器上，并在服务器上运行。一个需要数百行 MySQL 语句的操作，可以通过一条执行存储过程代码来执行，而不需要在网络中发送数百行代码，从而大大减轻了网络负荷。

（4）加强了系统的安全性：数据库管理员可以通过授予用户存储过程的权限，从而限制相应数据的访问权限，而不必给予用户直接访问数据库对象的权限。

存储过程与函数相比，有以下异同之处。

（1）相同点：本质相同，都是事先经过编译并存储在数据库中的一段 SQL 语句的集合，只需要被编写一次，就可以被多次调用。

（2）不同点：

①函数是可以嵌套在 SQL 中使用的，可以在 SELECT 中调用，而存储过程不行。

②函数要求必须有返回值，通过 RETURN 语句返回单个值；而存储过程不允许执行 RETURN 语句，但是可以通过 OUT 参数返回多个值（也可以不返回值）。

③存储过程用于在数据库中完成特定操作或者任务（如插入、删除等），函数用于返回特定的数据。

9.1.1　存储过程的创建及调用

1．创建存储过程

创建存储过程首先要修改结束符，然后使用 CREATE PROCEDURE 语句进行创建，其语法如下：

语法：创建存储过程 CREATE　PROCEDURE

```
CREATE PROCEDURE [IF NOT EXISTS] proc_name([proc_parameter[,...]])
[characteristic ...] routine_body
```

上述语法中各参数的含义如下。

（1）proc_name：存储过程名称。

（2）proc_parameter：存储过程参数，格式为[IN|OUT|INOUT] param_name type。存储过程可以没有参数（没有参数时，括号不能省略），也可以有多个参数。param_name 表示参数名，type 表示参数的数据类型。

①IN：输入参数，调用存储过程时将外界数据传递到存储过程中，可以是数据常量，也可以是保存数据的变量。若省略参数类型，默认表示输入参数。

②OUT：输出参数，把存储过程的运算结果保存到 OUT 参数中，再传递给调用者。

③INOUT：输入/输出参数，兼有输入和输出参数的功能，既可以将外界数据传递到存储过程中，也可以将存储过程的运算结果传回给调用者。

（3）characteristic：存储过程的特性，取值为 LANGUAGE SQL | [NOT] DETERMINISTIC | { CONTAINS SQL | NO SQL | READS SQL DATA | MODIFIES SQL DATA }| SQL SECURITY { DEFINER | INVOKER }|COMMENT　'string'。

①LANGUAGE SQL：表示 routine_body 是使用 SQL 编写的。

②[NOT] DETERMINISTIC：如果程序或线程总是对同样的输入参数产生同样的结果，则被认为它是“确定的”，否则就是“非确定”的。默认为 NOT　DETERMINISTIC。

③{ CONTAINS SQL | NO SQL | READS SQL DATA | MODIFIES SQL DATA }：指明子程序中使用 SQL 语句的限制，默认为 CONTAINS SQL。CONTAINS SQL：子程序包含 SQL 语句，但不包含读或写数据的语句；NO SQL：子程序不包含 SQL 语句；READS SQL DATA：子程序包含读数据的语句；MODIFIES SQL DATA：子程序包含写数据的语句。

④SQL SECURITY { DEFINER | INVOKER }：指明子程序是使用创建子程序者 DEFINER 的许可来执行，还是使用调用者 INVOKER 的许可来执行，默认为 DEFINER。

⑤COMMENT 'string'：存储过程的注释信息。

（4）routine_body：存储过程体，若包含多条 SQL 语句，需要用 BEGIN...END 语句块包裹。

2．调用存储过程

要使存储过程发挥作用，必须使用 CALL 语句进行调用，其语法如下：

语法：调用存储过程 CALL

```
CALL   proc_name([proc_parameter[,...]]);
```

调用存储过程时，实参传递的参数个数、类型、顺序要与创建存储过程时的形参保持一致，当形参类型为 IN 时，实参可以是具体值，也可以是变量；当形参类型为 OUT 或 INOUT 时，实参只能是变量。

3．存储过程示例

1）无参数存储过程

【例 9.1】创建一个无参数存储过程 sp_readercount，用于获取 t_reader 表中的人数。

```
MySQL>DELIMITER  $$
MySQL>CREATE  PROCEDURE  sp_readercount()
    ->BEGIN
    ->SELECT   COUNT(*)  FROM  t_reader;
    ->END  $$
MySQL>DELIMITER ;
```

存储过程中通常包含多条 SQL 语句，它们被写在 BEGIN…END 语句块中，由于 MySQL 客户机的默认结束标记和语句的结束标记都是分号，所以在写语句块的时候，为避免语句块被分号拆开，应该在语句块前重设客户机结束标记，在语句块结束后改回原样。

【例 9.2】调用存储过程 sp_readercount。

```
CALL  sp_readercount();
```

运行结果如图 9.1 所示。

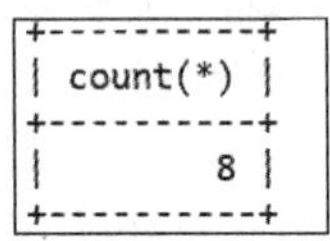

```
+-----------+
| count(*) |
+-----------+
|        8 |
+-----------+
```

图 9.1　【例 9.2】运行结果

2）带 IN 参数的存储过程

【例 9.3】创建一个存储过程 sp_lend，输入参数为图书名称，用于查询某图书被借阅的情况，包括读者编号、姓名、借阅日期、还书日期。

```
MySQL>DELIMITER  $$
MySQL>CREATE  PROCEDURE  sp_lend (IN  bname VARCHAR(255))
    ->BEGIN
    ->SELECT  t_reader.reader_id,name,lend_date
    ->FROM    t_reader,t_borrow,t_book
    ->WHERE   t_reader.reader_id =t_borrow.reader_id
    ->AND     t_book.book_id =t_borrow.book_id
    ->AND   book_name=bname;
    ->END  $$
MySQL>DELIMITER  ;
```

【例 9.4】调用存储过程 sp_lend，查询图书《大数据与机器学习》被借阅的情况。

```
CALL  sp_lend('大数据与机器学习');
```

运行结果如图 9.2 所示。

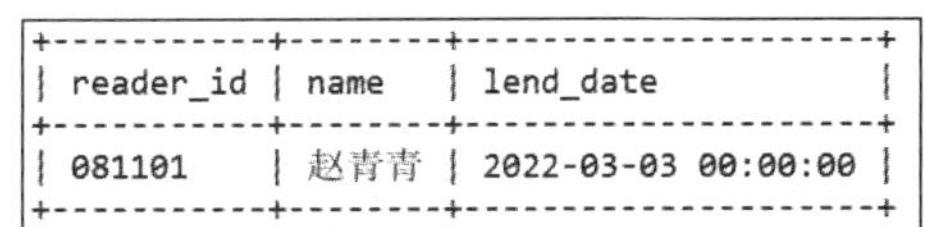

reader_id	name	lend_date
081101	赵青青	2022-03-03 00:00:00

图 9.2　【例 9.4】运行结果

【例 9.5】创建一个存储过程 sp_del_book，其功能是从 t_book 表中删除一个特定图书（指定图书编号）的信息。

```
MySQL>CREATE   PROCEDURE   sp_del_book (IN   bid   INT)
      ->DELETE   FROM   t_book   WHERE   book_id=bid;
```

若存储过程只包含一条 SQL 语句，则可以不用 BEGIN…END 语句块包裹。此时不必重设结束标记。

【例 9.6】调用存储过程 sp_del_book，删除图书编号为 7516 的图书信息。

```
CALL   sp_del_book (7516);
```

此时，再次查询 t_book 表，发现编号为 7516 的图书已被删除。

3）带 IN 和 OUT 参数的存储过程

【例 9.7】创建一个带 IN 和 OUT 参数的存储过程 sp_select_author，输入图书编号，输出该图书的名称及作者。

```
MySQL>DELIMITER   $$
MySQL>CREATE   PROCEDURE   sp_select_author   (IN   id   INT,OUT   bname
VARCHAR(255),OUT auth VARCHAR(255))
    ->BEGIN
    ->SELECT   book_name,author into bname,auth   FROM   t_book   WHERE book_id=id;
    ->END   $$
MySQL>DELIMITER;
```

【例 9.8】调用存储过程 sp_select_author，查询编号为 7509 的图书的名称及作者。

```
MySQL> CALL sp_select_author(7509,@bname, @auth);
MySQL>SELECT   @bname, @auth;
```

运行结果如图 9.3 所示。

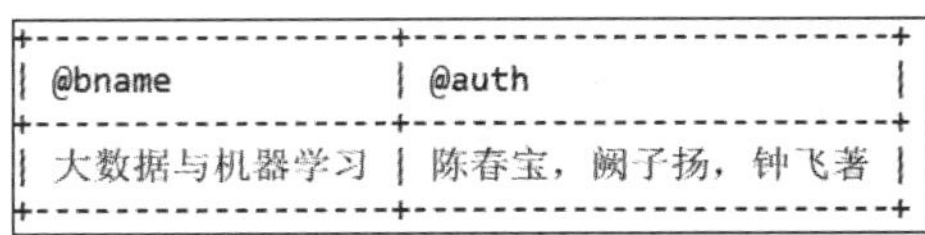

@bname	@auth
大数据与机器学习	陈春宝，阙子扬，钟飞著

图 9.3　【例 9.8】运行结果

由于该存储过程的后两个参数是输出参数，所以必须使用会话变量接收存储过程要传出的值，然后使用 SELECT 语句输出该变量的值。

【例 9.9】创建一个带 IN 和 OUT 参数的存储过程 sp_lend_cnt，输入读者姓名，输出该读者的借阅总次数。

```
MySQL>DELIMITER  $$
MySQL>CREATE  PROCEDURE  sp_lend_cnt (IN  rname  VARCHAR(10), OUT  cnt  INT)
    ->BEGIN
    ->SELECT  COUNT(*)  INTO  cnt  FROM  t_borrow
    -> WHERE  reader_id   IN(
    ->SELECT  reader_id  FROM  t_reader  where  name=rname);
    -> END  $$
MySQL>DELIMITER  ;
```

【例 9.10】调用存储过程 sp_lend_cnt，查询“赵青青”的借阅次数。

```
MySQL>CALL  sp_lend_cnt ('赵青青',@cnt);
MySQL>SELECT   @cnt;
```

运行结果如图 9.4 所示。

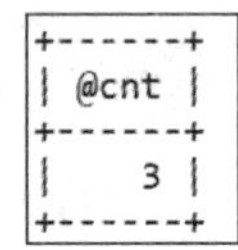

```
+------+
| @cnt |
+------+
|    3 |
+------+
```

图 9.4　【例 9.10】运行结果

4）带 INOUT 参数的存储过程

【例 9.11】创建一个带 INOUT 参数的存储过程 sp_mul，输入 *a* 和 *b* 两个值，将 *a* 和 *b* 都乘以 2 并返回。

```
MySQL>DELIMITER  $$
MySQL>CREATE  PROCEDURE  sp_mul (INOUT  a  INT, INOUT  b  INT)
    ->BEGIN
    ->SET  a=a*2;
    ->SET  b=b*2;
    ->END  $$
MySQL>DELIMITER ;
```

该存储过程的参数类型是 INOUT，所以必须设置为会话变量，将其初始化后再进行调用。即 INOUT 参数必须先定义为会话变量并初始化，再作为参数传递给存储过程。

【例 9.12】调用存储过程 sp_mul。

```
MySQL>SET  @a=2;
MySQL>SET  @b=4;
MySQL>CALL  sp_mul(@a,@b);
MySQL>SELECT  @a,@b;
```

运行结果如图 9.5 所示。

```
+----+----+
| @a | @b |
+----+----+
|  4 |  8 |
+----+----+
```

图 9.5　【例 9.12】运行结果

5）存储过程的综合应用

【例 9.13】创建一个图书管理系统的存储过程 sp_can_borrow，在用户借书之前，输入读者编号、图书编号，判断该用户或图书是否存在，还要判断该用户能否借书（借书数量是否达到上限）。调用存储过程并进行测试。

```
MySQL>DELIMITER  $$
MySQL>CREATE PROCEDURE sp_can_borrow(rid CHAR(6), bid INT,OUT str   VARCHAR(30))
    ->BEGIN
    ->DECLARE  b_num,l_num,temp1,temp2  INT;
    ->SELECT  borrowed_num  INTO  b_num  FROM  t_reader  WHERE  reader_id= rid;
    ->SELECT  limit_num  INTO  l_num  FROM  t_reader,t_reader_type
    ->WHERE  t_reader.reader_type_id= t_reader_type.reader_type_id  AND  reader_id= rid;
    ->SELECT  COUNT(*)  INTO  temp1  FROM  t_reader  WHERE  reader_id= rid;
    ->SELECT  COUNT(*)  INTO  temp2  FROM  t_book   WHERE  book_id=bid;
    ->IF  temp1=0||temp2=0   THEN  SET  str='该读者或图书编号不存在！';
    ->ELSEIF  b_num<l_num  THEN  SET  str='允许借阅！';
    -> ELSE  SET  str='该读者的借阅数量已达上限，不能再借！';
    ->END  IF;
    ->END  $$
MySQL>DELIMITER  ;
```

在存储过程体中可以使用 DELCARE 命令声明局部变量，用以存储存储过程体中的临时结果，局部变量只能在存储过程体的 BEGIN…END 语句块中声明，且局部变量必须在语句块的开头处声明，使用 SET 语句为声明的局部变量赋值，使用 SELECT…INTO 语句将查询到的值存储到局部变量中。

使用不存在的图书编号或读者编号作为参数，调用存储过程。

```
CALL    sp_can_borrow('123',123',@out);
SELECT   @out;
```

运行结果如图 9.6 所示。

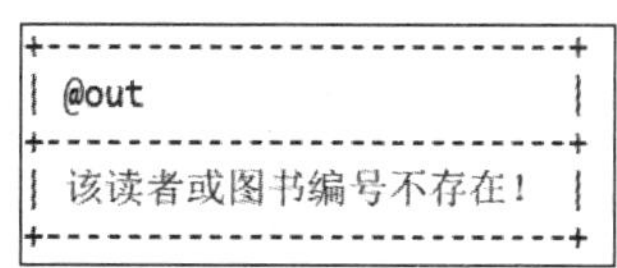
```
+--------------------------+
| @out                     |
+--------------------------+
| 该读者或图书编号不存在！ |
+--------------------------+
```

图 9.6　调用【例 9.13】存储过程的运行结果 1

目前 081101 读者的已借阅数量是 3，她是本科生，最多只能借阅 3 本，调用存储过程。

```
CALL   sp_can_borrow('081101',7512,@out);
SELECT   @out;
```

运行结果如图 9.7 所示。

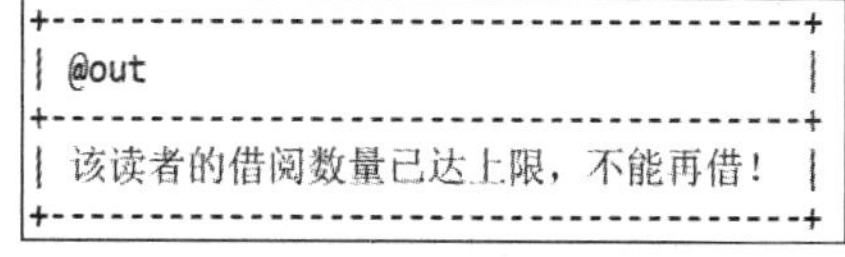
```
+--------------------------------------+
| @out                                 |
+--------------------------------------+
| 该读者的借阅数量已达上限，不能再借！ |
+--------------------------------------+
```

图 9.7　调用【例 9.13】存储过程的运行结果 2

目前 081102 读者的已借阅数量是 1，她是本科生，最多只能借阅 3 本，调用存储过程。

```
CALL  sp_can_borrow('081102',7512,@out);
SELECT  @out;
```

运行结果如图 9.8 所示。

@out
允许借阅！

图 9.8　调用【例 9.13】存储过程的运行结果 3

9.1.2　查看存储过程

使用 SHOW CREATE PROCEDURE 语句可以查看存储过程的定义。

【例 9.14】查看存储过程 sp_select_author 的定义。

```
SHOW  CREATE  PROCEDURE  sp_select_author;
```

在 MySQL 中，存储过程和函数的信息都存放在 information_schema 数据库的 routines 表中，也可以通过以下方法来查询存储过程的信息。

```
SELECT  *  FROM  information_schema.routines
WHERE   routine_name= 'sp_lend';
```

9.1.3　存储过程的修改及删除

MySQL 中修改存储过程的语法如下：

语法：修改存储过程 ALTER PROCEDURE

```
ALTER PROCEDURE proc_name[characteristic ... ];
```

ALTER PROCEDURE 语句用于修改存储过程的某些特征，但不能修改存储过程的参数或子程序；如果要修改参数或子程序，可以先删除原存储过程，再以相同的名称创建新的存储过程。

当不再使用某个存储过程时，就要把它从数据库中删除。使用 DROP PROCEDURE 语句可永久地删除存储过程。其语法如下：

语法：删除存储过程 DROP PROCEDURE

```
DROP PROCEDURE [IF EXISTS]  proc_name;
```

其中，IF EXISTS 的作用是在删除存储过程前，先判断其是否存在，避免报错。

【例 9.15】删除存储过程 sp_select_author。

```
DROP  PROCEDURE  IF  EXISTS  sp_select_author;
```

9.1.4　存储过程的错误处理

当存储过程中发生错误时，重要的是如何处理该错误，例如继续或退出当前代码块的执行，并发出有意义的错误消息。MySQL 可以先对特定的错误代码进行定义，在遇到问题时再添加处理程序进行处理。

1．自定义错误

可以使用 DECLARE...CONDITION FOR 语句对某个错误定义一个名称，声明一个命名的错误条件，将名称与需要特定处理的条件相关联。其语法如下：

语法：自定义错误 DECLARE...CONDITION FOR

```
DECLARE  condition_name  CONDITION  FOR  condition_value;
```

上述语法中各参数的含义如下。

（1）condition_name：错误名称。

（2）condition_value：指定特定的错误条件，可以取两种值，即 MySQL_error_code| SQLSTATE [VALUE] sqlstate_value。

①MySQL_error_code：表示 MySQL 错误代码，是一个整数。

②sqlstate_value：类似于错误代码，与错误代码形成一一对应的关系，它由 5 个字符组成。

该语句其实是为了让错误条件更加清晰明了，例如当程序发生重复的键错误时，会发出代码为 1062 的 MySQL 错误，该错误的 SQLSTATE 值为 23000。这两种表示都很不直观，要通过相应的文档去对应，阅读起来比较麻烦，因此可以为该错误定义一个错误名称，有以下两种方法。

方法一：使用 sqlstate_value。

```
DECLARE duplicate_key CONDITION FOR SQLSTATE '23000';
```

方法二：使用 MySQL_error_code。

```
DECLARE duplicate_key CONDITION FOR 1062;
```

2．定义错误处理程序

可以使用 DECLARE...HANDLER FOR 语句为错误定义处理程序，为某个命名的错误指定处理方法，其语法如下：

语法：定义错误处理程序 DECLARE...HANDLER FOR

```
DECLARE  handler_action  HANDLER
FOR  condition_value [, condition_value] ...
statement
```

该语句的作用是：在一个或者多个 condition_value 满足条件时，先执行 statement 语句，然后执行 handler_action 动作。各参数的含义如下：

（1）handler_action：错误处理方式，可以取值 CONTINUE 或 EXIT，CONTINUE 表示遇到错误不处理，继续执行；EXIT 表示遇到错误时退出。

（2）condition_value：指定特定的错误条件。取值如下：

```
condition_value: {
MySQL_error_code
  | SQLSTATE [VALUE] sqlstate_value
  | condition_name
  | SQLWARNING
  | NOT   FOUND
  | SQLEXCEPTION
}
```

①condition_name：表示使用 DECLARE...CONDITION 语句自定义的错误名称。

②SQLWARNING：表示 SQLSTATE 中的字符串以 01 开头的错误。

③NOT FOUND：表示 SQLSTATE 中的字符串以 02 开头的错误。

④SQLEXCEPTION：表示 SQLSTATE 中的字符串除了以 01 和 02 开头的所有错误。

⑤statement：执行指定的命令，可以是简单的 SQL 语句（如 SET 语句），也可以是使用 BEGIN 和 END 编写的复合语句。

为了更好地演示存储过程的错误处理程序，首先创建一个 t_demo 表，代码如下：

```
CREATE   TABLE   t_demo(a   INT   PRIMARY KEY,b   INT);
```

【例 9.16】演示存储过程的错误处理程序。

```
MySQL>DELIMITER   $$
MySQL>CREATE   PROCEDURE   sp_demo()
    ->BEGIN
    ->DECLARE   CONTINUE   HANDLER   FOR  1062   SELECT   'Error,  duplicate  key
occurred';
    ->INSERT   INTO   t_demo   VALUES(1,2);
    ->INSERT   INTO   t_demo   VALUES(1,3);
    ->INSERT   INTO   t_demo   VALUES(2,5);
    ->END   $$
MySQL>DELIMITER   ;
```

调用存储过程 sp_demo()，运行结果如图 9.9 所示，此时表中只插入了两条记录，表明在遇到错误后，代码继续执行。

```
+-----------------------------+
| Error, duplicate key occurred |
+-----------------------------+
| Error, duplicate key occurred |
+-----------------------------+
```

图 9.9　调用【例 9.16】存储过程的运行结果

9.2 触 发 器

9.2.1 触发器概述

1. 触发器的概念及作用

当一个 SQL 语句被执行之后，可能会需要一些事情自动发生：

（1）每当增加一个顾客到数据表的时候，都要检查其电话号码格式是否正确。

（2）每当读者成功借阅一本图书时，都要将该书的库存数量减少 1。

（3）无论何时删除一行，都要在某个存档表中保留一个副本。

以上例子的共同之处是它们都需要在某个表发生变动的时候自动处理一些事情，这就是触发器。

触发器是一种特殊的存储过程，通常在特定的表上定义。当对该表进行增、删、改（INSERT、UPDATE 或 DELETE）操作时，数据库系统就会自动执行触发器中定义的程序语句，以进行维护数据完整性或其他一些特殊的任务。不同于存储过程，触发器主要是通过事件进行触发而被执行的，而存储过程则通过存储过程名称进行调用。

触发器的主要作用是实现由主键和外键所不能保证的复杂的完整性约束和数据的一致性，有助于强制引用完整性。触发器具有以下优点：

（1）触发器自动执行，对表的数据进行相应操作之后立即激活。

（2）触发器可以通过数据库中的相关表进行层叠更改，这比直接把代码写在前台的做法更安全、合理。

（3）触发器可以进行强制限制，这些限制比 CHECK 约束更复杂。与 CHECK 约束不同的是，触发器可以引用其他表中的列。

尽管触发器功能强大，但过多的触发器会降低服务器的性能，同时会增加维护的复杂程度。

2. 触发器的分类

依据触发事件，MySQL 触发器分为 3 类：DELETE 触发器、INSERT 触发器、UPDATE 触发器。依据触发时间，MySQL 触发器分为两类：BEFORE 触发器、AFTER 触发器。因此一共有 6 种触发器：BEFORE DELETE 触发器、ATFER DELETE 触发器、BEFORE INSERT 触发器、ATFER INSERT 触发器、BEFORE UPDATE 触发器、ATFER UPDATE 触发器。一个表可以具有多个触发事件和触发时间均相同的触发器。

（1）INSERT 触发器：插入某一行时激活触发器，可能通过 INSERT 语句、LOAD DATA 语句、REPLACE 语句触发。

（2）UPDATE 触发器：更改某一行时激活触发器，可能通过 UPDATE 语句触发。

（3）DELETE 触发器：删除某一行时激活触发器，可能通过 DELETE 语句、REPLACE 语句触发。

（4）BEFORE 触发器：先完成触发，再去执行增、删、改等触发操作，如触发主体未能成功执行，则增、删、改等触发操作不会被执行。触发的语句先于监视的增、删、改操作，就有机会判断、修改即将发生的操作。

（5）AFTER 触发器：先执行增、删、改等触发操作，再执行触发主体。即对数据表的相关更新操作已经完成，再执行触发器中定义的触发程序。触发的语句晚于监视的增、删、改操作，无法影响前面的增、删、改动作。

3．触发器的工作原理

在触发器的执行过程中，MySQL 为每个触发器创建和管理两张临时表：old 表和 new 表。这两张表存放在高速缓存中，用于记录更改前后的变化内容，其结构与触发器所在表的结构是完全一致的。BEFORE 触发器的 new 表中的值允许被修改，但 AFERT 触发器则不允许；不管是 BEFORE 触发器还是 AFTER 触发器，都不能修改 old 表中的数据。当触发器执行完成之后，这两个表也会自动删除，所以只能在触发器中使用这两张表。它们的作用如表 9.1 所示。

表 9.1　old 表和 new 表的作用

操作类型	old 表	new 表
INSERT	—	存放新插入的记录
UPDATE	存放更新前的记录	存放更新后的记录
DELETE	存放被删除的记录	—

当需要访问 old 表或 new 表的某个字段值时，可以使用“old.字段名”或“new.字段名”方式进行访问。

9.2.2　创建触发器

在创建一个触发器时，需要给出以下 4 个信息。

（1）监视事件：指触发器中定义的触发主体程序。

（2）监视地点：触发器关联的表（不能是临时表或视图）。

（3）触发事件：引起触发器被触发的事件，包括 INSERT、UPDATE 、DELETE。

（4）触发时间：AFTER、BEFORE。

创建触发器的语法如下：

语法：创建触发器 CREAT TRIGGER

```
CREATE TRIGGER trigger_name
trigger_time   trigger_event
ON tb_name
FOR EACH  ROW
trigger_stmt;
```

上述语法中各参数的含义如下。

（1）trigger_name：触发器名称。

（2）trigger_time：触发时间，取值为 BEFORE 或 AFTER。

（3）trigger_event：触发事件，取值为 INSERT、UPDATE 或 DELETE。

（4）tb_name：建立触发器的表名。

（5）FOR EACH ROW：行级触发，表示受触发事件影响的每一行都要激活触发器的动作。目前 MySQL 仅支持行级触发器，不支持语句级别的触发器（如 CREATE TABLE 等语句）。

（6）trigger_stmt：触发器程序体，它是触发器激活时将要执行的 SQL 语句，可以是一条 SQL 语句，也可以是用 BEGIN 和 END 包裹的多条语句。

9.2.3 触发器的应用案例

前面通过主外键约束实现了参照完整性，实际上触发器也可以实现该功能。为了更好地进行演示，首先通过以下语句将 t_borrow 表中已有的两个外键约束删除。

```
ALTER  TABLE  t_borrow  DROP  FOREIGN  KEY  FK_BID;
ALTER  TABLE  t_borrow  DROP  FOREIGN  KEY  FK_RID;
```

1. AFTER INSERT 触发器

【例 9.17】创建一个触发器 tr_insert，向 t_reader 表中成功插入一条记录后，显示相应的提示信息。

```
MySQL>CREATE  TRIGGER  tr_insert  AFTER  INSERT
    ->ON  t_reader  FOR  EACH  ROW
    ->SET  @str= '添加读者成功！';
```

验证触发器，向 t_reader 表中插入一条读者记录，再查询会话变量@str 的值。

```
INSERT  INTO  t_reader(reader_id,name, reader_type_id,phone)
VALUES('091104','王丽',2,'13678911234');
SELECT  @str;
```

运行结果如图 9.10 所示。

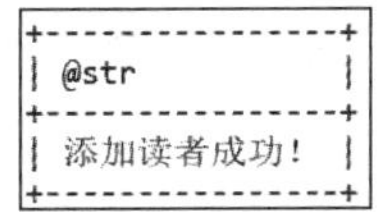

图 9.10　验证【例 9.17】的触发器

2. BEFORE UPDATE 触发器

当触发器涉及对触发表自身的更新操作时，只能使用 BEFORE 类型的触发器。

【例 9.18】创建一个触发器 tr_update，禁止修改 t_book 表中的 ISBN。

```
MySQL>DELIMITER  $$
MySQL>CREATE  TRIGGER  tr_update  BEFORE  UPDATE
    ->ON  t_book  FOR  EACH  ROW
    ->BEGIN
```

```
    ->IF  new.ISBN!=old.ISBN  THEN  SET  new.ISBN=old.ISBN;
    ->END  IF;
    ->END  $$
MySQL>DELIMITER  ;
```

首先查询编号为 7509 的图书的 ISBN，查询结果如图 9.11 所示。

```
SELECT  ISBN  FROM  t_book  WHERE  book_id=7509;
```

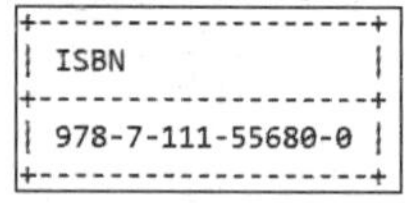

```
+-------------------+
| ISBN              |
+-------------------+
| 978-7-111-55680-0 |
+-------------------+
```

图 9.11　查询编号为 7509 的图书的 ISBN

然后激活触发器，修改该图书的 ISBN，提示信息如图 9.12 所示。

```
UPDATE  t_book  SET  ISBN='1234'  WHERE book_id =7509;
```

```
mysql> UPDATE  t_book  SET  ISBN='1234'  WHERE  book_id =7509;
Query OK, 0 rows affected (0.01 sec)
Rows matched: 1  Changed: 0  Warnings: 0
```

图 9.12　修改 ISBN 的提示信息

受影响的行数为 0，表明该修改操作已被阻止。再次查询该图书的 ISBN，发现未被修改。本案例是对新值的检查，一般思路是先检查新值，确定没有违背业务规则后，再执行增、删、改操作，故必须使用 BEFORE 触发器。

【注】AFTER 触发器不能修改 new 表中的值。本案例涉及对触发表自身的更新操作，因此触发程序中的 UPDATE 操作要用 SET 命令代替，否则会出现错误。

3．用触发器实现图书归还功能（AFTER DELETE 触发器）

【例 9.19】创建一个触发器 tr_return，从 lend 表中删除一条借阅记录（即归还一本书）后，将 reader 表中该读者的已借阅数量减 1，同时将 book 表中该图书的库存量加 1。然后激活触发器进行验证。

```
MySQL>DELIMITER  $$
MySQL>CREATE  TRIGGER  tr_return  AFTER  DELETE
    ->ON  t_borrow FOR  EACH  ROW
    ->BEGIN
    ->UPDATE  t_reader  SET  borrowed_num= borrowed_num-1
    ->WHERE  reader_id=old.reader_id ;
    ->UPDATE  t_book SET  num= num+1  WHERE  book_id=old.book_id;
    ->END  $$
MySQL>DELIMITER  ;
```

目前 081101 读者的已借阅数量是 3，图书 7509 的库存量是 48。

```
SELECT  borrowed_num  FROM  t_reader  WHERE  reader_id='081101';
SELECT  num  FROM  t_book  WHERE  book_id=7509;
```

先从 t_borrow 表中删除 081101 读者借阅图书 7509 的记录。

```
DELETE FROM t_borrow WHERE reader_id ='081101' AND book_id=7509;
```

再次查询 081101 读者的信息和图书 7509 的信息，查询结果如图 9.13 所示。

```
mysql> SELECT borrowed_num FROM t_reader WHERE reader_id='081101';
+--------------+
| borrowed_num |
+--------------+
|            2 |
+--------------+
```

```
mysql> SELECT num FROM t_book WHERE book_id=7509;
+-----+
| num |
+-----+
|  49 |
+-----+
```

图 9.13　【例 9.19】查询结果

由查询结果可以发现，该读者的已借阅数量自动减少 1，该图书的库存量自动增加 1。

4．AFTER UPDATE 触发器

【例 9.20】创建一个触发器 tr_update_book，当修改 t_book 表中读者的 book_id 时，也要将 t_borrow 表中相应的 book_id 进行修改（假设两表之间没有定义外键约束）。

```
MySQL>CREATE TRIGGER tr_update_book AFTER UPDATE
    ->ON t_book FOR EACH ROW
    ->UPDATE t_borrow SET book_id=new.book_id WHERE book_id =old.book_id;
```

验证触发器，修改 t_book 表的 book_id：

```
UPDATE t_book SET book_id=1111 WHERE book_id =7523;
```

查询 t_borrow 表中的数据，结果如图 9.14 所示。

```
SELECT * FROM t_borrow;
```

borrow_id	reader_id	book_id	lend_date	date_of_expiry	return_date
2	081102	7511	2022-03-05 00:00:00	2022-03-19 00:00:00	NULL
3	081101	1111	2022-03-08 00:00:00	2022-03-22 00:00:00	NULL
4	081101	7551	2022-03-12 00:00:00	2022-03-26 00:00:00	NULL
5	091101	1111	2022-03-12 00:00:00	2022-03-26 00:00:00	NULL

图 9.14　查询 t_borrow 表中数据的结果

由查询结果可以发现，对应的图书编号已经修改为 1111。

9.2.4　查看触发器

若要查看已有触发器的状态、定义等信息，可以通过以下 3 种方法实现。

1．使用 SHOW CREATE TRIGGER 语句

【例 9.21】查看触发器 tr_insert 的定义。

```
SHOW CREATE TRIGGER tr_insert;
```

2. 使用 SHOW TRIGGERS 语句

使用 SHOW TRIGGERS 语句不仅可以查看所有触发器的状态、语法等信息，还可以查看某个表上创建的触发器，其语法如下：

语法：查看触发器 SHOW TRIGGERS

```
SHOW TRIGGERS [FROM db_name] [like table_name| WHERE 'TRIGGER' LIKE trigger_name];
```

SHOW TRIGGERS 列出当前为数据库中的表定义的触发器（除非给定 FROM 子句，否则为默认数据库）。LIKE 子句指示要匹配的表名（不是触发器名），使语句显示这些表的触发器。可以使用 WHERE 子句进行更多的条件选择。为了显示清晰，在 DOS 窗口中操作命令时，可在命令后加“\G”，用于纵向显示，“\G”后面不用加分号。

【例 9.22】查看 t_reader 表中所有触发器的信息。

```
SHOW TRIGGERS LIKE 't_reader';
```

若在当前数据库下，FROM 子语可以省略。

【例 9.23】查看以 tr 开头的触发器。

```
SHOW TRIGGERS WHERE 'TRIGGER' LIKE 'tr%';
```

【注】*若要精确查找一个触发器，'TRIGGER'需要使用反引号。*

```
SHOW TRIGGERS WHERE `TRIGGER` LIKE 'tr_insert';
```

3. 查询 information_schema 数据库的 triggers 表

在 MySQL 中，所有触发器的信息都存储在 information_schema 数据库的 triggers 表中，可以通过查询命令 SELECT 进行查看。

【例 9.24】查看触发器 tr_insert 的信息。

```
SELECT * FROM information_schema.triggers WHERE trigger_name='tr_insert';
```

9.2.5 删除触发器

触发器本身是存在于表中的，因此当表被删除时，表中的触发器也将一起被删除。删除触发器使用 DROP TRIGGER 语句，语法如下：

语法：删除触发器 DROP TRIGGER

```
DROP TRIGGER [IF EXISTS] trigger_name;
```

【例 9.25】删除触发器 tr_insert。

```
DROP TRIGGER tr_insert;
```

9.3　事　　件

9.3.1　事件概述

事件（EVENT）是 MySQL 在相应的时刻调用的过程式数据库对象。一个事件可调用一次，也可周期性地启动，它由一个特定的线程进行管理，即所谓的“事件调度器”。

通俗地讲，事件可以看作一个定时器，到达设定的时间后开始执行设置好的操作。

事件调度器是定时触发执行的，从这个角度上看也可以称为“临时触发器”。但是它与触发器又有所区别，触发器只针对某个表产生的事件执行一些语句，而事件调度器则是在某一段（间隔）时间执行一些语句。

要想使用事件，首先必须保证开启事件。查看事件是否开启的语法如下：

```
SHOW   VARIABLES   LIKE      'event_scheduler';
```

或

```
SELECT   @@event_scheduler;
```

若事件未开启，可以使用以下命令开启事件：

```
SET   GLOBAL   event_scheduler = ON;
```

或

```
SET   GLOBAL   event_scheduler = 1;
```

9.3.2　创建事件

创建事件的语法如下：

语法：创建事件 CREATE EVENT

```
CREATE
    [DEFINER={user | CURRENT_USER}]
    EVENT [IF NOT EXISTS] event_name
    ON SCHEDULE  schedule
    [ON COMPLETION [NOT] PRESERVE]
    [ENABLE | DISABLE | DISABLE ON SLAVE]
    [COMMENT 'comment']
    DO event_body;
```

其中，schedule 参数的语法如下：

```
AT timestamp [+ INTERVAL interval] ...
  | EVERY   interval
  [STARTS timestamp [+ INTERVAL interval] ...]
[ENDS timestamp [+ INTERVAL interval] ...]
```

interval 参数的语法如下：

```
quantity {YEAR | QUARTER | MONTH | DAY | HOUR | MINUTE |
          WEEK | SECOND | YEAR_MONTH | DAY_HOUR | DAY_MINUTE |
          DAY_SECOND | HOUR_MINUTE | HOUR_SECOND | MINUTE_SECOND}
```

（1）DEFINER：可选项，创建者。

（2）event_name：必选项，指定事件名称。

（3）schedule：必选项，定义执行的时间或时间间隔。可以使用以下两个子句：AT 子句，用于指定事件在某个时刻发生，timestamp 表示一个具体的时间点，后面可以加上一个时间间隔，表示在这个时间间隔后事件发生；EVERY 子句，用于表示事件在指定时间区间内每隔多长时间发生一次，其中 STARTS 子句用于指定开始时间，ENDS 子句用于指定结束时间。

（4）ON COMPLETION [NOT] PRESERVE：可选项，用于定义事件是否循环执行，即是一次执行还是永久执行，默认为一次执行，即 NOT PRESERVE。

（5）ENABLE | DISABLE | DISABLE ON SLAVE：可选项，ENABLE 表示该事件是活动的；DISABLE 表示该事件是关闭的； DISABLE ON SLAVE 表示事件在从机中是关闭的。如果不指定，则默认为活动的。

（6）COMMENT 'comment'：可选项，用于定义事件的注释。

（7）DO event_body：必选项，用于指定事件启动时所要执行的代码。如果包含多条语句，可以使用 BEGIN...END 复合结构。

【例 9.26】创建一个事件 event_user，用于每隔 1 分钟向 tb_user 表中插入一条数据。

```
-- 首先创建用户信息表 tb_user
CREATE  TABLE  tb_user
(id  INT  AUTO_INCREMENT  PRIMARY  KEY,
Name  VARCHAR(30)  NOT  NULL,
create_time  TIMESTAMP) ;
--创建事件 event_user
CREATE  EVENT  event_user
ON  SCHEDULE  EVERY  1  MINUTE
ON  COMPLETION  PRESERVE
DO  INSERT  INTO  tb_user(name,create_time)  VALUES('张三',NOW());
```

读者可以自行验证 tb_user 表是否会每隔 1 分钟自动增加一条记录。

【例 9.27】创建一个存储过程 sp_2，用于删除 tb_user 表中创建时间小于当前时间的记录。

```
CREATE  PROCEDURE  sp_2 ( )
DELETE  FROM  tb_user  WHERE  create_time< NOW();
```

【例 9.28】创建一个事件 event_2，从现在开始的 1 个月时间内，每隔 30 秒调用存储过程 sp_2。

```
CREATE  EVENT  event_2
ON  SCHEDULE  EVERY  30  SECOND
ENDS  CURRENT_TIMESTAMP+INTERVAL  1  MONTH
```

```
ON  COMPLETION  PRESERVE
DO  CALL sp_2( );
```

9.3.3 管理事件

1．查看事件

查看事件可以使用以下两种方法。

（1）使用 SHOW EVENTS 语句。

```
SHOW  EVENTS ;
```

（2）通过系统数据库 information_schema 中的 events 表查看事件。

```
SELECT  *  FROM  information_schema.events;
```

2．修改事件

事件被创建之后，还可以使用 ALTER EVENT 语句进行修改，修改事件的语法与创建事件的语法相同。

3．启动或关闭事件

启动或关闭事件的语法如下：

语法：启动或关闭事件

```
ALTER  EVENT event_name  ENABLE|DISABLE;
```

其中，event_name 表示事件名。

4．删除事件

删除已经创建的事件可以使用 DROP EVENT 语句实现，其语法如下：

语法：删除事件

```
DROP  EVENT [IF  EXISTS] event_name;
```

9.4 本章小结

本章主要介绍了存储过程、触发器和事件的相关知识。通过本章的学习，读者应重点掌握存储过程和触发器的创建、执行、查看、修改及删除方法，事件的创建及管理方法。

9.5 本章练习

一、单选题

1．MySQL 支持的触发器不包括（　　）。

A．INSERT 触发器　　B．DELETE 触发器

C．SELECT 触发器　　D．UPDATE 触发器

2．通过（　　）语句可以禁用事件 e1。

A．ALTER event e1 DISABLE　　B．ALTER event e1 ENABLE

C．ALTER event e1 ON　　D．ALTER event e1 OFF

3．存储过程是一组预先定义并（　　）的 Transact-SQL 语句。

A．保存　　B．编写　　C．编译　　D．解释

4．下列用于删除存储过程的 SQL 语句中，正确的是（　　）。

A．DROP PROC CountProc1;

B．DELETE PROC CountProc1;

C．DROP PROCEDURE CountProc1;

D．DELETE PROCEDUR CountProc1;

5．在删除存储过程时，用于检测存储过程是否存在的关键字是（　　）。

A．IF EXISTS　　B．HAS EXISTS

C．AS EXISTS　　D．IF NOT EXISTS

6．有以下存储过程：

```
DELIMITER  //
CREATE  PROCEDURE CountProc1(IN  s_gender VARCHAR(50),OUT  num  INT)
BEGIN
SELECT  COUNT(*)  INTO  num  FROM  student  WHERE  gender = s_gender;
END //
DELIMITER ;
```

下列选项中，能对上述存储过程实现正确调用的是（　　）。

A．DECLARE @num; CALL CountProc1(in "女",out @num);

B．SET @num; CALL CountProc1("女",@num);

C．DECLARE @num; DECLARE CountProc1("女",out @num);

D．DECLARE @num; CALL CountProc1("女",@num);

二、上机实践题

1．创建一个带输入输出参数的存储过程，计算指定学生（姓名）的平均成绩，然后调用该存储过程。

2．创建一个存储过程，其功能是在 t_student 表中根据学号修改对应专业，然后调用该存储过程。

3．为 t_student 表创建一个实现级联删除的触发器，在用户删除 t_student 表中的一条学生记录前，将其在 t_course_select 表中对应的选课记录全部删除。然后使用相关命令触发此触发器。

4．创建一个事件，用于每隔 1 个月将 t_course_select 表中成绩低于 30 分的所有选课记录删除，该事件开始于 2023 年 1 月 1 日，结束于 2023 年 12 月 31 日。

第 10 章　事 务 与 锁

MySQL 在对数据库进行操作时，通过事务来保证数据的完整性。数据库是一个共享资源，可以供多个用户使用，这样就会产生多个用户程序并发存取同一数据的情况，若对并发操作不加控制，就可能会存取不正确的数据，破坏数据库的一致性，所以数据库管理系统必须提供并发控制机制。MySQL 中的事务是进行数据管理的基本操作单元，但只有 InnoDB 存储引擎支持事务；锁机制是用于实现并发控制的主要方法。

10.1　事 务 概 述

10.1.1　为什么需要事务

在银行转账过程中，要将资金从账户 A 转到账户 B，分为两步：第一步为转出，账户 A 的资金减少；第二步为转入，账户 B 的资金相应增加。只有这两步都完成转账才成功，若账户 A 的资金已转出，发生了断电或机器故障等异常情况，而账户 B 的资金未相应增加，就会导致数据库中数据的不一致性，造成错误。若在转账过程中引入事务机制，就可以在发生异常时撤销整个转账业务，将数据恢复到转账之前的状态。

【例 10.1】在数据库 library 中，创建账户表 t_account，里面存放着王五和李四的账户信息，现模拟转账：从王五的账户中转 500 元到李四的账户中。

```
-- 创建账户表 t_account
CREATE   TABLE   t_account(name   CHAR(10) PRIMARY   KEY,
curMoney   FLOAT   UNSIGNED)DEFAULT   CHARSET   utf8mb4;
--向 t_account 表中插入数据
REPLACE   INTO     t_account     VALUES('王五',10),('李四',1000);
--创建转账的存储过程
CREATE   PROCEDURE   p_transfer(from_acc CHAR(10),to_acc CHAR(10),amount FLOAT)
BEGIN
UPDATE   t_account   SET curMoney=curMoney+amount   WHERE   name=to_acc;
UPDATE   t_account   SET curMoney=curMoney-amount   WHERE   name=from_acc;
END;
--调用存储过程，王五向李四转账 500 元
CALL   p_transfer('王五', '李四',500);
```

执行完成后，账户余额情况如图 10.1 所示。由于账户余额不能为负，王五转出 500 元

后，余额小于 0，发生了 1264 对应的错误，修改未成功；而李四的余额却增加了 500 元，转账前后产生了数据不一致的情况。为了防止这种情况发生，就需要使用事务，将转账的两条 UPDATE 语句作为一个整体，如果其中任何一条语句出现错误，则整个转账业务应取消，两个账户中的余额应恢复到转账前的状态。

```
mysql> select * from t_account;
+------+----------+
| name | curMoney |
+------+----------+
| 李四 |     1500 |
| 王五 |       10 |
+------+----------+
```

图 10.1　转账后账户余额情况

10.1.2　事务的定义及特性

事务（transaction）是并发控制的单位，是用户定义的一个操作序列，这些操作要么都做，要么都不做，是一个不可分割的工作单位。事务具有以下四大特性。

1）原子性（atomicity）

原子性是指一个事务必须是一个不可分割的工作单元，包含的所有操作要么全部成功，要么全部失败回滚。因此，事务的操作如果成功，就必须要完全应用到数据库中；如果操作失败，则不能对数据库有任何影响。也就是说，事务是一个不可分割的整体，就像化学中的原子，是物质构成的最基本单位。

2）一致性（consistency）

一致性是指事务必须使数据库从一个一致性状态变换到另一个一致性状态，即一个事务执行之前和执行之后都必须处于一致性状态。例如，用户 A 和用户 B 的钱加起来一共是 1000 元，那么不管 A 和 B 之间如何转账、转几次账，事务结束后两个用户的钱加起来应该还是 1000 元，这就是事务的一致性。

3）隔离性（isolation）

隔离性是指当多个用户并发访问数据库（如操作同一张表）时，数据库为每一个用户开启的事务不能被其他事务的操作所干扰，多个并发事务之间要相互隔离。即要达到这么一种效果：对于任意两个并发的事务 T1 和 T2，在 T1 看来，T2 要么在 T1 开始之前就已经结束，要么在 T1 结束之后才开始，这样每个事务都感觉不到有其他事务在并发地执行。

4）持久性（durability）

持久性是指一个事务一旦被提交，那么对数据库中数据的改变就是永久性的，即便在数据库系统遇到故障的情况下也不会丢失提交事务的操作。

10.2　事务的分类

10.2.1　自动提交事务

MySQL 默认的事务管理模式是自动提交模式，如果没有显式开启事务，系统就会将每条单独的 SQL 语句作为一个事务自动提交。MySQL 通过变量 autocommit 的值控制事务的自动提交，默认值为 1。使用 SELECT @@autocommit;语句可以查询当前会话的 autocommit 值，如图 10.2 所示。

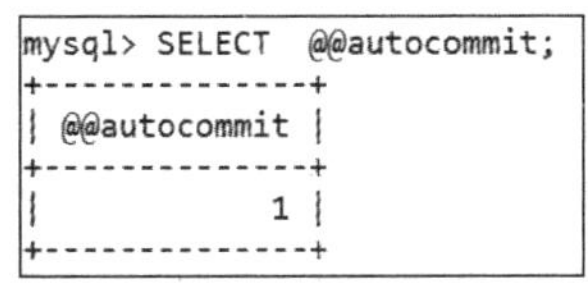

```
mysql> SELECT  @@autocommit;
+--------------+
| @@autocommit |
+--------------+
|            1 |
+--------------+
```

图 10.2　查询当前会话的 autocommit 值

若想显式地关闭当前事务的自动提交，只需使用 SET @@autocommit=0; 语句将 @@autocommit 变量的值置为 0 即可。

关闭自动提交之后，系统不再帮助用户提交结果。例如，向 t_account 表中插入一条记录：

```
INSERT  INTO  t_account  VALUES('张三',100);
```

虽然提示语句执行成功，但没有写入数据库中。这时需要用户手动提交 commit，才会提交事务。

【注】 @@autocommit 是会话变量，只在当前命令行窗口有效。

10.2.2　显式自定义事务

若需要将一组语句作为一个事务来处理，则需要显式地自定义事务。

1. 开始事务

其语法如下：

语法：开始事务
START TRANSACTION; 或 BEGIN [WORK] ;

在函数、存储过程中，MySQL 会自动将 BEGIN 识别为 BEGIN…END 语句块，故在函数、存储过程中只能用 START TRANSACTION 开启事务。

开始事务表示 START TRANSACTION 后面的所有语句都不会自动提交，只有手动提交后，才会写入数据库中，同时会隐式地关闭自动提交功能，但不会修改变量@@autocommit 的值。

2. 提交事务

为了将 SQL 语句的修改操作写入数据库中，必须用 COMMIT 语句进行提交，它使得自事务开始以来所执行的所有数据修改永久保存在数据库中，同时事务结束。其语法如下：

语法：提交事务
COMMIT [WORK] ;

3. 回滚事务

回滚又称撤销，使用 ROLLBACK 语句进行回滚，将会撤销自事务开始时对数据库的所有修改操作，使其回滚到事务开始时的状态，此时事务结束。其语法如下：

语法：回滚事务

```
ROLLBACK  [WORK];
```

4. 事务的保存点

ROLLBACK 语句会撤销整个事务的所有更新操作，使其退回到事务开始时的状态，为了支持事务的部分回滚，需要在事务处理块中合适的位置设置标记，如果需要回退，可以回滚到某个标记处，这些标记称为保存点。其语法如下：

语法：设置事务的保存点

```
SAVEPOINT  保存点名;
```

设置好保存点后，可以使用以下语句将事务回滚到指定保存点。

语法：将事务回滚到指定保存点

```
ROLLBACK TO  [SAVEPOINT] 保存点名;
```

一个事务中可以设置多个保存点，保存点在事务处理完成（执行 ROLLBACK 语句或 COMMIT 语句）后自动释放，当回滚到某个保存点后，在该保存点之后创建的保存点也会消失。当然，也可以使用 RELEASE SAVEPOINT 语句释放不需要的保存点，其语法如下：

语法：释放保存点

```
RELEASE SAVEPOINT  保存点名;
```

【例 10.2】演示事务保存点的使用，将王五的余额增加 100 元，创建保存点 sp1，将李四的余额增加 100 元，将事务回滚到保存点 sp1，最后回滚整个事务。

（1）查询 t_account 表的余额情况，如图 10.3 所示。

```
SELECT  *   FROM  t_account;
```

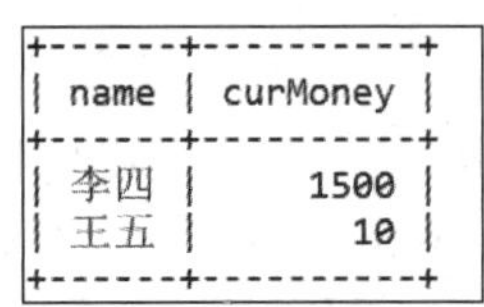

name	curMoney
李四	1500
王五	10

图 10.3　查询 t_account 表的余额情况

（2）定义事务：将王五的余额增加 100 元，创建保存点 sp1，将李四的余额增加 100 元，将事务回滚到保存点 sp1。

```
START   TRANSACTION;
UPDATE   t_account   SET   curMoney= curMoney+100   WHERE   name= '王五';
SAVEPOINT sp1;
UPDATE   t_account   SET   curMoney = curMoney +100   WHERE   name = '李四';
ROLLBACK   TO   sp1;
```

（3）查询账户余额情况，如图 10.4 所示。

```
SELECT  *   FROM  t_account;
```

```
+------+----------+
| name | curMoney |
+------+----------+
| 李四 |     1500 |
| 王五 |      110 |
+------+----------+
```

图 10.4　事务回滚到保存点后 t_account 表的余额情况

在上述结果中，王五的余额增加了 100 元，李四的余额没变，说明回滚到了保存点 sp1 时的状态。

（4）回滚整个事务，最后查看账户余额，如图 10.5 所示。

```
ROLLBACK ;
SELECT   *    FROM   t_account;
```

```
+------+----------+
| name | curMoney |
+------+----------+
| 李四 |     1500 |
| 王五 |       10 |
+------+----------+
```

图 10.5　回滚整个事务后 t_account 表的余额情况

此时，账户余额与事务开始时的余额相同。

10.3　事务的应用

【例 10.3】改进存储过程 p_transfer，利用事务解决转账问题。

```
DROP   PROCEDURE   IF EXISTS   p_transfer;
CREATE    PROCEDURE    p_transfer(from_acc    CHAR(10),   to_acc   CHAR(10),amount
FLOAT)
BEGIN
DECLARE  CONTINUE  HANDLER  FOR  SQLEXCEPTION  ROLLBACK;
START   TRANSACTION;
UPDATE   t_account   SET   curMoney=curMoney+amount   WHERE   name=to_acc;
UPDATE   t_account   SET   curMoney=curMoney-amount   WHERE   name=from_acc;
COMMIT;
END;
```

DECLARE CONTINUE HANDLER FOR SQLEXCEPTION ROLLBACK;的含义是：当发生 SQLEXCEPTION 时，回滚事务并继续。

（1）查询 t_account 表的余额情况，如图 10.6 所示。

```
SELECT    *    FROM    t_account;
```

```
+------+----------+
| name | curMoney |
+------+----------+
| 李四 |     1500 |
| 王五 |       10 |
+------+----------+
```

图 10.6　查询 t_account 表的余额情况

（2）调用存储过程，从王五的账户转账 100 元到李四的账户，再查询余额情况，如图 10.7 所示。

```
CALL  p_transfer ('王五', '李四',100);
SELECT  *  FROM  t_account;
```

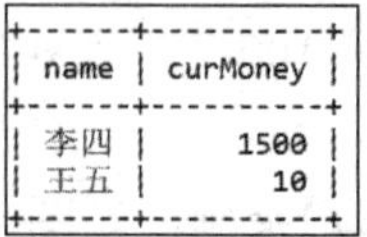

name	curMoney
李四	1500
王五	10

图 10.7　转账后 t_account 表的余额情况 1

由于王五转出 100 元后，余额小于 0，发生了错误，此条 UPDATE 语句不成功，从而导致整个事务回滚到转账前的状态。

（3）调用存储过程，从李四的账户转账 100 元到王五的账户，再查询余额情况，如图 10.8 所示。

```
CALL  p_transfer ('李四','王五', 100);
SELECT  *  FROM  t_account;
```

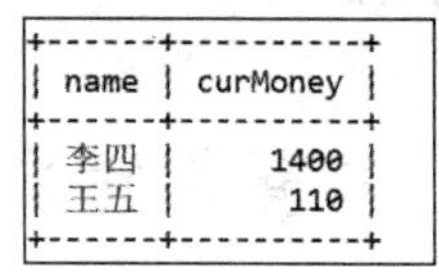

name	curMoney
李四	1400
王五	110

图 10.8　转账后 t_account 表的余额情况 2

由于事务中的两条 UPDATE 语句都成功，因此事务提交，转账成功。

10.4　事务的隔离级别

由于数据库是一个多用户的共享资源，为了保证事务之间不相互干扰，防止数据库的并发操作导致的数据不一致性，有必要对事务设置隔离级别。

10.4.1　隔离级别的种类

MySQL 8 提供了 4 种隔离级别，从低到高分别是 READ UNCOMMITTED、READ COMMITTED、REPEATABLE READ、SERIALIZABLE，如表 10.1 所示。

1．READ UNCOMMITTED（读取未提交）

它是指一个事务可以读取另一个未提交事务的数据。该级别会导致脏读，在实际应用中很少使用。

2．READ COMMITTED（读取提交）

这是大多数数据库系统的默认隔离级别（但不是 MySQL 的默认隔离级别）。此级别可确保只有在第一个事务提交之后，第二个事务才能读取第一个事务操作后的数据，从而避免数据的脏读，但是会导致“不可重复读取”，存在幻读问题。

3．REPEATABLE READ（可重复读）

这是 MySQL 的默认事务隔离级别，它确保同一事务的多个实例在并发读取数据时，会看到同样的数据行。

4．SERIALIZABLE（可串行化）

这是事务的最高隔离级别，在该级别下，事务按串行化顺序执行，可以避免脏读，不可重复读与幻读。但是，该隔离级别效率低下，一般不使用。

表 10.1　MySQL 8 中 4 种隔离级别产生的问题

隔 离 级 别	脏　　读	不可重复读	幻　　读
READ UNCOMMITTED	是	是	是
READ COMMITTED	否	是	是
REPEATABLE READ	否	否	是（InnoDB 除外）
SERIALIZABLE	否	否	否

10.4.2　查看隔离级别

1．全局隔离级别

全局隔离级别影响的是所有连接 MySQL 的用户，MySQL 8 查看全局隔离级别的代码如下：

```
SELECT　@@global.transaction_isolation;
```

2．当前会话的隔离级别

当前会话的隔离级别只会影响到当前正在登录的用户，不会影响其他用户。MySQL 8 查看当前会话的隔离级别的代码如下：

```
SELECT　@@session.transaction_isolation;
```

或

```
SELECT　@@transaction_isolation;
```

在默认情况下，以上两种方式返回的结果都是可重复读 REPEATABLE READ。

10.4.3　设置隔离级别

其语法如下：

语法：设置事务的隔离级别

```
SET {SESSION | GLOBAL}TRANSACTION  ISOLATION  LEVEL
{READ UNCOMMITTED|READ COMMITTE|REPEATABLE READ|SERIALIZABLE}
```

【注】GLOBAL 用来设置全局的事务隔离级别，SESSION 用于设置当前会话的事务隔

离级别，如果没有指定 GLOBAL 或 SESSION，默认值为 SESSION。

【例 10.4】 打开一个命令行窗口，设置本次会话的事务隔离级别为 READ UNCOMMITTED。

```
SET SESSION TRANSACTION ISOLATION LEVEL READ UNCOMMITTED;
```

查看当前会话的隔离级别，如图 10.9 所示。

```
SELECT @@transaction_isolation;
```

```
+-------------------------+
| @@transaction_isolation |
+-------------------------+
| READ-UNCOMMITTED        |
+-------------------------+
```

图 10.9　查看当前会话的隔离级别

此设置只在本次会话有效，不会影响到其他会话。打开另外一个命令行窗口，查看其会话隔离级别，发现还是 REPEATABLE READ。

【例 10.5】 打开一个命令行窗口，设置全局的事务隔离级别为 READ COMMITTED。

```
SET GLOBAL TRANSACTION ISOLATION LEVEL READ COMMITTED;
```

查看全局隔离级别，发现已被修改，如图 10.10 所示。

```
SELECT @@global.transaction_isolation;
```

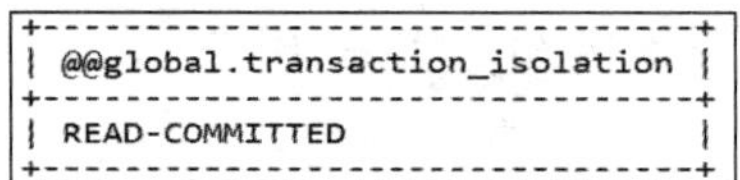

```
+--------------------------------+
| @@global.transaction_isolation |
+--------------------------------+
| READ-COMMITTED                 |
+--------------------------------+
```

图 10.10　查看全局隔离级别

重新打开另外一个命令行窗口，查看其会话隔离级别，发现已被修改。

```
SELECT @@session.transaction_isolation;
```

为了方便后续章节的学习，将事务的全局隔离级别重新修改为 REPEATABLE READ。

```
SET GLOBAL TRANSACTION ISOLATION LEVEL REPEATABLE READ;
```

10.4.4　脏读的演示及解决方法

事务 T1 修改某一数据，事务 T2 读取同一数据后（读取的数据未被事务 T1 提交），T1 由于某种原因被撤销，这时 T1 已修改过的数据恢复原值，T2 读到的数据就与数据库中的数据不一致；T2 读到的数据就是“脏”数据，即不正确的数据。

情景模拟：李四给王五转账 100 元购买商品。李四开启事务后转账，但不提交事务，通知王五来查询，如果王五的隔离级别较低，就会读取到李四的事务中未提交的数据，发现李四确实给自己转了 100 元，从而给李四发货。等发货成功后，李四将事务回滚，王五就会受到损失。

接下来演示并解决上述问题，首先开启两个命令行窗口，分别登录 MySQL 服务器，执行 USE library;命令切换到数据库 library。这两个窗口以下称为客户端 A（模拟李四）和客户端 B（模拟王五）。首先将李四的余额恢复到 1000 元，将王五的余额恢复到 10 元。

1．演示脏读

（1）设置客户端 B 的隔离级别，允许脏读。

由于 MySQL 默认的隔离级别是 REPEATABLE READ，可以避免脏读，为了演示脏读，需要将客户端 B 的隔离级别设置为 READ UNCOMMITTED。

```
#设置客户端 B 的隔离级别
SET SESSION TRANSACTION ISOLATION LEVEL READ UNCOMMITTED;
#查看当前会话隔离级别
SELECT @@transaction_isolation;
```

（2）在客户端 B 中查询王五当前的余额，如图 10.11 所示。

```
SELECT * FROM t_account WHERE name = '王五';
```

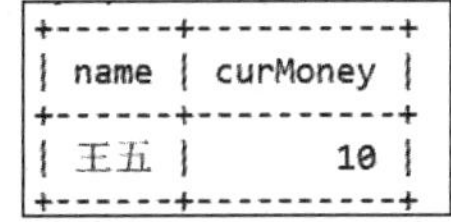

```
+------+----------+
| name | curMoney |
+------+----------+
| 王五 |       10 |
+------+----------+
```

图 10.11 查询王五的余额

（3）在客户端 A 开启事务，并执行转账操作。

```
START TRANSACTION;
UPDATE t_account SET curmoney = curmoney -100 WHERE name = '李四';
UPDATE t_account SET curmoney = curmoney+100 WHERE name = '王五';
```

（4）此时客户端 A 未提交事务，在客户端 B 查询王五的余额，发现已经增加 100 元，如图 10.12 所示。

```
#客户端 B
SELECT * FROM t_account WHERE name = '王五';
```

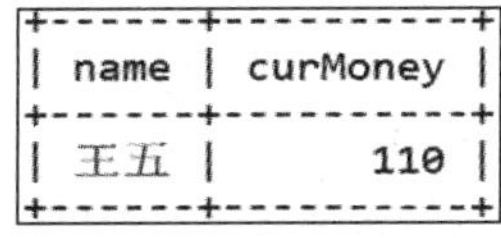

```
+------+----------+
| name | curMoney |
+------+----------+
| 王五 |      110 |
+------+----------+
```

图 10.12 客户端 A 未提交事务，在客户端 B 查询王五的余额

（5）在客户端 A 回滚事务，这时客户端 B 刚才读到的就是脏数据。

```
ROLLBACK;
```

2．用隔离级别避免脏读

（1）将客户端 B 的隔离级别设置为 READ COMMITTED 或更高级别，可以避免脏读。

```
SET SESSION TRANSACTION ISOLATION LEVEL READ COMMITTED;
```

（2）重复“1．演示脏读”中的（2）～（3）步。

（3）客户端 A 未提交事务，在客户端 B 查询王五的余额，如图 10.13 所示，读取的是提交前的数据，说明 READ COMMITTED 可以避免脏读。

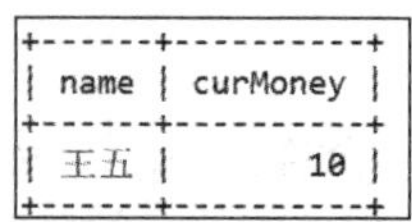

```
+------+----------+
| name | curMoney |
+------+----------+
| 王五 |       10 |
+------+----------+
```

图 10.13　通过隔离级别避免脏读后，查询王五的余额

（4）在客户端 A 回滚事务。

```
ROLLBACK;
```

10.4.5　不可重复读的演示及解决方法

不可重复读是指同一个事务内两条相同的查询语句，查询结果不一致。原因是：事务 T1 读取某一数据后，事务 T2 对其做了修改，当事务 T1 再次读取该数据时，得到与前一次不同的值。

首先将李四的余额恢复到 1000 元，将王五的余额恢复到 10 元。情景模拟：在客户端 B 开启事务，第一次查询，王五有 10 元；在客户端 A，王五取出了 1 元；为了验证查询结果，在客户端 B 第二次查询，王五只有 9 元，两次查询结果不同。

1．演示不可重复读

（1）当客户端 B 的隔离级别为 READ COMMITTED 时，会出现不可重复读现象，因此需要先将客户端 B 的隔离级别修改为 READ COMMITTED。

```
SET SESSION TRANSACTION ISOLATION LEVEL READ COMMITTED;
```

（2）在客户端 B 开启事务，查询王五的余额，如图 10.14 所示。

```
START TRANSACTION;
SELECT * FROM t_account WHERE name = '王五';
```

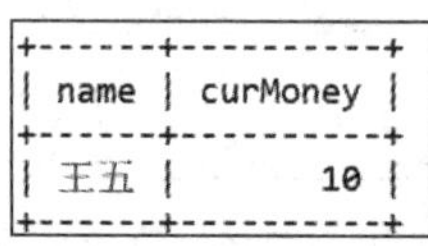

```
+------+----------+
| name | curMoney |
+------+----------+
| 王五 |       10 |
+------+----------+
```

图 10.14　查询王五的余额

（3）在客户端 A 开启事务，从王五账户取出 1 元，再提交事务。

```
START TRANSACTION;
UPDATE t_account SET curmoney=curmoney-1 WHERE name='王五';
COMMIT;
```

（4）在客户端 B 再次查询王五的余额，如图 10.15 所示。

```
SELECT * FROM t_account WHERE name = '王五';
```

```
+------+----------+
| name | curMoney |
+------+----------+
| 王五 |        9 |
+------+----------+
```

图 10.15 转账后查询王五的余额

从结果可以看出，客户端 B 在同一事务中相同的查询语句，两次查询的结果不一样，这就是不可重复读。

（5）实验结束，在客户端 B 提交事务。

```
COMMIT;
```

2. 用隔离级别避免不可重复读

（1）为了避免不可重复读，将客户端B的隔离级别设置为默认级别REPEATABLE READ。

```
SET SESSION TRANSACTION ISOLATION LEVEL REPEATABLE READ;
```

（2）重复“1. 演示不可重复读”中的（2）～（4）步。客户端 B 在同一事务中两次查询的结果一样（王五的余额都是 9），如图 10.16 所示。这说明 REPEATABLE READ 可以避免不可重复读。

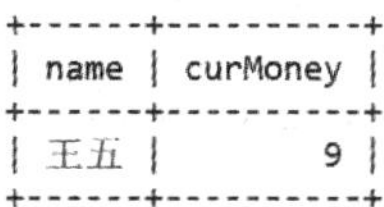

```
+------+----------+
| name | curMoney |
+------+----------+
| 王五 |        9 |
+------+----------+
```

图 10.16 通过隔离级别避免不可重复读后，查询王五的余额

（3）实验结束，在客户端 B 提交事务。

```
COMMIT ;
```

不可重复读和脏读的区别如下：脏读可以读到其他事务中未提交的数据，而不可重复读读取到的是其他事务已经提交的数据，但前后两次读取的结果不同。

10.4.6 幻读的演示及解决方法

在一次事务中，经过多次查询之后，查询的结果集的个数不一致的情况称为幻读。而增加或者减少的那些行被称为幻行。幻读分为以下两种情况。

（1）幻少：事务 T1 按一定条件从数据库中读取了某些数据记录后，事务 T2 删除了其中部分记录，当 T1 再次按相同条件读取数据时，发现某些记录消失。

（2）幻多：事务 T1 按一定条件从数据库中读取某些数据记录后，事务 T2 插入了一些记录，当 T1 再次按相同条件读取数据时，发现多了一些记录。

MySQL 默认的事务隔离级别是 REPEATABLE READ，它可以确保在同一事务内相同查询语句执行结果的一致性。这种隔离级别可以避免脏读及不可重复读的现象，该级别理论上会出现幻读问题。不过，MySQL 的 InnoDB 存储引擎已经解决了幻读问题。所以为了演示幻读，需要将隔离级别修改为 READ COMMITTED。

首先将李四的余额恢复到 1000 元，将王五的余额恢复到 10 元。

（1）将客户端 B 的隔离级别修改为 READ COMMITTED。

```
SET SESSION TRANSACTION ISOLATION LEVEL READ COMMITTED;
```

（2）在客户端 B 开启事务，第一次查询 t_account 表的数据，如图 10.17 所示。

```
START TRANSACTION;
SELECT * FROM t_account;
```

```
+------+----------+
| name | curMoney |
+------+----------+
| 李四 |     1000 |
| 王五 |       10 |
+------+----------+
```

图 10.17　查询 t_account 表的余额情况

（3）在客户端 A 开启事务，插入用户赵六的记录，再提交事务。

```
START TRANSACTION;
INSERT INTO t_account VALUES('赵六',3000);
COMMIT;
```

（4）在客户端 B 第二次查看 t_account 表的数据，发现出现了幻读，如图 10.18 所示。

```
SELECT * FROM t_account;
```

```
+------+----------+
| name | curMoney |
+------+----------+
| 李四 |     1000 |
| 王五 |       10 |
| 赵六 |     3000 |
+------+----------+
```

图 10.18　在客户端 A 插入记录后，在客户端 B 查询 t_account 表的余额

（5）实验结束，在客户端 B 提交事务。

```
COMMIT;
```

若要解决幻读问题，对于 InnoDB 存储引擎，只需将隔离级别修改为 REPEATABLE READ 即可；而对于其他存储引擎，需要将隔离级别修改为 SERIALIZABLE 才能避免幻读问题的出现。

10.5　锁　机　制

在同一时刻，如果数据库仅为单个用户提供服务，则只需通过事务机制即可实现数据库的一致性；但数据库是一个共享资源，当多个用户同时访问数据库中的同一个数据时，

仅通过事务机制无法保证数据库的一致性，需要引入锁机制实现数据的多用户并发访问。

10.5.1　锁概述

简单来说，锁机制就是在多用户并发操作时，为了使共享资源在并发访问时变得有序而设计的一种规则。MySQL 存在多种存储引擎，每种存储引擎所针对的应用场景特点都有所不同，所以不同存储引擎使用的锁机制也不一样。

根据锁的范围将锁分为 3 种类型：表级锁、行级锁、页级锁。MyISAM 和 MEMORY 存储引擎采用的是表级锁；BDB 存储引擎采用的是页级锁，但也支持表级锁；InnoDB 存储引擎既支持行级锁，也支持表级锁，但默认情况下采用行级锁。

锁粒度是指锁定范围。数据库引擎具有多种粒度的锁，允许一个事务锁定不同类型的资源。为了尽量减少锁定的开销，数据库引擎自动将资源锁定在适合任务的级别。锁定在较小的粒度（如行）可以提高并发度，但开销较高；锁定在较大的粒度（如表）会降低并发度，但开销较低。

10.5.2　表级锁

表级锁（表锁）是将整个表锁定，它是 MySQL 中粒度最大的一种锁。其特点是实现逻辑非常简单，带来的系统负面影响最小，所以获取锁和释放锁的速度很快。由于表级锁一次会将整个表锁定，因此可以避免死锁问题。但由于其锁定粒度大，并发操作时发生锁冲突的概率也大，并发度低。使用表级锁的存储引擎主要有 MyISAM、MEMORY 等非事务性的存储引擎。

表级锁的类型包括读锁（READ LOCK）和写锁（WRITE LOCK）。其中，读锁又称共享锁（S 锁），写锁又称排他锁（X 锁）。

（1）S 锁：当用户读取表中的数据时，可以对该表添加一个 S 锁，其他用户可以读取该表中的数据，但不能写；其他用户可以对该表加 S 锁，但不能加 X 锁。

（2）X 锁：当用户需要增加、删除、修改表中的数据时，可以对该表添加一个 X 锁，其他用户不能读写该表中的数据，也不能对该表加任何锁。

1．隐式添加表级 S/X 锁

当用户对 MyISAM 存储引擎表执行查询操作时，服务器会自动为被查询的表添加一个表级 S 锁；执行增、删、改操作时，服务器会自动为被操作的表添加一个表级 X 锁；直到操作结束，服务器再自动为其解锁。

在默认情况下，隐式加锁时，表的更新操作的优先级高于查询操作。在添加 X 锁时，若表中没有任何锁则添加，否则将其插入 X 锁等待的队列中；在添加 S 锁时，若表中没有 X 锁则添加，否则将其插入 S 锁等待的队列中。

2．显式添加表级 S/X 锁

用户一般不需要直接使用 LOCK TABLES 命令给 MyISAM 表显式加锁，但在某些开发中，需要对操作的表显式添加表级锁。添加表级 S/X 锁的语法如下：

语法：添加表级锁

```
LOCK  TABLES  table_name   READ [LOCAL]|WRITE;
```

在对 MyISAM 表显式加锁时，若添加了 LOCAL 关键字，在不发生锁冲突的情况下，未添加此锁的其他用户可以在表的末尾并发插入数据。

对于用户显式添加的表级锁，需要使用 UNLOCK TABLES 语句释放锁，其语法如下：

语法：释放表级锁

```
UNLOCK  TABLES;
```

【例 10.6】添加 S 锁的案例演示。

（1）创建存储引擎为 MyISAM 的表，并插入数据。

```
USE  library;
CREATE  TABLE  test(id  INT, name  VARCHAR(10)) ENGINE=MyISAM;
INSERT  INTO  test  VALUES (1,'tom1'),(2,'tom2'),(3,'tom3') ,(4,'tom4');
```

首先开启两个命令行窗口，分别登录 MySQL 服务器，执行 USE library;命令切换数据库。以下称这两个窗口为客户端 A 和客户端 B。

（2）在客户端 A 对 test 表显式添加 S 锁。

```
LOCK  TABLES  test  READ;
```

（3）在客户端 B 进行读写操作。

```
SELECT  *  FROM  test;
INSERT  INTO  test  VALUES(5,'tom5');
```

发现可以读取 test 表中的数据，但不能插入数据，因为客户端 A 已经给该表添加了一个 S 锁，那么客户端 B 就不能再添加 X 锁，直到客户端 A 解锁才可以，如图 10.19 所示。

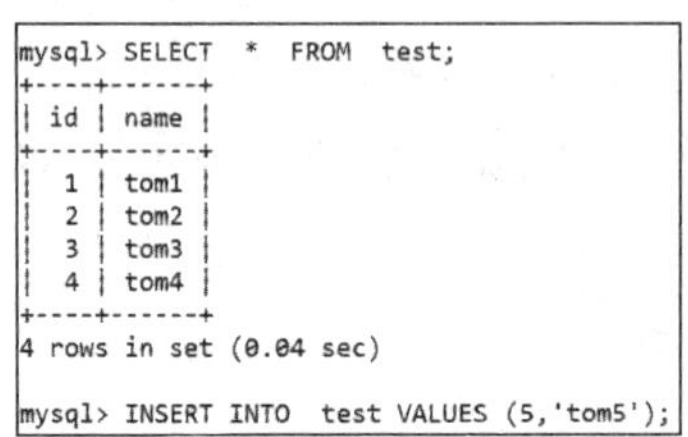

```
mysql> SELECT  *  FROM  test;
+----+------+
| id | name |
+----+------+
|  1 | tom1 |
|  2 | tom2 |
|  3 | tom3 |
|  4 | tom4 |
+----+------+
4 rows in set (0.04 sec)

mysql> INSERT INTO  test VALUES (5,'tom5');
```

图 10.19　在客户端 B 只能读取数据，不能写入数据

（4）在客户端 A 解锁。

```
UNLOCK  TABLES ;
```

（5）客户端 B 的插入操作成功，如图 10.20 所示。

```
mysql> INSERT INTO  test VALUES (5,'tom5');
Query OK, 1 row affected (24.61 sec)
```

图 10.20　在客户端 A 解锁后，在客户端 B 插入数据成功

图 10.20 中的执行时间等于从 INSERT 语句开始等待客户端 A 解锁的时间加上 INSERT 语句的执行时间。

【例 10.7】 在同一个表中添加 S/X 锁的案例演示。

（1）在客户端 A 对 test 表显式添加 S 锁。

```
LOCK   TABLES   test   READ;
```

（2）在客户端 B 可以对 test 表添加 S 锁，不能对其添加 X 锁。

```
LOCK   TABLES   test   READ;
```

（3）在客户端 A 可以查看 test 表，但不能查看其他未加锁表，如图 10.21 所示。

```
SELECT   *   FROM   test;
SELECT   *   FROM   t_reader;
```

```
mysql> SELECT   *   FROM  t_reader;
1100 - Table 't_reader' was not locked with LOCK TABLES
```

图 10.21　在客户端 A 可以查看 test 表，但不能查看其他未加锁表

【注】 如果存在多张表，而在一个会话中，只给一张表添加了 S 锁，则其他表不能被访问，需要对其加锁才能访问，但在其他会话中可以正常访问。

假如有两张表 aa 和 bb，它们是相关联的，如果给 aa 表加锁，bb 表没有加锁，那么在其他会话中不能修改 aa 表，但可以修改 bb 表，这样容易出现数据不一致的问题。所以当给一张表加锁时，要把其他所有表全部加锁。

在给一张表增加 S 锁后，在其他会话中不能对该表再写，如果想让其他会话可写，只要加上一个选项 LOCAL 即可，但前提条件是：该表不能有黑洞（黑洞是指中间 id 等数据不连续），只能在最后一行进行 INSERT 操作，而不能进行 UPDATE 操作。

（4）在客户端 A、客户端 B 解锁。

```
UNLOCK   TABLES;
```

（5）在客户端 A 对 test 表显式添加带 LOCAL 的 S 锁。

```
LOCK   TABLES   test   READ   LOCAL;
```

（6）在客户端 A 插入数据不成功，如图 10.22 所示。

```
INSERT   INTO   test   VALUES (6,'tom6');
```

```
mysql> INSERT INTO  test  VALUES (6,'tom6');
1099 - Table 'test' was locked with a READ lock and can't be updated
```

图 10.22　在客户端 A 插入数据不成功

（7）在客户端 B 插入数据，添加成功，如图 10.23 所示。

```
INSERT   INTO   test   VALUES (6,'tom6');
```

```
mysql> INSERT INTO  test  VALUES (6,'tom6');
Query OK, 1 row affected (0.01 sec)
```

图 10.23　在客户端 B 插入数据成功

10.5.3　行级锁

行级锁粒度小、加锁慢，发生锁定资源争用的概率也很小，并发处理能力强；由于锁定资源的粒度很小，故加锁和解锁的消耗大，发生死锁的可能性大。

使用行级锁的主要是 InnoDB 存储引擎。InnoDB 行锁是通过给索引上的索引项加锁来实现的。只有通过索引条件检索数据，才使用行级锁，如果没有索引，将使用表级锁。由于 InnoDB 存储引擎是基于事务的，所以容易出现死锁。

行级锁的类型包括排他锁、共享锁和意向锁。

（1）排他锁（X 锁）：又称写锁，若事务 T 对数据对象 A 加上 X 锁，则只允许 T 读取和修改 A，其他任何事务都不能再对 A 加任何类型的锁，直到 T 释放 A 上的锁。

（2）共享锁（S 锁）：又称读锁，若事务 T 对数据对象 A 加上 S 锁，则其他事务只能再对 A 加 S 锁，而不能加 X 锁，直到 T 释放 A 上的 S 锁。

（3）意向锁：是一种表锁，分为意向共享（IS）锁和意向排他（IX）锁两类。意向锁表示一个事务有意对数据加 S 锁或 X 锁。

①IS 锁：表示事务打算给数据行加 S 锁，事务在取得一个数据行的 S 锁之前必须先取得该表的 IS 锁。

②IX 锁：表示事务打算给数据行加 X 锁，事务在取得一个数据行的 X 锁之前必须先取得该表的 IX 锁。

各种锁之间的兼容关系如表 10.2 所示。

表 10.2　各种锁之间的兼容关系

	表级 S 锁	表级 X 锁	IS 锁	IX 锁
表级 S 锁	兼容	兼容	兼容	冲突
表级 X 锁	冲突	冲突	冲突	冲突
IS 锁	兼容	冲突	兼容	兼容
IX 锁	冲突	冲突	兼容	兼容

1．隐式添加行级锁

当用户对 InnoDB 存储引擎表执行增、删、改操作时，服务器会自动为通过索引条件检索的记录添加一个行级 X 锁，直到操作结束，服务器再自动为其解锁。

2．显式添加行级锁

对于 InnoDB 存储引擎表，若要保证在当前事务中查询出的数据不会被其他事务更新或删除，利用普通的 SELECT 语句是无法办到的，此时需要显式地添加行级锁。其语法如下：

语法：在查询语句中设置行级 S 锁

```
SELECT   查询语句  FOR  SHARE|LOCK  IN  SHARE  MODE;
```

语法：在查询语句中设置行级 X 锁

```
SELECT  查询语句  FOR  UPDATE;
```

【例 10.8】行级锁升级为表级锁的案例演示。

（1）将 test 表的存储引擎修改为 InnoDB。

```
ALTER  TABLE  test  ENGINE=InnoDB;
```

（2）查看 test 表的索引。

```
SHOW   INDEX  FROM  test;
```

此时没有索引，行级锁升级为表级锁，接下来进行验证。

（3）在客户端 A，为 id 为 1 的记录添加行级 S 锁。

【注】要使用 InnoDB 的锁，必须首先开启事务（用 START TRANSACTION 或者关闭自动提交），否则不生效。

```
START   TRANSACTION;
SELECT *   FROM  test  WHERE  id=1  LOCK  IN   SHARE  MODE;
```

（4）在客户端 B 删除 id 为 7 的记录。

```
DELETE   FROM  test  WHERE  id=7 ;
```

发现不能删除，如图 10.24 所示。因为 test 表没有索引，所以行级锁上升为表级锁。

```
mysql> DELETE  FROM  test WHERE  id=7 ;
1205 - Lock wait timeout exceeded; try restarting transaction
```

图 10.24　在客户端 B 不能删除 id 为 7 的记录

（5）在客户端 A 提交事务，为 test 表添加一个索引。

```
COMMIT;
ALTER   TABLE  test  ADD  INDEX(id);
```

在客户端 A 对 test 表添加行级 S 锁，重复第（3）步。

（6）在客户端 B 删除 id 为 7 的记录。

```
DELETE   FROM   test  WHERE  id=7 ;
```

发现删除成功。这说明添加索引后，锁就变成了行级锁。

【例 10.9】行级 X 锁、死锁的案例演示。

（1）在客户端 A，为 id 为 1 的记录添加行级 X 锁。

```
SET   @@autocommit=0;
SELECT  *   FROM  test  WHERE  id=1   FOR  UPDATE;
```

（2）在客户端 B 中，不可以修改 id 为 1 的行记录，但可以修改其他记录。

```
UPDATE   test   SET name='tom22'    WHERE   id=2;
```

（3）在客户端 B 中，不能为 id 为 1 的记录添加行级 X 锁，但能为其他行添加行级 X 锁。

```
SET   @@autocommit=0;
SELECT  *   FROM   test   WHERE   id=3   FOR   UPDATE;
```

（4）在客户端 A，为 id 为 3 的记录添加行级 S 锁，受到阻塞。

```
SELECT  *   FROM   test   WHERE    id=3    FOR    SHARE;
```

（5）在客户端 B，为 id 为 1 的记录添加 S 锁，发生死锁，如图 10.25 所示。

```
SELECT  *   FROM   test   WHERE   id=1   FOR    SHARE;
```

```
mysql> SELECT * FROM  test WHERE  id=1  FOR  SHARE;
Deadlock found when trying to get lock; try restarting transaction
```

图 10.25　在客户端 B 发生了死锁

发生死锁的原因是：客户端 A 等待客户端 B 释放其在 id 为 3 记录上的行级 X 锁，客户端 B 等待客户端 A 释放其在 id 为 3 记录上的行级 X 锁，两者相互等待，形成死锁。

10.6　本 章 小 结

本章介绍了 MySQL 的事务和锁机制。具体介绍了事务的概念和特性，事务的管理及应用，事务的隔离级别，并发问题脏读、不可重复读、幻读的演示及解决方法，表级锁和行级锁。

通过本章的学习，读者应掌握事务的应用场合，了解不同隔离级别的特点，并会运用事务解决实际问题，此外还应掌握锁的管理。

10.7　本 章 练 习

一、单选题

1．事务的（　　）特性要求事务必须被视为一个不可分割的最小工作单元。

A．原子性　　B．一致性　　C．隔离性　　D．持久性

2．事务的（　　）特性要求一个事务在执行时，不会受到其他事务的影响。

A．原子性　　B．一致性　　C．隔离性　　D．持久性

3．MySQL 的 4 种隔离级别中，隔离效果最低的是（　　）。

A．REPEATABLE　READ　　B．READ　UNCOMMITTED

C．SERIALIZABLE　　D．READ　COMMITTED

4．MySQL 的 4 种隔离级别中，性能最低的是（　　）。

A．REPEATABLE　READ　　B．READ　UNCOMMITTED

C．SERIALIZABLE　　D．READ　COMMITTED

5．在 MySQL 中，（　　）隔离级别存在脏读问题。

A．REPEATABLE　READ　　B．READ　UNCOMMITTED

C．SERIALIZABLE　　D．READ　COMMITTED

6．若事务 T 对数据对象 A 加上 S 锁，则（　　）。

A．事务 T 可以读 A 和修改 A，其他事务只能再对 A 加 S 锁，而不能加 X 锁

B．事务 T 可以读 A 但不能修改 A，其他事务能对 A 加 S 锁和 X 锁

C．事务 T 可以读 A 但不能修改 A，其他事务只能再对 A 加 S 锁，而不能加 X 锁

D．事务 T 可以读 A 和修改 A，其他事务能对 A 加 S 锁和 X 锁

7．阅读下列事务操作代码：

```
START TRANSACTION;
UPDATE account SET money=money-100 WHERE NAME='a';
UPDATE account SET money=money+100 WHERE NAME='b';
ROLLBACK;
```

执行操作后再次登录 MySQL 查看，其操作结果是（　　）。

A．事务成功提交，所以有两条记录被更新

B．事务成功回滚，但只有一条记录被更新

C．没有提交事务，但有两条记录被更新

D．事务成功回滚，表中记录不会有任何更新

8．用于将事务处理写入数据库的命令是（　　）。

A．INSERT　　B．ROLLBACK　　C．COMMIT　　D．SAVEPOINT

9．事务回滚指令 ROLLBACK 执行的结果是（　　）。

A．跳转到事务程序开始处继续执行

B．撤销该事务对数据库的所有 INSERT、UPDATE、DELETE 操作

C．将事务中所有变量值恢复到事务开始的初值

D．跳转到事务程序结束处继续执行

10．解决并发操作带来的数据不一致性问题普遍采用（　　）。

A．封锁　　B．恢复　　C．存取控制　　D．协商

二、上机实践题

1．创建一个事务，将所有选修了“软件测试”课程的学生的考试成绩都加 5 分，将所有选修了“计算机网络”课程的学生的考试成绩都减 5 分，并提交。

2．创建一个存储过程，在其中定义一个事务，向教师表中添加一条记录，并设置保存点，然后删除该记录，接着回滚到事务的保存点，最后提交事务。调用该存储过程进行验证。

第 11 章　用户与权限

在前面的学习中，我们都是通过管理员 root 用户登录数据库进行操作，root 用户是 MySQL 的最高权限管理者，它拥有最高的操作权限。为了保证数据库的安全，管理员通常会对需要操作数据库的人员分配用户名和密码，并为用户设置某个操作的权限。本章将详细介绍 MySQL 的用户与权限。

11.1　用户与权限概述

数据库的安全性是指只允许合法用户进行其权限范围内的数据库相关操作，保护数据库以防止不合法的使用所造成的数据泄露、更改或破坏。

MySQL 的安全访问控制机制由两部分组成：一是基本的用户管理模块；二是访问授权控制模块。用户管理模块主要负责用户登录连接相关的基本权限控制，它就像 MySQL 的一个“门卫”一样，通过校验每一位敲门者所给的进门“暗号”（登入口令），决定是否给敲门者开门；访问授权控制模块则是随时随地检查已经进门的访问者，校验他们是否有访问所发出请求需要访问的数据的权限，通过校验的访问者可以顺利拿到数据，而未通过校验的访问者只能收到“访问越权”的相关反馈。

用户是数据库的使用者和管理者，MySQL 通过用户设置来控制数据库操作人员的访问和操作范围。MySQL 所有的用户信息都存储在系统数据库 MySQL 的 user 表中，其中记录了允许连接到服务器的账号信息及一些全局的权限信息。可以通过 DESC user;命令查看 user 表的结构，在 MySQL 8.0 版本的 user 表中共有 51 个字段，这些字段大致分为账户字段、权限字段、安全字段和资源控制字段。常用的字段及其含义如表 11.1 所示。

表 11.1　user 表中的常用字段及其含义

类　型	字 段 名	含　义
账号字段（3 个）	Host	主机名，值为%时表示所有主机都可以访问
	User	用户名
	authentication_string	根据 plugin 指定的插件算法对明文密码进行加密后的字符串

续表

类　型	字 段 名	含　义
权限字段（31 个）：以_priv 结尾	select_priv	确定用户是否可以通过 SELECT 命令选择数据
	insert_priv	确定用户是否可以通过 INSERT 命令插入数据
	update_priv	确定用户是否可以通过 UPDATE 命令修改现有数据
	delete_priv	确定用户是否可以通过 DELETE 命令删除现有数据
	create_priv	确定用户是否可以创建新的数据库和表
	drop_priv	确定用户是否可以删除现有数据库和表
	……	……
安全字段（13 个）	password_expired	密码是否过期
	password_lifetime	设置密码的有效时间，单位为天
	account_locked	用户是否被锁定
	plugin	指定用户的验证插件
	……	……
资源控制字段（4 个）	max_questions	规定每小时允许执行查询的最大次数
	max_updates	规定每小时允许执行更新的最大次数
	max_connections	规定每小时允许建立连接的最大次数
	max_user_connections	规定允许单个用户同时建立连接的最大数量

MySQL 用户包括普通用户和 root 用户，他们的权限是不一样的。root 用户是超级管理员，拥有所有的权限，包括创建用户、删除用户、修改普通用户密码等管理权限；而普通用户只拥有创建该用户时赋予他的权限。

当客户端连接 MySQL 服务器时，它会经历以下两个访问控制阶段。

1）连接验证阶段

当用户尝试连接 MySQL 服务器时，服务器会根据以下条件接受或拒绝连接：

（1）用户的身份以及是否可以通过提供正确的密码来验证其身份。

（2）用户的账号是锁定状态还是解锁。

任何一个步骤的失败都会导致服务器完全拒绝用户的访问；否则服务器接受连接，然后进入第二阶段并等待请求。

2）请求验证阶段

在这一阶段，MySQL 服务器对当前用户的每个操作都进行权限检查，判断用户是否有足够的权限来执行该操作。

11.2　用户管理

11.2.1　创建普通用户

MySQL 8 提供了以下两种方法创建普通用户。

（1）使用 CREATE USER 语句创建用户。

（2）在 MySQL.user 表中通过插入记录添加用户，为保证数据的安全性，不推荐使用此方式。

通常使用 CREATE USER 语句创建一个或多个新用户，并设置相应的密码。使用 CREATE USER 语句时，必须拥有 MySQL 的全局 CREATE USER 权限或 INSERT 权限，所以一般用 root 用户登录后，再创建新用户。创建一个用户后，MySQL 会在 MySQL.user 表中添加一条新记录。

需要注意的是，创建的新用户在默认情况下只有登录权限，需要使用 GRANT 语句进行其他授权。CREATE USER 语句可以同时创建多个用户，多个用户之间用逗号隔开，其语法如下：

语法：创建普通用户 CREATE USER

```
CREATE USER [IF NOT EXISTS]
 user [auth_option] [, user [auth_option]] ...
[DEFAULT ROLE role [, role ] ...]
[WITH resource_option [,resource_option] ...]
[password_option | lock_option]
```

上述语法中各参数的含义如下。

（1）user：指定创建的用户账号，格式为'user_name'@'host_name'。user_name 为用户名，host_name 为主机名。如果在创建的过程中只给出了用户名，而未指定主机名，那么主机名默认为%，表示当前用户可以在任何主机中连接 MySQL 服务器，如'u1'等同于'u1'@'%'；若主机名为 localhost，表示当前用户只能在本地主机中连接 MySQL 服务器。

（2）auth_option：指定身份验证选项，格式如下：

```
auth_option: {
    IDENTIFIED BY 'auth_string'
  | IDENTIFIED WITH auth_plugin
  | IDENTIFIED WITH auth_plugin BY 'auth_string'
  | IDENTIFIED WITH auth_plugin BY RANDOM PASSWORD
  | IDENTIFIED WITH auth_plugin AS 'auth_string'
}
```

①IDENTIFIED BY 'auth_string'：使用默认的身份验证插件 caching_sha2_password 将明文密码加密。

②IDENTIFIED WITH auth_plugin：使用指定的身份验证插件对空字符串进行加密（未设置用户密码）。

③IDENTIFIED WITH auth_plugin BY 'auth_string'：使用指定的身份验证插件对明文密码进行加密，并进行可能的哈希运算。

④IDENTIFIED WITH auth_plugin BY RANDOM PASSWORD：生成随机密码，使用指定的身份验证插件进行加密。

⑤IDENTIFIED WITH auth_plugin AS 'auth_string'：使用指定的身份验证插件对明文密

码加密，存储格式为哈希字符串。若身份验证插件不执行身份验证字符串的哈希运算，则 AS 子句与 BY 子句的效果相同。

（3）DEFAULT ROLE role：可选项，指定用户所属的角色。

（4）resource_option：资源控制选项。

①MAX_QUERIES_PER_HOUR count：每小时最大查询数。

②MAX_UPDATES_PER_HOUR count：每小时最大更新数。

③MAX_CONNECTIONS_PER_HOUR count：每小时最大连接数。

④MAX_USER_CONNECTIONS count：最大用户连接数。

（5）password_option：密码管理选项。

①PASSWORD EXPIRE：将密码标记为过期。

②PASSWORD EXPIRE NEVER：密码永不过期。

③PASSWORD EXPIRE INTERVAL n DAY：密码的有效期为 *n* 天。

④FAILED_LOGIN_ATTEMPS N：失败的登录尝试次数 *N*。

（6）lock_option：用户锁定选项，有 ACCOUNT LOCK 和 ACCOUNT UNLOCK 两种。

1. 创建最简单的用户

创建不带密码用户的语法如下：

```
CREATE   USER   'user_name'@'host_name';
```

【例 11.1】创建一个新用户 u1，不指定主机和密码。

```
CREATE   USER   u1;
```

创建成功后，在 MySQL.user 表中查询所有用户信息，代码如下：

```
SELECT   user,host, plugin,authentication_string   FROM   MySQL.user;
```

运行结果如图 11.1 所示。

```
mysql>  select  user ,host, plugin, authentication_string  from  mysql.user;
+-------------------+-----------+-----------------------+-----------------------------------------------------------------------+
| user              | host      | plugin                | authentication_string                                                 |
+-------------------+-----------+-----------------------+-----------------------------------------------------------------------+
| u1                | %         | caching_sha2_password |                                                                       |
| mysql.infoschema  | localhost | caching_sha2_password | $A$005$THISISACOMBINATIONOFINVALIDSALTANDPASSWORDTHATMUSTNEVERBRBEUSED |
| mysql.session     | localhost | caching_sha2_password | $A$005$THISISACOMBINATIONOFINVALIDSALTANDPASSWORDTHATMUSTNEVERBRBEUSED |
| mysql.sys         | localhost | caching_sha2_password | $A$005$THISISACOMBINATIONOFINVALIDSALTANDPASSWORDTHATMUSTNEVERBRBEUSED |
| root              | localhost | caching_sha2_password | $A$005$�C�'i�n�jx���O�#���sDHu0AjIpYXi4Z/It6mpHbcZLsB1v0NtK7/.61MLXPF. |
+-------------------+-----------+-----------------------+-----------------------------------------------------------------------+
5 rows in set (0.06 sec)
```

图 11.1　查询所有用户信息

【注】创建用户时，可以不指定密码；若不指定主机名，则默认值为%，表示可以从任意主机连接。

2. 创建带密码的用户

创建带密码用户的语法如下：

```
CREATE   USER   'user_name'@'host_name'
IDENTIFIED   [WITH   auth_plugin]   BY   'auth_string';
```

【例 11.2】创建两个新用户 u1 和 u2，主机名均为 localhost，密码分别为 123 和 456。

```
CREATE USER 'u1'@'localhost' IDENTIFIED BY '123',
'u2'@'localhost' IDENTIFIED BY '456';
```

【注】若用户名和主机名不包含空格、“_”“%”等特殊字符，则可以省略单引号。

如果两个用户的用户名相同，但主机名不同，MySQL 会将其视为不同的用户，允许为这两个用户分配不同的权限。执行查询语句 SELECT user, host FROM MySQL.user;可以看出 u1@%和 u1@localhost 是两个不同的用户，如图 11.2 所示。

```
mysql> select user, host from mysql.user;
+------------------+-----------+
| user             | host      |
+------------------+-----------+
| u1               | %         |
| mysql.infoschema | localhost |
| mysql.session    | localhost |
| mysql.sys        | localhost |
| root             | localhost |
| u1               | localhost |
| u2               | localhost |
+------------------+-----------+
```

图 11.2　查询所有用户的用户名和主机名

【例 11.3】创建用户 t1@localhost，身份验证插件为 MySQL_native_password，密码为 123。

```
CREATE USER t1@localhost
IDENTIFIED WITH MySQL_native_password BY '123';
```

创建成功后，在 MySQL.user 表中查询该用户信息，代码如下：

```
SELECT user,host,plugin,authentication_string FROM MySQL.user WHERE user='t1';
```

运行结果如图 11.3 所示，authentication_string 的值为使用身份验证插件 MySQL_native_password 将密码 123 加密后的字符串。

```
mysql> SELECT  user,host,plugin,authentication_string  FROM  mysql.user WHERE  user='t1';
+------+-----------+-----------------------+-------------------------------------------+
| user | host      | plugin                | authentication_string                     |
+------+-----------+-----------------------+-------------------------------------------+
| t1   | localhost | mysql_native_password | *23AE809DDACAF96AF0FD78ED04B6A265E05AA257 |
+------+-----------+-----------------------+-------------------------------------------+
```

图 11.3　查询用户 t1@localhost 的信息

【例 11.4】创建一个锁定的用户 t2@localhost，密码为 123。

```
CREATE USER t2@localhost IDENTIFIED BY '123' ACCOUNT LOCK;
```

创建成功后，使用 t2 登录 MySQL 客户端，会得到一个 ERROR 3118 错误消息提示，提示“拒绝访问，账户被锁定”，如图 11.4 所示。

```
C:\Windows\system32\cmd.exe
Microsoft Windows [版本 10.0.18363.1977]
(c) 2019 Microsoft Corporation。保留所有权利。

C:\Users\wj>mysql -u t2 -p123
mysql: [Warning] Using a password on the command line interface can be insecure.
ERROR 3118 (HY000): Access denied for user 't2'@'localhost'. Account is locked.
```

图 11.4　使用锁定的用户登录

【例 11.5】创建一个用户 t3@localhost，密码为 123，将密码标记为已过期。

```
CREATE  USERT  t3@localhost IDENTIFIED  BY  '123'  PASSWORD  EXPIRE;
```

使用 t3 登录后，进行相关操作，提示修改密码，如图 11.5 所示。

```
C:\Users\wj>mysql -u t3 -p123
mysql: [Warning] Using a password on the command line interface can be insecure.
Welcome to the MySQL monitor.  Commands end with ; or \g.
Your MySQL connection id is 14
Server version: 8.0.17

Copyright (c) 2000, 2019, Oracle and/or its affiliates. All rights reserved.

Oracle is a registered trademark of Oracle Corporation and/or its
affiliates. Other names may be trademarks of their respective
owners.

Type 'help;' or '\h' for help. Type '\c' to clear the current input statement.

mysql> show databases;
ERROR 1820 (HY000): You must reset your password using ALTER USER statement before executing this statem
ent.
```

图 11.5　使用密码过期的用户登录

11.2.2　修改用户密码

1. 普通用户修改自身密码

1）使用 SET PASSWORD 命令

语法：普通用户修改自身密码 SET PASSWORD	
1	SET PASSWORD [FOR user]= 'auth_string';

若修改当前登录用户的密码，则可以省略 FOR user 选项。

【例 11.6】使用 u2 账户登录，将其密码修改为 444。

```
SET  PASSWORD= '444';
```

运行结果如图 11.6 所示。

```
C:\Users\wj>mysql -u u2 -p456
mysql: [Warning] Using a password on the command line interface can be insecure.
Welcome to the MySQL monitor.  Commands end with ; or \g.
Your MySQL connection id is 8
Server version: 8.0.17 MySQL Community Server - GPL

Copyright (c) 2000, 2019, Oracle and/or its affiliates. All rights reserved.

Oracle is a registered trademark of Oracle Corporation and/or its
affiliates. Other names may be trademarks of their respective
owners.

Type 'help;' or '\h' for help. Type '\c' to clear the current input statement.

mysql> set  password = '444';
Query OK, 0 rows affected (0.03 sec)
```

图 11.6　普通用户使用 SET PASSWORD 命令修改自身密码

2）使用 ALTER USER 命令

语法：普通用户修改自身密码 ALTER USER	
1	ALTER USER user() IDENTIFIED BY 'auth_string';

使用 user()函数可以获取当前登录用户名。

【例 11.7】 使用 u2 账户登录，将其密码修改为 555。

```
ALTER  USER  user()  IDENTIFIED  BY  '555';
```

上述语句也可以写成：

```
ALTER  USER  u2@localhost  IDENTIFIED  BY  '555';
```

2．root 用户修改自身密码

root 用户修改自身密码，除了可以使用普通用户修改自身密码的两种方式（ALTER USER、SET PASSWORD），还可以使用 mysqladmin 命令修改密码。在 MySQL 安装目录的 bin 目录下，有一个 mysqladmin.exe 程序，它用于执行一些管理操作，也可以用于修改密码，其语法如下：

语法：root 用户使用 mysqladmin 命令修改自身密码

```
mysqladmin  -u user_name  [-h host_name]  -p旧密码 PASSWORD
"new_password"
或者
mysqladmin  -u user_name  [-h host_name]  -p  PASSWOR  "new_password"
```

参数说明：-u 指定要修改的用户名；-h 指定对应的主机地址，省略时表示 localhost；-p 后可以加旧密码也可以不加，若不加，则在命令执行后再输入旧密码；PASSWORD 为关键字，后面指定新密码，且用双引号引起来。

【注】 该命令要在命令行窗口中执行。

【例 11.8】 在命令行窗口中，使用 mysqladmin 命令将 root 用户的密码修改为 666666（当前密码为 123456）。

```
mysqladmin  -u  root   -p123456  PASSWORD   "666666"
```

【注】 -p123456 是整体，中间不要加空格，-u 和 root 间可以加空格，也可以不加。

运行结果如图 11.7 所示。

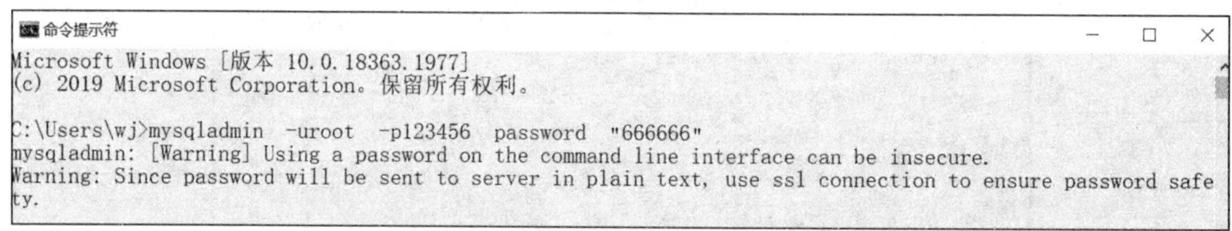

图 11.7　root 用户修改自身密码方式 1

也可以使用以下代码，将密码改回至 123456。

```
mysqladmin  -u  root  -p  PASSWORD  "123456";
```

输入以上命令，执行后 Enter password 提示输入旧密码，只有旧密码输入正确，新密码的修改才能完成，如图 11.8 所示。

```
C:\Users\wj>mysqladmin  -u root -p  password  "123456"
Enter password: ******
mysqladmin: [Warning] Using a password on the command line interface can be insecure.
Warning: Since password will be sent to server in plain text, use ssl connection to ensure password safe
ty.
```

图 11.8　root 用户修改自身密码方式 2

3．root 用户修改普通用户的密码

root 用户修改普通用户的密码可以使用 SET PASSWORD 和 ALTER USER 两种方式。

【例 11.9】使用 root 用户登录，使用 SET PASSWORD 命令将用户 u2@loaclhost 的密码修改为 aaa。

```
SET  PASSWORD  FOR  u2@localhost= 'aaa';
```

【例 11.10】使用 root 用户登录，使用 ALTER USER 命令将用户 u2@loaclhost 的密码修改为 456。

```
ALTER  USER   u2@localhost  IDENTIFIED  BY  '456';
```

11.2.3　修改用户名、解锁用户

使用 RENAME USER 命令可以一次修改一个用户名，也可以一次修改多个用户名，中间用逗号隔开。其语法如下：

语法：修改用户名 RENAME USER

```
RENAME  USER  old_user  TO  new_user;
```

要使用 RENAME USER 命令必须拥有 MySQL 的全局 CREATE USER 权限或 MySQL 的 UPDATE 权限，而且当旧用户不存在或新用户重复时，会报错。

【例 11.11】将用户 u1@%修改为 u3@localhost。

```
RENAME  USER  'u1'@'%'  TO  u3@localhost;
```

锁定或解锁用户的语法如下：

语法：锁定或解锁用户

```
ALTER  USER   user_name  ACCOUNT  LOCK|UNLOCK;
```

【例 11.12】用户 t2@localhost 是一个锁定的用户，现将其解锁。

```
ALTER  USER  t2@localhost  ACCOUNT  UNLOCK;
```

现在 t2 用户已解锁，可用其进行登录。

11.2.4　删除用户

可以使用 DROP USER 语句删除一个或多个用户以及相关的权限，使用该语句必须拥有 MySQL 中的全局 CREATE USER 权限或 DELETE 权限。其语法如下：

语法：删除用户 DROP USER
DROP USER[IF EXISTS] user1,[user2, …];

【注】该语句可用于删除一个或多个 MySQL 用户，并撤销其原有权限。若省略主机名，则该主机名默认为%。

【例 11.13】删除用户 u3@localhost。

```
DROP   USER   u3@localhost;
```

11.2.5　MySQL 8 忘记 root 密码如何找回

如果忘记 root 密码，可以使用以下方式重置 root 密码。步骤如下：

（1）停止 MySQL 服务器。

（2）新建一个文本文档，其中包含一行密码赋值语句，如：

```
ALTER   USER   root@localhost   IDENTIFIED   BY   '666666';
```

（3）保存文件，假设文件保存路径为 D:\ MySQL-init.txt。

（4）打开 DOS 窗口，输入以下两条命令，用--init-file 选项启动 MySQL：

```
cd   D:\Program Files\MySQL\MySQL Server 8.0\bin
MySQLd   --defaults-file="D:\\ProgramData\\MySQL\\MySQL Server 8.0\\my.ini"
--console --init-file=d:\\MySQL-init.txt
```

【注】

①cd 后的路径为 MySQL 的安装路径，根据实际情况更改。

②如果 MySQL 是用向导方式安装的，必须按上述内容指定--defaults-file 选项，否则可以省略该选项。

③服务器启动时执行--init-file 选项指向的文件内容，修改 root 用户的密码。

④--console 选项的作用是将服务器输出显示到控制台，否则输出显示到日志文件中。

⑤--init-file 选项中的路径要用双反斜杠。

（5）此时，用新密码可以登录成功。

（6）关闭 DOS 窗口，删除 D:\ MySQL-init.txt，启动 MySQL 服务器即可。

11.3　权 限 管 理

在项目开发过程中，为了保证数据的安全性，数据库管理员需要为每个用户赋予不同的权限，只允许其进行权限范围内的操作。

MySQL 中的权限分为 5 个级别，分别存储在 MySQL 数据库的不同表中，当 MySQL 服务器启动时会自动加载这些信息并将权限读取到内存中。

（1）全局权限：针对 MySQL 的所有数据库，对所有数据库下的所有对象都有效，权限信息保存在 MySQL.user 表中。

（2）数据库级权限：作用域为所指定整个数据库中的所有对象，权限信息保存在 MySQL.db 表中。

（3）表级权限：作用范围是授权语句中所指定数据库的指定表，权限信息保存在 MySQL. tables_priv 表中。

（4）列级权限：仅针对某个表的指定的某个（或某些）列，权限信息保存在 MySQL. columns_priv 表中。

（5）过程级权限：主要针对函数和存储过程，权限信息保存在 MySQL. procs_priv 表中。

11.3.1　查看用户权限

使用 SHOW GRANTS 命令可以查看用户具有哪些权限，其语法如下：

语法：查看用户权限 SHOW GRANTS

```
SHOW  GRANTS  [FOR  user_or_role];
```

user_or_role 表示用户名或角色名，若查询当前登录用户的权限，则可以省略 FOR，也可以写成：

```
SHOW  GRANTS  FOR  current_user();
```

【例 11.14】 查看用户 u1@localhost 的权限。

```
SHOW  GRANTS  FOR  u1@localhost;
```

查询结果如图 11.9 所示，可以看到该用户的权限是 USAGE，表示无权限，即该用户只能登录 MySQL，但没有其他权限，当想使用 USE 语句让数据库 library 成为当前数据库时，则被拒绝，如图 11.10 所示，若想进行更进一步的操作，需要为用户授予相关权限。

```
mysql> SHOW  GRANTS  FOR  u1@localhost;
+-------------------------------------+
| Grants for u1@localhost             |
+-------------------------------------+
| GRANT USAGE ON *.* TO `u1`@`localhost` |
+-------------------------------------+
```

图 11.9　查看用户 u1@localhost 的权限

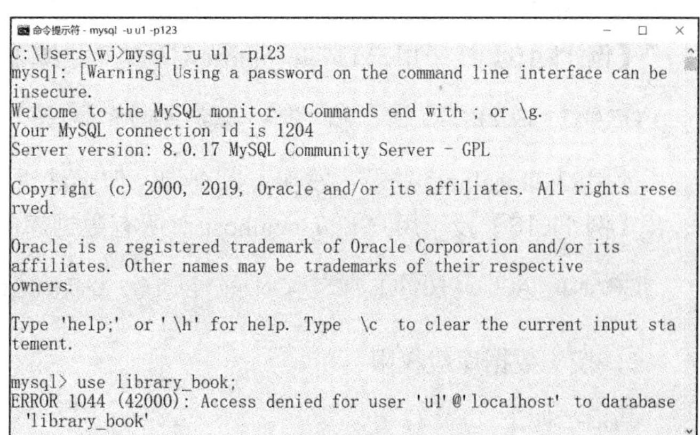

图 11.10　用户 u1@localhost 只有登录权限，没有其他权限

11.3.2 授予用户权限

可以使用 GRANT 语句为用户授权，但必须拥有 GRANT 的权限。其语法如下：

语法：授予用户权限

```
GRANT priv_type[(column_list)] [,priv_type[(column_list)]]...
ON [object_type]priv_level TO user_or_role[,user_or_role]...
[WITH GRANT OPTION];
```

上述语法中各参数的含义如下。

（1）priv_type：权限类型，如 INSERT、DELETE 等。

（2）column_list：字段列表。

（3）priv_type：目标类型，可以是表、存储过程或函数。

（4）priv_level：权限级别，用于定义全局权限、数据库级权限、表级权限、列级权限、过程级权限等。

（5）WITH GRANT OPTION：表示当对 A 用户进行授权后，A 可以将权限授予其他用户，但当收回对 A 的授权时，A 授予其他用户的权限不会被级联收回。

1. 授予全局权限

其语法如下：

语法：授予全局权限

```
GRANT ALL [PRIVILEGES]|priv_type ON *.*
TO user [WITH GRANT OPTION];
```

priv_type 的取值可以是 INSERT、UPDATE、DELETE、CREATE、CREATE VIEW、DROP 等；ALL PRIVILEGES 表示除 GRANT OPTION（授权权限）和 PROXY（代理权限）外的所有权限，也可以简写成 ALL；*.*表示所有数据库中的所有表，全局权限存储在 MySQL.user 表中。

【例 11.15】 授予用户 t2@localhost 对所有数据库的所有表的查询权限。

```
GRANT SELECT ON *.* TO t2@localhost;
```

使用 t2@localhost 登录，发现可以查询，但无法进行其他操作。

【例 11.16】 授予用户 t2@localhost 对所有数据库的所有表的所有权限。

```
GRANT ALL PRIVILEGES ON *.* TO t2@localhost;
```

2. 授予数据库级权限

其语法如下：

语法：授予数据库级权限

```
GRANT ALL [PRIVILEGES]|priv_type ON database_name.*
TO user [WITH GRANT OPTION];
```

database_name.*表示该数据库下的所有表，数据库级权限存储在 MySQL.db 表中。

【例 11.17】创建一个新用户 wang@localhost，授予其对数据库 library 的所有表的 SELECT 和 INSERT 权限，并允许其将该权限授予其他用户。

```
-- 创建新用户 wang@localhost
CREATE  USER  wang@localhost  IDENTIFIED  BY   '123';
-- 授予该用户权限
GRANT  SELECT,INSERT  ON  library.*  TO   wang@localhost
WITH  GRANT  OPTION;
-- 查询该用户权限
SHOW  GRANTS   FOR  wang@localhost;
```

查询结果如图 11.11 所示。

```
mysql> SHOW  GRANTS  FOR wang@localhost;
+---------------------------------------------------------------------------------+
| Grants for wang@localhost                                                       |
+---------------------------------------------------------------------------------+
| GRANT USAGE ON *.* TO `wang`@`localhost`                                        |
| GRANT SELECT, INSERT ON `library_book`.* TO `wang`@`localhost` WITH GRANT OPTION |
+---------------------------------------------------------------------------------+
```

图 11.11　查询用户 wang@localhost 的权限

【例 11.18】创建一个新用户 zhang@localhost，用户 wang@localhost 将其对数据库 library 的所有表的 SELECT 和 INSERT 权限授予该用户。

```
-- 创建新用户 zhang@localhost
CREATE  USER  zhang@localhost   IDENTIFIED BY   '123';
--在 DOS 窗口中，以用户 wang 进行登录
在 DOS 窗口输入以下命令登录：MySQL -u wang -p123
--授予用户 zhang 对数据库 library 的所有表的 SELECT 和 INSERT 权限
GRANT SELECT,INSERT   ON library.*   TO   zhang@localhost;
```

3. 授予表级权限

其语法如下：

语法：授予表级权限

```
GRANT  ALL  [PRIVILEGES]|priv_type  ON  database_name.table_name
TO  user  [WITH  GRANT  OPTION];
```

表级权限存储在 MySQL.tables_priv 表中。

【例 11.19】创建一个新用户 li@localhost，授予其对数据库 library 的 t_reader 表的 SELECT 权限。

```
-- 创建新用户 li@localhost
CREATE  USER  li@localhost  IDENTIFIED BY  '123';
--授予该用户权限
GRANT  SELECT  ON  library_book.t_reader TO  li@localhost;
```

使用 li 用户登录，只能查询 t_reader 表，而不能查询其他表，读者可自行验证。

4. 授予列级权限

其语法如下：

语法：授予列级权限

```
GRANT  priv_type(column_list)  ON  database_name.table_name
TO  user  [WITH  GRANT  OPTION];
```

【例 11.20】授予用户 li@localhost 对数据库 library 的 t_reader 表的 name 字段的修改权限。

```
GRANT  UPDATE(name)  ON  library.t_reader  TO  li@localhost;
```

首先用 li 用户登录，输入以下代码，发现可以修改 name 字段。

```
UPDATE  library.t_reader  SET  name='张三'  WHERE  reader_id='081101';
```

然后输入以下代码，发现不能修改 gender 字段。

```
UPDATE  library.t_reader  SET  gender='男'  WHERE  reader_id='081101';
```

运行结果如图 11.12 所示。

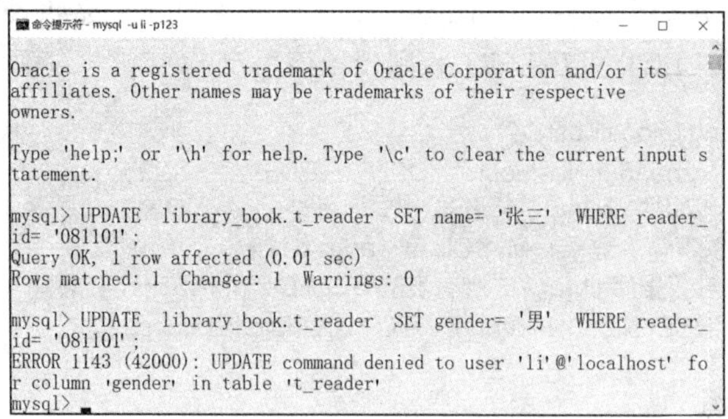

图 11.12　验证用户 li 在 t_reader 表上的修改权限

5. 授予过程级权限

其语法如下：

语法：授予过程级权限

```
GRANT  EXECUTE|ALTER  ROUTINE|CREATE  ROUTINE
ON  {[database_name.*|*.*]|procedure  database_name.proc_name}
TO  user  [WITH  GRANT  OPTION];
```

CREATE ROUTINE 创建存储过程、函数；ALTER ROUTINE 修改或删除存储过程、函数；EXECUTE 执行或调用存储过程、函数。

【例 11.21】授予用户 zhang@localhost 在数据库 library 中创建、执行存储过程或函数的权限，并进行验证。

```
-- 以 root 用户登录，授权
GRANT  CREATE  ROUTINE,EXECUTE  ON  library.*  TO  zhang@localhost;
```

首先以 zhang 用户登录，输入以下代码，在数据库 library 中创建一个函数，然后调用该函数，执行结果如图 11.13 所示，若出现"您没有 SUPER 特权，并且启用了二进制日志记录（您可能想要使用不太安全的 log_bin_trust_function_creators 变量）"的错误，只需通过 root 账户设置一个全局变量的值即可（SET GLOBAL log_bin_trust_function_creators = 1;）。

```
USE  library;
DELIMITER  $$
CREATE  FUNCTION  hello()  RETURNS VARCHAR(50)
NO SQL
BEGIN
RETURN  'Hello,我是自定义的无参函数';
END  $$
DELIMITER  ;
```

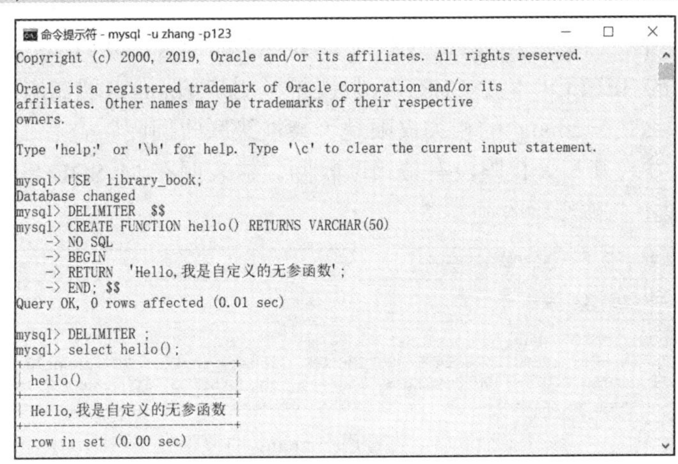

图 11.13　验证用户 zhang 在数据库 library 上的函数权限

若以 li 用户登录，调用数据库 library 的函数 hello()，则提示没有 EXECUTE 权限，读者可自行验证。

11.3.3　收回用户权限

收回用户权限就是取消已经赋予用户的某些权限。收回用户不必要的权限在一定程度上可以保证数据的安全性。收回权限使用 REVOKE 语句，但必须拥有 MySQL 的全局 CREATE USER 权限或 UPDATE 权限。收回权限分为收回用户指定的某些权限和收回用户的全部权限，其语法如下：

语法：收回某些权限

```
REVOKE  priv_type[(column_list)]  [,priv_type[(column_list)]]...
ON  [object_type] priv_level  FROM  user  [,user]...;
```

语法：收回全部权限

```
REVOKE  ALL [PRIVILEGES],GRANT OPTION
ON  [object_type]priv_level  FROM   user [,user] …;
```

参数的含义同 GRANT 语句。

【例 11.22】收回用户 wang 对数据库 library 的所有表的 INSERT 权限。

```
-- 查询用户 wang 的权限
SHOW   GRANTS   FOR   wang@localhost;
--收回用户 wang 对数据库 library 的所有表的 INSERT 权限
REVOKE   INSERT ON   library.*    FROM    wang@localhost;
-- 再次查询用户 wang 的权限
SHOW   GRANTS   FOR   wang@localhost;
```

【例 11.23】收回用户 wang 的全部权限。

```
REVOKE   ALL   ON   *.*   FROM   wang@localhost;
```

在前面的例子中，当给用户 wang 授权时有 WIHT GRANT OPTION 选项，且该用户已经将其对 library.*的 SELECT 和 INSERT 权限授予了用户 zhang，现在用户 wang 的全部权限已经被收回，那么用户 zhang 的相关权限是否会被级联收回呢？查看用户 zhang 的权限，如图 11.14 所示，发现其相关权限没有被级联收回。这表明在 MySQL 8 中，用户 wang 授予其他用户的权限不会被级联收回。

```
mysql>  SHOW  GRANTS FOR zhang@localhost;
+-----------------------------------------------------------------------------------+
| Grants for zhang@localhost                                                        |
+-----------------------------------------------------------------------------------+
| GRANT USAGE ON *.* TO `zhang`@`localhost`                                         |
| GRANT SELECT, INSERT, EXECUTE, CREATE ROUTINE ON `library_book`.* TO `zhang`@`localhost` |
| GRANT EXECUTE, ALTER ROUTINE ON FUNCTION `library_book`.`hello` TO `zhang`@`localhost`  |
+-----------------------------------------------------------------------------------+
```

图 11.14　查看用户 zhang 的权限

11.4　角 色 管 理

MySQL 8 新增了角色（ROLE）的概念，使账户权限的管理更加灵活方便。所谓角色，就是一些权限的集合。把该集合授权给某些账户，这样当需要对这些账户减少或增加权限时，只需要修改权限集合（ROLE）即可，不必再对某个账户的权限进行单独修改。

使用角色可以大量减轻数据库管理员的工作，可以轻松管理每个团队、用户的各种复杂的权限。

11.4.1　创建角色

创建角色使用 CREATE ROLE 命令，但必须具有 CREATE ROLE 或 CREATE USER 权限，其语法如下：

语法：创建角色 CREATE　ROLE

```
CREATE ROLE [IF NOT EXISTS] role[,role]…;
```

角色和用户一样，由角色名和主机名两部分组成，角色名不能为空，若省略主机名，则默认为%。

【例 11.24】创建 3 个角色 role_dev、role_read、role_write。

```
CREATE   ROLE    role_dev,role_read,role_write;
```

角色和用户账号一样也保存在 MySQL.user 表中，通过查询此表可以看到角色的信息。

11.4.2　授予角色权限，为用户赋予角色

授予角色权限与授予用户权限的方法相同，也采用 GRANT 语句。对于同类型的多个用户，可以赋予相同的角色，这样只需对角色授权，该角色下的所有用户也都具有了这些权限。为用户赋予角色的语法如下：

语法：为用户赋予角色 GRANT

```
GRNAT  role[,role]…  TO  user[,user]…  ;
```

【例 11.25】为【例 11.24】的 3 个角色分配不同的权限：授予 role_dev 对数据库 library 的所有权限，授予 role_read 对数据库 library 的 SELECT 权限，授予 role_write 对数据库 library 的 INSERT、UPDATE 和 DELETE 权限。

```
GRANT   ALL   ON library.*   TO   role_dev;
GRANT   SELECT   ON   library.*   TO   role_read;
GRANT   INSERT,UPDATE,DELETE   ON   library.*   TO   role_write;
```

【例 11.26】创建一个开发人员用户 dev，一个只读权限的用户 r，两个可读可写的用户 rw1、rw2，为用户 dev 赋予 role_dev 角色，为用户 r 赋予 role_read 角色，为用户 rw1、rw2 赋予 role_read 和 role_write 角色。

```
-- 创建 4 个用户
CREATE   USER   dev@localhost   IDENTIFIED   BY '123';
CREATE   USER   r@localhost   IDENTIFIED   BY '123';
CREATE   USER    rw1@localhost IDENTIFIED   BY '123',
rw2@localhost IDENTIFIED   BY '123';
--为用户赋予角色
GRANT   role_dev   TO dev@localhost;
GRANT   role_read   TO   r@localhost;
GRANT   role_read,role_write   TO   rw1@localhost,rw2@localhost;
```

11.4.3　查看角色权限

可以使用 SHOW　GRANTS 命令查看角色权限，其语法如下：

语法：查看角色权限 SHOW GRANTS
SHOW GRNATS FOR [FOR user_or_role][USING role] ;

【例 11.27】查看角色 role_read 的权限。

```
SHOW GRANTS FOR role_read;
```

【例 11.28】查看用户 rw1@localhost 的权限。

```
SHOW GRANTS FOR rw1@localhost;
```

查询结果如图 11.15 所示。

```
mysql> SHOW GRANTS FOR rw1@localhost;
+------------------------------------------------------------------+
| Grants for rw1@localhost                                         |
+------------------------------------------------------------------+
| GRANT USAGE ON *.* TO `rw1`@`localhost`                          |
| GRANT `role_read`@`%`,`role_write`@`%` TO `rw1`@`localhost`      |
+------------------------------------------------------------------+
```

图 11.15　查看用户 rw1@localhost 的权限

从图 11.15 中查看到的是用户被赋予的角色，并不是具体的权限，如果要显示角色的具体权限，则需要使用 USING 语句，它会将用户和角色的权限一并显示。例如，可以使用以下语句 SHOW GRANTS FOR rw1@localhost USING role_write,role_read;，读者可以对比查询结果的差异。

11.4.4　激活角色

角色在账户会话中可以处于活动状态，也可以处于非活动状态。如果赋予的角色在会话中处于活动状态，则具有相应的权限，反之则没有。在默认情况下，被赋予角色的用户处于非活动状态。可以通过以下两种方式激活角色。

1．使用 SET DEFAULT ROLE 语句设置用户的默认角色

若要指定每次用户连接到服务器，进行身份验证时激活被授予的角色，可以使用 SET DEFAULT ROLE 语句，其语法如下：

语法：设置用户的默认角色
SET DEFAULT ROLE ALL TO role[,role]… ;

该语句的作用是将用户所有的角色都设置为默认角色。使用 dev 登录，输入 SELECT current_role();语句可以查询当前会话中哪些角色处于活动状态，NONE 表示没有活动角色。

【例 11.29】将用户 dev 被赋予的所有角色激活。

```
SET DEFAULT ROLE ALL TO dev@localhost;
```

接下来，使用 dev 登录发现已具备角色 role_dev 的权限，如图 11.16 所示。

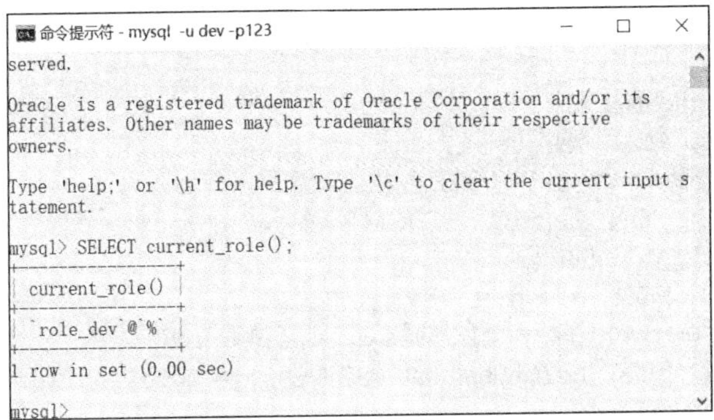

图 11.16　查看用户 dev 被激活的角色

2．通过修改设置参数使角色生效

MySQL 8 提供了一个参数 activate_all_roles_on_login，表示用户登录时是否自动激活角色，通过命令 SHOW GLOBAL VARIABLES LIKE 'activate_all_roles_on_login';查询变量值，其默认值为 OFF，如图 11.17 所示。

```
mysql> show global variables like 'activate_all_roles_on_login';
+-----------------------------+-------+
| Variable_name               | Value |
+-----------------------------+-------+
| activate_all_roles_on_login | OFF   |
+-----------------------------+-------+
```

图 11.17　查询变量值 activate_all_roles_on_login

通过语句 SET GLOBAL activate_all_roles_on_login=ON;修改参数，启用登录自动激活（注意：要以 root 用户登录再修改）。

现在以 rw1、rw2 用户登录，发现它们被赋予的角色 role_read 和 role_write 已被激活。

11.4.5　收回角色或角色权限

角色可以赋予用户，也可以被收回。收回角色的语法如下：

语法：收回角色 REVOKE

```
REVOKE  role[,role]…  FROM user[,user]…;
```

【例 11.30】从用户 dev 中收回角色 role_dev。

```
-- 查询用户 dev 的权限
SHOW   GRANTS   FOR   dev@localhost;
--从用户 dev 中收回角色 role_dev
REVOKE   role_dev   FROM   dev@localhost;
-- 再次查询用户 dev 的权限
SHOW   GRANTS   FOR    dev@localhost;
```

还可以用像收回用户权限一样的方法收回角色的某些权限，但这会影响到被授予该角色的用户。

【例 11.31】从角色 role_write 中收回对数据库 library 的 DELETE 权限。

```
-- 查询角色 role_write 的权限
SHOW  GRANTS  FOR  role_write;
--收回该角色对数据库 library 的 DELETE 权限
REVOKE  DELETE  ON  library.*  FROM  role_write;
-- 再次查询角色 role_write 的权限
SHOW  GRANTS  FOR  role_write;
--查询被赋予角色 role_write 的 rw2 用户的权限，观察是否受影响
SHOW  GRANTS  FOR  rw2@localhost  USING  role_write;
```

11.4.6　删除角色

删除角色可以使用 DROP ROLE 语句，其语法如下：

语法：删除角色 DROP ROLE

```
DROP  ROLE [IF  EXISTS] role[,role]…;
```

【例 11.32】删除角色 role_write。

```
DROP  ROLE  role_write;
```

11.5　本 章 小 结

本章介绍了 MySQL 的用户管理、角色管理、权限管理等内容，其中用户和角色的权限授予与收回在实际应用中非常重要。学习本章后，读者应掌握以下内容：权限的相关概念及分级；创建和管理用户及角色；用户权限、角色权限的授予与收回。

11.6　本 章 练 习

一、单选题

1．MySQL 数据库中用于保存用户名和密码的表是（　　）。

A．tables_priv　　B．columns_priv　　C．db　　D．user

2．下列选项中，可以收回 test 用户的 SELECT 全局权限的是（　　）。

A．REVOKE SELECT ON mydb.* FROM 'test1'@'%';

B．REVOKE SELECT ON *.* FROM 'test1'@'%';

C．REVOKE SELECT ON mydb.goods FROM 'test1'@'%';

D．以上答案都不正确

3．在默认情况下，root 用户使用 CREATE USER 语句创建的用户具有（　　）权限。

A．PROXY　　B．SELECT　　C．SHOW DATABASES　　D．USAGE

4．对用户访问数据库的权限加以限定是为了保证数据库的（　　）。

A．完整性　　B．安全性　　C．一致性　　D．并发性

5．为用户授权可使用（　　）命令。

A．GIVE　　B．PASS　　C．SET　　D．GRANT

6．（　　）命令可以收回用户权限。

A．ROLLBACK　　B．REVOKE　　C．GET　　D．BACK

二、判断题

1. root 用户具有最高的权限，不仅可以修改自己的密码，还可以修改普通用户的密码；而普通用户只能修改自己的密码。（　　）

2. 使用 CREATE USER 语句创建新用户时，可以同时为新用户分配相应的权限。（　　）

3．REVOKE 可以收回多个用户的相同权限。（　　）

4. 用户的 ALL PRIVILEGES 权限表示包括 GRANT OPTION 在内的所有权限。（　　）

5．删除用户的同时会删除该用户对应的权限信息。（　　）

6．'test'@'127.0.0.1'中的 IP 地址'127.0.0.1' 表示远程主机。（　　）

7. DROP USER 语句可以同时删除一个或多个用户，多个用户之间用逗号隔开。（　　）

三、上机实践题

1．创建两个用户 user1@localhost 和 user2@localhost，密码均为 123。

2．授予 user1 用户修改数据库 stu 中 t_student 表的 name 列的权限。

3．授予 user1 用户对数据库 stu 的所有表的查询权限。

4．将用户 user1@localhost 的密码修改为 hello。

5．创建一个角色 r1。

6．授予角色 r1 对数据库 stu 中 t_course 表的 INSERT、UPDATE 和 DELETE 权限。

7．为用户 user1 和 user2 赋予角色 r1。

8．从角色 r1 中收回对数据库 stu 中 t_course 表的 DELETE 权限。

9．删除用户 user1@localhost。

第 12 章　数据备份与恢复

在日常工作中难免会出现断电、机器故障、操作失误等情况，从而导致数据丢失。为保证数据的安全性与完整性，需要定期对数据库进行备份。当发生突发情况时，可以使用备份的数据库还原数据。除此之外，数据表的导入导出以及数据库迁移也极大地提高了数据库管理的效率。本章主要介绍数据的备份与还原、数据库迁移、数据表的导入和导出等。

12.1　数据备份与还原概述

数据备份与还原是数据库管理的基本操作，也是保证数据准确性、可靠性、高效性的重要方式。数据备份是指对整个数据库进行备份，包括数据库结构、对象和数据的备份；数据还原是指将备份的数据库导入数据管理系统中。当数据丢失时，可将数据库还原到改变前的状态。

在数据管理中，数据丢失的原因可分为以下三大类。

1）系统故障

系统故障是指存储数据的硬件设备发生故障或管理数据的软件系统发生错误时产生的故障。

2）事务故障

事务故障是指在数据库系统执行事务过程中出现的故障。

3）介质故障

介质故障是指物理介质发生读写错误或数据库管理员在操作过程中删除了部分数据而产生的故障。

为了减少由于上述故障产生的数据损失，数据库管理员应定期对数据库进行备份。数据备份可按备份时数据库服务器是否在线、备份的内容、备份的范围进行分类。

1．按备份时数据库服务器是否在线划分

1）热备份

热备份是指数据库服务器正常运行时进行的数据备份。

2）温备份

温备份是指数据库正常运行，数据只能读不能写的情况下进行的数据备份。

3）冷备份

冷备份是指在数据库服务器关闭时进行的数据备份。

2．按数据备份的内容划分

1）逻辑备份

逻辑备份是指不直接保存数据，而是使用软件技术将 SQL 语句以文本形式存储，在还原数据时，通过执行 SQL 语句实现数据备份。

2）物理备份

物理备份是指直接生成数据的副本进行备份，虽然使用该方法备份速度快、操作简单，但占用存储空间较大。

3．按备份的范围划分

1）完整备份

完整备份是指对整个数据库进行备份，该备份方法是增量备份和差异备份的基础，即没有完整备份就不能执行增量备份和差异备份。

2）增量备份

增量备份是指在完整备份或最近一次的增量备份基础上对数据库发生改变部分的内容备份。

3）差异备份

差异备份是指在最近一次完整备份完成后，对后续数据库发生改变部分的内容进行备份。需要注意的是，差异备份仅备份发生改变的数据。

数据备份的时机取决于用户对数据丢失量的接受程度和数据库发生变动的频率。在备份数据时需要合理考虑故障发生后数据库还原所需时间，一般数据库越大，还原的时间也就越长。一般情况下，用户在创建数据库或在新数据库中导入新数据后应该立即备份；同时在进行无日志操作后或清理数据库活动日志后应该对数据库进行备份；在创建索引后也应该立即备份，从而最大限度地保证数据安全。

12.2　数据库的备份

数据库备份能够最大限度地保证数据安全，它也是数据库管理员的必备技术之一。本节主要介绍 mysqldump 备份、mysqlhotcopy 工具备份。

12.2.1　mysqldump 备份

MySQL 数据库为用户提供了多种数据库备份工具，其中 mysqldump 是较为常用的备份工具之一，存储于 MySQL 数据库的 bin 文件夹中（C:\Program Files\MySQL\MySQL Server 8.0\bin）（注：MySQL 数据库安装目录）。当执行 mysqldump 命令时，会将数据库备份成一个文本文件，该文本文件包含了数据库的表结构和表中数据，以及多个用于数据库还原的 CREATE 语句和 INSERT 语句，其中 CREATE 语句通过查询表结构生成，INSERT 语句通过表数据转换生成。mysqldump 命令备份数据库或表的语法如下：

语法：mysqldump 命令备份数据库或表

```
mysqldump -u user -h host -ppassword --dbname[all-databases][tablename1
 [tablenameN...]] >filename.sql;
```

在上述语法中，-u 后面的参数 user 表示用户名，-h 后面的参数 host 表示主机名，-p 后面的参数 password 表示登录密码，dbname 表示数据库名，all-databases 表示全部数据库，tablename 表示数据库中的表名，filename 表示备份文件名。可在 filename.sql 前面加入绝对路径将文件保存到指定位置，否则将备份文件保存到默认位置（C:\Program Files\MySQL\MySQL Server 8.0\bin）。

1．备份单个数据库

mysqldump 命令备份单个数据库的语法如下：

语法：mysqldump 命令备份单个数据库

```
mysqldump -u user -ppassword -dbname [tablename1
[tablenameN…]] >filename.sql;
```

mysqldump 命令不仅能够备份整个数据库，而且能够指定备份数据库中的单个表或多个表，当指定备份多个表时，表名之间用空格分隔开。

2．备份多个数据库

mysqldump 命令能够同时备份多个数据库，只需加入--databases 参数即可，其语法如下：

语法：mysqldump 命令备份多个数据库

```
mysqldump -u user -ppassword  --databases dbname1 [dbname2
dbnameN…] >filename.sql;
```

在上述语法中，数据库名之间应该用空格分隔开。

3．备份所有数据库

mysqldump 命令不仅能够备份单个或多个数据库，还可以备份系统中的所有数据库，其语法如下：

语法：mysqldump 命令备份所有数据库

```
mysqldump -u user -ppassword --all-databases >filename.sql;
```

12.2.2　mysqlhotcopy 工具备份

mysqlhotcopy 是在 Linux 系统上主要使用的一种快速备份工具。由于 mysqlhotcopy 不是 MySQL 自带的备份工具，而是使用 lock tables、flush tables、cp、scp 对数据库进行快速备份，因此 mysqlhotcopy 工具备份属于逻辑备份。值得注意的是，mysqlhotcopy 可在 MySQL 服务器在线的情况下快速备份数据库，其备份速度远快于 mysqldump 工具。

当执行 mysqlhotcopy 工具快速备份数据库时，首先给数据库加入只读操作锁，然后使用 flush tables 将内存中的数据写入硬盘上的数据库中，最后把备份数据库复制到指定目录中。

mysqlhotcopy 工具备份数据库的语法如下：

语法：mysqlhotcopy 工具备份数据库

```
mysqlhotcopy [option] dbname1 dbname2 … backupDir/
```

在上述语法中，dbname 表示数据库名，backupDir 表示存储备份文件的位置，即把数据 dbname 备份到 backupDir 文件下。

12.3　数据还原

数据还原是指当数据发生丢失或数据库遭到破坏时使用备份数据将数据库还原到备份时的状态，最大限度地减少数据丢失或数据库遭到破坏所造成的损失。数据还原的方法有很多，主要包括使用 mysql 命令还原数据、使用 source 命令还原数据和直接复制到数据库目录。本节将详细介绍数据还原的方法。

1．使用 mysql 命令还原数据

通过 12.2 节的介绍可知，在使用 MySQL 数据库提供的工具对数据库进行备份时会生成 CREATE 语句、INSERT 语句和 USE 语句，在还原数据库时可使用 mysql 命令执行这些语句对数据进行恢复。mysql 命令还原数据的语法如下：

语法：mysql 命令还原数据

```
mysql -u user -ppassword -dbname<filename.sql;
```

在上述语法中，user 表示用户名，password 表示登录密码，dbname 表示数据库名，filename 表示备份文件名。

2．使用 source 命令还原数据

source 是 MySQL 数据库中最常用的数据还原工具，首先进入控制台 MySQL 8.0 Command Line Client，并进入待还原数据库中，然后用 source 命令导入备份文件（.sql），其语法如下：

语法：source 命令还原数据

```
USE database;
source filename.sql;
```

在上述语法中，database 表示待还原数据库名，filename 表示备份文件名，其中 filename 前面可加入绝对路径。

3．直接复制到数据库目录

在数据库备份时可通过直接复制数据库目录得到备份文件，同样在还原数据库时也可以直接将备份文件复制到 MySQL 数据库目录中，从而实现数据还原。

虽然直接将备份文件复制到数据库目录的还原数据操作比较简单，但是这种方法只对 MyISAM 存储引擎的表有效，并且备份数据的数据库和待还原的数据库服务器的主版本号应相同。需要注意的是，首先在还原数据前要关闭 MySQL 服务器，然后将备份文件覆盖 MySQL 数据库的 data 文件夹，并启动 MySQL 服务器。

12.4　数据库迁移

数据库迁移是指将数据库从一个系统迁移至另一个系统，当出现系统更新、MySQL 版本更新以及更换主机等情况时，均需要将原数据库迁移至新系统中，从而使数据库事务能够正常执行。根据情况的不同，数据库迁移的原因可分为 3 类：数据库服务器需要更新；MySQL 版本过低需要更新；数据库系统发生变更。为提高迁移效率，也可使用一些外部工具辅助迁移，如在 Windows 系统中比较常用的 Navicat、MyODBC 及 MySQL Migration Toolkit 工具等。根据数据库的版本和类型差异，数据库迁移方法可分为以下几种。

1．相同版本数据库之间的迁移

相同版本的 MySQL 数据库是指数据库的主版本号相同。该迁移方法可以在服务器更换操作系统或更换主机的情况下使用。当数据库类型都是 MyISAM 类型，并且主版本号相同时，可以通过直接复制数据库目录进行迁移。

2．不同版本数据库之间的迁移

不同版本的MySQL数据库迁移是指在不同MySQL版本的数据库之间迁移数据。例如，将 MySQL 5.7 数据库迁移至 MySQL 8.0 数据库。该迁移方法可在 MySQL 版本升级的情况下使用。当从低版本向高版本迁移，并且数据库类型是 MyISAM 类型时，可以通过直接复制数据库目录进行迁移，也可以使用 mysqlhotcopy 和 mysqldump 工具对数据库进行备份，然后通过 mysql 命令还原数据，从而实现数据库迁移。

需要注意的是，MySQL 不同版本之间都存在一定差异，虽然高版本的 MySQL 是向下兼容的，但是相对于低版本而言，高版本加入了一些新特性，所以从高版本 MySQL 向低版本 MySQL 迁移数据库时容易造成数据丢失，因此数据管理员应该使用备份工具进行数据库迁移。

3．不同类型数据库之间的迁移

不同类型数据库之间的迁移是指其他类型的数据库与 MySQL 数据库之间进行的数据迁移。例如，在 SQLServer 数据库与 MySQL 数据库之间进行迁移，或在 Oracle 数据库与 MySQL 数据库之间进行迁移。该方法可在更改数据库管理系统的情况下使用。

由于不同数据库使用的 SQL 语句存在一定差异，例如 Oracle 数据库使用的是 PL/ SQL 语句，SQL Server 数据库使用的是 Transact-SQL 语句，所以不同数据库之间的 SQL 语句不兼容，因此不同类型数据库之间可使用 Navicat 工具进行辅助迁移。

4．不同服务器之间的数据库迁移

不同服务器之间的数据库迁移是指两台服务器上 MySQL 数据库的迁移，例如将 HOST-A 服务器的 MySQL 数据库迁移至 HOST-B 服务器，该方法可在更换服务器的情况下使用。

不同服务器之间的 MySQL 数据库迁移语法如下：

语法：不同服务器之间的 MySQL 数据库迁移

```
mysqldump -u user -ppassword dbasenameA | mysql --hostnameA = hostnameB
 -c dbasenameB
```

在上述语法中，user 表示用户名，password 表示登录密码，dbasenameA 表示待迁移数据库名，hostnameA 表示待迁移服务器名，hostnameB 表示迁移目标服务器名，dbasenameB 表示迁移目标数据库名。需要注意的是，-c 为可选参数，加入语句中时表示服务器之间使用压缩数据传输。

12.5　数据表的导入和导出

MySQL 不仅能够导入和导出整个数据库，还能够对数据库中的表进行导入和导出操作。MySQL 数据库中的表可以导出成 TXT、XML、XLS 及 HTML 等格式的文件，并可以导入相应格式的表。

12.5.1　文件的导出

1. 使用 SELECT INTO OUTFILE 语句导出表

在 MySQL 数据库中，一般可以使用 SELECT INTO OUTFILE 语句导出表，其语法如下：

语法：使用 select into OUTFILE 语句导出表

```
select [columnlist] FROM table [where condition]  INTO
OUTFILE 'filename' [options];
```

在上述语法中，columnlist 表示待查询列，table 表示待查询数据库，where condition 表示查询条件，filename 表示导出的文件名。其中 options 为可选参数，包含 fields 和 lines 子句，其语法如下：

语法：options 参数

```
fields terminated by 'value' [设置字段间的分隔符，可为单个或多个字符]
fields[optionally] enclosed by 'value' [设置字段的起始字符，只可为单个字符]
fields escaped by 'value' [设置转义字符]
lines terminated by 'value' [设置每行结束的字符]
lines starting by 'value' [设置每行起始字符]
```

2. 使用 mysql 命令导出文本文件

mysql 是 MySQL 数据库最常用的工具之一，不仅能够备份和还原文件，还可以导出文件。mysql 命令导出文件的语法如下：

语法：使用 mysql 命令导出文件

```
mysql -u user -p password -e|--execute='select statement'
dbname> C:/ filename.txt ;
```

在上述语法中，user 表示用户名，password 表示用户密码，dbname 表示待查询的数据

库名，filename 表示导出文件，C:/ filename.txt 表示文件导出路径，select 语句用于查询记录，-e|--execute=用于执行 SQL 语句。

12.5.2　文件的导入

在 MySQL 数据库中，一般可以使用 LOAD DATA INFILE 命令导入文本文件，其语法如下：

语法：使用 load data INFILE 命令导入文件

```
load data INFILE  'filepath'
into table table_name  [option];
```

其中，'filepath'表示需要导入文件的路径，table_name 表示导入的目标表名。

12.6　本章小结

本章主要介绍了数据库备份与还原、数据库迁移、数据表的导入和导出等。一般使用 mysqldump、mysqlhotcopy 命令备份数据库，使用 mysql、source 命令还原数据库。数据库迁移需要根据实际情况选择合适的方法。通过本章的学习，读者需要重点掌握数据库备份与还原的方法以及数据表的导入和导出等基本操作。

12.7　本章练习

一、选择题

1．下列选项中，（　　）不是数据丢失的原因。
A．系统故障　　B．事务故障　　C．介质故障　　D．数据故障

2．数据备份按照备份时数据库服务器是否在线进行分类，（　　）不在其范围之内。
A．热备份　　B．温备份　　C．冰备份　　D．冷备份

3．数据库备份的命令是（　　）。
A．copy　　B．mysqldump　　C．create　　D．backups

4．数据库的还原方式不包括（　　）。
A．使用 mysql 命令还原数据　　B．使用 source 命令还原数据
C．直接复制到数据库目录　　D．将数据复制后直接粘贴到数据库系统中

二、简答题

1．简述数据库系统的主要故障类型及恢复策略。
2．数据库恢复的基本技术有哪些？
3．在对数据库进行还原时有哪些注意事项？

第 13 章　JDBC 数据库访问技术

SQL 编程相比面向对象的高级语言编程是比较复杂和混乱的，实际应用时可能会面对大量的数据库产品，如果应用程序要与一个新的数据库引擎进行通信，就必须赋予其一种新的语言。然而，Java 开发者却不用担心不同数据库产品之间的转换，Java JBDC 具有“一次写成、一次编译、随处可用”的能力，能在数据库编程方面给予用户很大的帮助。

JDBC 英文名为 java data base connectivity（Java 数据库连接），它是 Java 编程语言和广泛的数据库之间独立于数据库连接标准的 Java API，可以为多种关系数据库提供统一访问，由一组用 Java 语言编写的类和接口组成。JDBC 为数据库开发人员提供了一套标准的 API，开发人员据此可以构建更高级的工具和接口。

13.1　初识 JDBC

原 Sun 公司经过与数据库领域专家的共同努力，开发了一种用于进行数据库访问的简单 Java API——JDBC，它提供了一种与平台无关、用于执行 SQL 语句的标准接口，其体系结构由以下 5 个层次组成。

（1）应用程序：执行 JDBC 函数的调用和处理，提交 SQL 语句并处理结果。

（2）JDBC API：屏蔽不同数据库驱动程序之间的差别，为开发者提供标准的 Java 数据库程序设计接口，为不同类型的数据库访问提供技术接口。

（3）JDBC 驱动程序管理器：为应用程序装载驱动程序，访问特定的数据库时，与不同的数据库驱动进行连接。

（4）数据库驱动程序：与特定的数据库相关联，由数据库商提供底层驱动，用于向数据库提交 SQL 请求，完成相应的数据库访问。

（5）数据源：由数据库管理员需要存取的数据和与之相连接的操作系统、数据库管理系统及网络平台组成。

JDBC 的工作原理如图 13.1 所示。

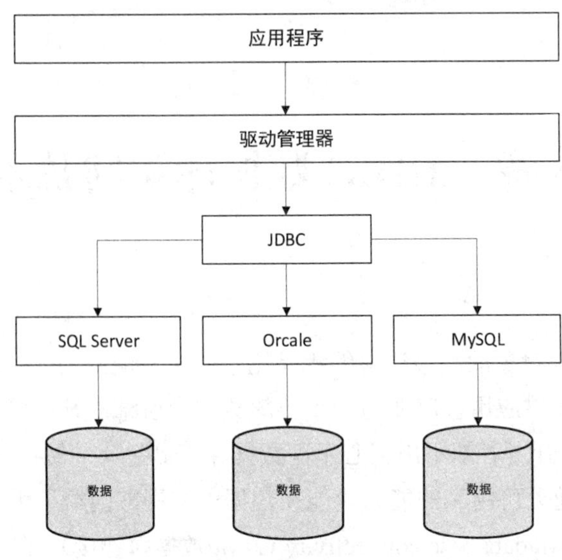

图 13.1　JDBC 的工作原理

JDBC 为数据库提供一套标准的 API，允许构建 SQL 语句并把它们嵌入 Java API 调用。简而言之，JDBC 可以在数据库和 Java 应用程序之间进行平稳的转换，即从数据库中得到的结果作为 Java 对象被返回，访问时出现的问题作为异常情况被抛出。后面小节将讨论怎样使用数据库类的 Java 应用程序完全隐藏数据库的存在，据此构建更高级的工具和接口，使开发人员能够用纯 Java API 编写数据库应用程序，并且可跨平台运行而不受数据库供应商的限制，JDBC 具有以下特点。

（1）便捷性：JDBC 不需要再使用复杂的驱动器调用命令和函数，可通过 SQL 语句调用数据库和处理结果。

（2）移植性：JDBC 支持不同的关系数据库，相同应用程序支持多个数据库的访问，只要加载相应的驱动程序即可。

（3）通用性：JDBC-ODBC 桥接驱动器将 JDBC 函数换成 ODBC，通过 ODBC 驱动程序获得对数据库的访问。

（4）面向对象：可以将常用的 JDBC 数据库连接封装成类，在使用时可直接调用。

简单地说，JDBC 是一种可直接调用 SQL 命令的底层 API，比其他数据库互联更加容易实现；同时，它也是构造高层 API 和数据库开发工具的基础，主要完成以下 3 件事：

（1）将应用程序与一个数据库建立连接。

（2）向数据库发送 SQL 语句。

（3）处理数据库返回的结果。

13.2　JDBC 常用 API

在开发 JDBC 程序前，需要了解一下常用的 API。JDBC 通过一系列 Java 的接口来达到它的目的，每一个接口分别由不同的厂家实现。为特定的数据库引擎实现接口的类的集合称为 JDBC 驱动程序，为了构造一个数据库应用程序，不必考虑它们底层类的实现。JDBC 的要点在于隐藏每个数据库的细节，让开发者只需要考虑应用程序，其主要代码位于 java.sql 包中，该包定义了一系列访问数据库的接口和类，具体如下。

1. Driver 接口

Driver 接口是所有 JDBC 驱动程序必须实现的接口，该接口专门提供给数据库厂商使用。在编写 JDBC 程序时，必须把指定数据库驱动程序或类库加载到项目的 classpath 中，成功加载后会将 Driver 类的实例注入 DriverManager 类中，如果加载失败，则抛出 ClassNotFoundException 异常，告知未能找到 Driver 类异常。

在实际应用程序中，首先要指定驱动程序类型，可以使用 java.lang.Class 类静态方法 forName()指定 JDBC 驱动类型，方法声明如下：

```
Public   static   forName(String className) throws     ClassNot Found Exception
String    driver = "com.mysql.cj.jdbc.Driver";
Class.forName(driver);
```

从 Java 6 开始，应用程序不再需要显式地加载驱动程序，DriverManager 能够自动地承担这项任务。

2. DriverManager 类

DriverManager 类用于加载 JDBC 驱动并创建与数据库的连接，能够动态管理和维护数据库查询所需要的所有驱动程序对象，实现 Java 成员与特定驱动程序的连接。在 DriverManager 类中定义了两个比较重要的静态方法：registerDriver(Driver driver)方法用于向 DriverManager 中注册给定的 JDBC 驱动程序；getConnection(String url,String user,String pwd)方法用于建立和数据库的连接，并返回表示连接的 Connection 对象，其主要任务包括：

（1）为特定数据库选择驱动程序。

（2）处理 JDBC 的初始化调用。

（3）为每个驱动程序提供 JDBC 功能的入口。

（4）为 JDBC 调用执行相关参数。

其中，URL 表示网络上某一资源的地址，Java 应用程序需要使用一个 URL 形式的字符串获取一个数据库连接，这个字符串的形式随着数据库的不同而不同，通常以 jdbc:作为前缀。URL 的格式如下：

```
Jdbc:子协议:数据源
```

3. Connection 接口

它负责管理 Java 程序和数据库之间的连接，一个 Connection 对象标识对一个特定数据源建立一条连接，它能够创建执行 SQL 的 Statement 语句对象并提供数据库的信息，定义了一系列方法，其中 DriverManager 类中的静态 getConnection()方法与数据库创建连接。

【例 13.1】使用 JDBC 连接本地数据库。

```
/*
* 使用 3306 端口连接本地数据库 library，用户名为 root，密码为 root
* 得到 Connection 和 Statement 对象
*/
String url = "jdbc:mysql://localhost:3306/mydb?useSSL=false&" +"useUnicode=true&characterEncoding=
utf8&serverTimezone=Asia/Shanghai";
String user = "root";
String password = "root";
Connection conn =DriverManager.getConnection(url, user, password);
Statement stm = conn.createStatement();
```

4．Statement 接口

使用 createStatement 方法创建一个 Statement 对象，用于向数据库发送静态的 SQL 语句操作，因为对数据库操作的 SQL 语句的语法和返回类型不同，所以 Statement 接口提供了 3 个执行 SQL 语句的方法（即 execute 方法、executeUpdate 方法和 executeQuery 方法），以及 Statement 关闭操作。

（1）execute(String sql) ：用于执行各种 SQL 语句，该方法返回一个 boolean 类型的值，如果为 true，表示所执行的 SQL 语句具备查询结果，可通过 Statement 的 getResultSet 方法获得查询结果。

（2）executeUpdate(String sql) ：用于执行 SQL 中的 insert 语句、update 语句和 delete 语句，该方法返回一个 int 类型的值，表示数据库中受该 SQL 语句影响的记录的数目。

（3）executeQuery (String sql) ：用于执行 SQL 中的 select 语句，该方法返回一个表示查询多个结果的 ResultSet 对象。针对查询结果会得到 ResultSet 对象，表示执行查询数据库后返回的数据的集合，对象具有可以指向当前数据行的指针。通过该对象的 next()方法，使得指针指向下一行，然后将数据以列号或者字段名取出，如果 next()方法返回 null，则表示下一行中没有数据存在。

【例 13.2】使用 JDBC 向数据库 library 的 t_reader 表中插入一条新数据。

```
/*
* 向数据库 library 的 t_reader 表中添加一位新读者
* 读者号：091102，姓名：王明，身份：1 普通读者，阅读量：0
* 查询 t_reader 表中所有读者信息并打印
*/
ResultSet   rs = null;
String   insert_sql = "insert into t_reader values(091102,'王明','男',1,0, '13812345678',1)";
System.out.println(insert_sql);
//使用 execute 返回 boolean 类型，如果为 true，表示所执行的 SQL 语句具备查询结果
Int   res = stm.execute (insert_sql);
String   query_sql = "select * from t_reader";
rs = stm.executeQuery(query_sql);
while(rs.next()){
//获取各列的数据
    String   readerno = rs.getString(1);
    String   name = rs.getString(2);
```

```
        int    gender = rs.getInt(3);
        //输出各列的数据
        System.out.println(readerno +"\t"+name+"\t"+ gender);
    }
    stm.close();
```

使用 JDBC 完成更新、删除操作的步骤和完成添加操作的步骤完全相同，都可以使用 executeQuery 方法完成操作，只需要改写对应的 SQL 语句即可。

ResultSet 中的数据逐行排列且有一个记录指针，每行有多个字段，指针所指的数据行称为当前数据行，只能操作当前的数据行。如果想要取得某一条记录，就要使用 ResultSet 的 next()方法；如果想要得到 ResultSet 中的所有记录，就应该使用 while 循环获取。

ResultSet 对象自动维护指向当前数据行的游标，每调用一次 next()方法，游标向下移动一行。初始状态下记录指针指向第一条记录的前面，即字段名处，通过 next()方法指向第一条记录，循环完毕指向最后一条记录的后面。ResultSet 对象的主要方法如表 13.1 所示。

表 13.1　ResultSet 对象的主要方法

方法名	说　明
boolean next()	光标从当前位置向下移动一行
boolean previous()	游标从当前位置向上移动一行
void close()	关闭 ResultSet 对象
int getInt(int colIndex)	以 int 形式获取结果集当前行指定列号值
int getInt(String colLabel)	以 int 形式获取结果集当前行指定列名值
float getFloat(int colIndex)	以 float 形式获取结果集当前行指定列号值
Float getFloat(String colLabel)	以 float 形式获取结果集当前行指定列名值
String getString(int colIndex)	以 String 形式获取结果集当前行指定列号值
StringgetString(String colLabel)	以 String 形式获取结果集当前行指定列名值

5. PreparedStatement 接口

PreparedStatement 是 Statement 的子接口，用于执行预编译的 SQL 语句。该接口提供了一些基本操作的方法，用于动态执行 SQL 语句及包含参数的 SQL 语句。

6. CallableStatement 接口

CallableStatement 是 PreparedStatement 的子接口，用于执行 SQL 存储过程。该接口提供了一些基本操作的方法，这里不做更多的介绍，有兴趣的读者可以参阅相关书籍。

13.3　JDBC 连接数据库流程

通过前面的学习，我们对 JDBC 及其常用 API 有了大致的了解，接下来介绍 JDBC 连接数据库的流程。JDBC 编程大致按照以下几个步骤进行。

（1）加载一个 Driver 驱动。

（2）创建数据库连接（Connection）。

（3）创建 SQL 命令发送器 Statement。

（4）通过 Statement 发送 SQL 命令并得到结果。

（5）处理结果（SELECT 语句）。

（6）关闭数据库资源 ResultSet、Statement、Connection。

13.3.1　创建连接驱动

在 JDK 6 版本以上编写 Java 数据库应用程序时，MySQL 驱动 URL 是连接 MySQL 数据库时必须配置的参数之一，这里可以采用程序运行时由用户输入或者作为配置文件写入。

使用 URL 时，不管 JDBC 驱动程序需要什么参数（通常为用户账号和密码），应用程序首先都需要来自 DriverManager 的 java.sql.Connection 工具，它通过提供的 URL 在所有 java.sql.Driver 驱动进行搜索，如果检索完毕依旧不能找到匹配，就会向应用程序抛出一个异常信号。

若 Driver 类认出了 URL 地址，就会使用规定的地址创建一个数据库连接，然后为 DriverManager 提供对应数据库连接的 java.sql.Connection，随即将 Connection 对象传递回应用程序中。在编写代码时，整个数据库连接过程只用到下面一行进行处理：

```
Connection   conn= DriverManager.getConnection(String url, String user, String pass);
```

其中，URL 表示需要连接网络上某一数据源的地址，user 和 pass 分别为连接数据库的用户名和密码。

JDBC 的 API 调用相对简单，而它的连接过程是应用程序运行最困难的环节，因为 JDBC 可选的驱动程序还不是很完善，如果我们在连接时遇到问题，可以检查是否属于找不到类或找不到驱动的情况。

通常情况下，我们会使用 Java 中的异常处理的 try…catch…finally 组合标识来捕获程序中出现的异常，一旦 JDBC 和数据库之间出现错误，就会抛出一个 SQLException，在这个异常中除了可以找到错误信息，SQL 异常还提供特定数据库的错误，如 SQL 状态值、厂商错误代码等。在多个错误的事件中，JDBC 驱动程序把异常拼接到一起放入队列，即发现某个异常之后还存在其他异常，可以使用 getNextException()询问下一个异常。

13.3.2　基本数据库访问

连接数据库之后，即可进行数据的更新与查询操作。最基本的一种数据库访问方法是编写 JDBC 执行代码，这里需要知道当前正在发送的 SQL 语句是更新 DML（INSERT、UPDATE 或 DELETE）操作还是查询（SELECT）操作。通常情况下，可以调用 execute()执行 DML 语句，调用 executeQuery()执行查询语句并采用 ResultSet 接收返回结果集。

基本的数据库访问从创建 Connection 对象开始，当这个对象刚开始创建时，只是对一个数据库的直接连接，需要使用 Connection 生成同一个数据库事务相联系的 java.sql.Statement 实现，获取一个或多个由 Connection 创建的 Statement 对象之后，就可以使用 java.sql.Statement 完成应用程序的提交或回退事务。

实际上，Statement 对象刚获取时等于获取一个空白的选项，可以重复写入 Connection 所代表的事务，当准备把 SQL 语句发送到数据库时，才真正把语句分配到 Statement 中。因此，在发送到数据库时，知道是什么类型的 SQL 语句变得很重要，因为 JDBC 对查询和更新的发送使用不同的方法，查询方法返回的是一个 java.swl.ResultSet 实例，而非查询的方法返回一个整数。

Statement 类是 JDBC 类中最基本的一个，能够完成对数据库的 SQL 语句操作。通常简单的数据库事务只是用 executeQuery()方法接收一个 SQL 字符串作为参数，并返回一个 ResultSet 对象。所有 SQL 语句都可以调用这个方法，若更新语句使用该方法执行，则返回受影响的行数。

最后，为了判断 SQL 语句是查询操作还是更新操作，Statement 类提供了一个 execute()方法，通常在应用程序动态执行 SQL 语句的情况下使用。若语句从数据库中返回一个记录，则这个方法返回 Boolean 类型，如果结果为 true，接下来应用程序可以使用 getResultSet()方法得到返回的记录集。

13.3.3　JDBC 特定数据类型

Java 是面向对象的语言，所以它所支持的数据类型较多，但 SQL 所支持的数据类型相对较少，两者在数据类型的表达上存在很大的脱节情况。在 SQL 语言中，可变长度和单字节字符数组都是 VARCHAR 数据类型；Java 实际上没有可变长度和单字节字符数组的概念，甚至没有单字节数据类型，与之最相近的是 String 类型。许多数据引擎在内部支持各自的数据类型，只能不严格地转换为 SQL 类型。

但是 JDBC 允许用 Java 形式检索数据，这些形式是用 JDBC 特定的数据类型映射定义的，不需要担心 SQL 语言的 LONG 数据类型在不同数据库中有不同的表述，只需要调用 ResultSet 的 getLong()方法获取返回数据，之后像对待 Java Long 类型那样操作需要的数据即可。

然而，在设计数据库时，还需要考虑得更加仔细。如果用 getInt()获取一个 64 位数字用于 Java 应用程序中，就存在数据溢出的风险；相似的是，如果把一个 Java 浮点型数值存储到整数的数值字段中，将会丢失数据。应该采用 Java 程序设计的数据结构进行思考和编程，并让数据库支持 Java 应用程序。表 13.2 所示为 JDBC 规定的 SQL 与 Java 数据类型的匹配关系。

表 13.2　JDBC 规定的 SQL 与 Java 数据类型的匹配关系

类 型 名 称	显 示 长 度	数据库类型	JAVA 类型	类型索引（int）
VARCHAR	L+N	VARCHAR	java.lang.String	12
CHAR	N	CHAR	java.lang.String	1

续表

类型名称	显示长度	数据库类型	JAVA 类型	类型索引（int）
BLOB	L+N	BLOB	java.lang.byte	-4
TEXT	65535	VARCHAR	java.lang.String	-1
INTEGER	4	INTEGER UNSIGNED	java.lang.Long	4
TINYINT	3	TINYINT UNSIGNED	java.lang.Integer	-6
SMALLINT	5	SMALLINT NSIGNED	java.lang.Integer	5
MEDIUMINT	8	MEDIUMINT SIGNED	java.lang.Integer	4
BIT	1	BIT	java.lang.Boolean	-7
BIGINT	20	BIGINT UNSIGNED	java.math.BigInteger	-5
FLOAT	4+8	FLOAT	java.lang.Float	7
DOUBLE	22	DOUBLE	java.lang.Double	8
DECIMAL	11	DECIMAL	java.math.BigDecimal	3
DATE	10	DATE	java.sql.Date	91

这种匹配只是直接类型匹配的 JDBC 规范，不是 Java 中规定的 SQL 数据所必须使用的格式，换句话说，可以在 Java 中利用一个长整型检索 INTEGER 字段，或者在一个 TIMESTAMP 字段中放入 Java 日期对象。尽管如此，一些转换依然是没有意义的，例如将 Java 中的 Boolean 变量存入数据库的 DATE 字段中。

SQL 和 Java 在处理空值方面有严重的不匹配现象，特别是使用与 getInt()类似的方法。在数据库 SQL 中允许字段为 NULL，而 Java 的 ResultSet 没有能够标识 SQL 空值的方法，因此，在 ResultSet 检索结果以后，询问检索的结果是否表示 SQL 空值就是必要的事情。对于 Java 对象的类型，SQL 经常与 Java 空值相匹配，但为了避免遇到数据库中的突发事件，推荐使用 SQL 空值检查。

13.3.4　JDBC 应用实例

1．JDBC 查询数据

在 IntelliJ IDEA 中新建 Java 工程 chapter01，编写应用程序时访问的是 MySQL 数据库，将 MySQL 数据库驱动文件 mysql-connector-java-8.0.11.jar 添加到 classpath 中，加载 JDBC 驱动即可。

【例 13.3】使用 JDBC 驱动连接，查询数据库的 t_reader 表中的数据。

```
/*
* 实现第一个 JDBC 程序，查询读者信息
*/
public class TestSelect {
```

```
public static void main(String[] args) {
    //1.将相应数据库的 jar 包放入项目
    Connection conn = null;
    Statement stm = null;
    ResultSet rs = null;
    int n=0;
    //2.加载驱动（MySQL）
    try{
        String driver = "com.mysql.cj.jdbc.Driver";
        String url = "jdbc:mysql://localhost:3306/library?useSSL=false&" +
        "useUnicode=true&characterEncoding=utf8&serverTimezone=Asia/Shanghai";
        String user = "root";
        String password = "root";
        Class.forName(driver);
        //3.建立（和数据库）连接
        conn = DriverManager.getConnection(url,user,password);
        //4.创建一个 SQL 命令发送器
        stm = conn.createStatement();
        //5.使用 SQL 命令发送器发送 SQL 命令
        String sql = "select * from t_reader";
        rs = stm.executeQuery(sql);
        //6.处理结果
        System.out.println("编号\t 姓名\t 性别\t 类别\t 借阅\t 电话");
        while(rs.next()){
            //获取各列的数据
            String readerId = rs. getString(1);
            String name = rs.getString(2);
            String gender= rs.getString(3);
            int type= rs.getInt(4);
            int num= rs.getInt(5);
            String phone= rs.getString(6);
            //输出各列的数据
            System.out.println(readerId+"\t"+name +"\t"+ gender+"\t"+type+"\t"+num+"\t"+
            phone);
        }
    }catch(SQLException e){
        e.printStackTrace();
    } catch (ClassNotFoundException e) {
        e.printStackTrace();
    } finally{
      //7.关闭各种数据库资源
    try {
        if(stm != null){
            stm.close();
        }
    } catch (SQLException e) {
        e.printStackTrace();
    }
    try {
```

```
                if(conn !=  null){
                    conn.close();
                }
            } catch (SQLException e) {
                e.printStackTrace();
            }
        }
}
}
```

为了养成一种良好的编程风格，应在不需要 Statement 对象和 Connection 对象时显式地将其关闭。然而，不必手动关闭 ResultSet，当程序将 Statement 对象关闭，重新执行或用于从多结果序列中获取下一个结果时，该 ResultSet 将被自动关闭。

2．JDBC 实现登录功能

下面模拟编写一个基于控制台的登录功能，在控制台输入用户名和密码，后台判断信息是否正确并在控制台打印反馈信息，具体操作如下。

创建临时数据表 user，SQL 语句如下：

```
create table t_user(
    userid varchar(10) primary key , --字符串做主键无法实现自增
    name varchar(3) not null,
    password varchar(6) not null,
    money double(10,2)
);
select * from t_user;
insert into t_user values('zhangsan','张三','zhangs',1000);
insert into t_user values('lisi','李四','******',1000);
```

接着创建一个实体类 User，用于接收查询的记录。

【例 13.4】创建 User 实体类，用于接收查询的记录。

```
/*
*  实现登录功能的前端和后台代码
*/
public class TestLogin {
    /**前端*/
    public static void main(String[] args) {
        //用键盘输入用户名和密码
        Scanner input = new Scanner(System.in);
        System.out.println("请输入用户名:");
        String userId = input.next();
        System.out.println("请输入密码:");
        String password = input.next();
        //调用后台完成登录
        User user   = login(userId,password);
        //输出结果
        if(user != null){
```

```
        System.out.println("登录成功，当前用户名："+user.getRealName());
        }else{
            System.out.println("登录失败，请重新登录");
        }
    }
    /**后台*/
    public static User login(String userId,String pwd){
        Connection conn = null;
        Statement stmt = null;
        ResultSet rs = null;
        User user = null;
        try{
            //加载驱动（MySQL）
            String driver = "com.mysql.jdbc.Driver";
            String url = " jdbc:mysql://localhost:3306/library ";
            String username = "root";
            String password = "root";
            Class.forName(driver);
            conn = DriverManager.getConnection(url,username,password);
            stmt = conn.createStatement();
            //拼接 SQL 查询命令
            String sql = "select * from t_user where userid = '"+userId+"' and password =
            '"+pwd+"'";
            System.out.println(sql);
            rs = stmt.executeQuery("sql:" + sql);
            if(rs.next()){ //查询到用户
                String realName = rs.getString("realname");
                double money = rs.getDouble("money");
                user = new User(userId,realName,null,money);
            }
        }catch(SQLException e){
            e.printStackTrace();
        } catch (ClassNotFoundException e) {
            e.printStackTrace();
        } finally{
            //在这里关闭各种数据库资源
        }
        return user;
    }
}
```

完成前端和后台的代码编写后，进行功能性的测试，在控制台中输入用户名和密码测试代码功能。

```
请输入用户名:
Abcd
请输入密码:
sdfg' or 'a'='a
sql:select * from user where userid='Abcd' and password='sdfg' or 'a'='a'
```

```
登录成功，欢迎您
```

在运行时发现，即使输入的用户名和密码是错误的，也能登录成功，这是为什么呢？究其原因，是 SQL 存在注入风险，即所使用的用户查询语句是字符串拼接的。为了解决 SQL 注入问题，可以使用 PreparedStatement 预处理避免此类问题的发生。

3．PreparedStatement 预处理

MySQL 数据库提供了预制 SQL 机制，在做其他的应用逻辑时，可以提前取得 SQL 语句并为它创建查询计划，这样的语句执行效率更快；还可以为每个语句建立一个通用引用，可以重复使用语句，而不是在每一次访问数据库时都重新建立一个 SQL 语句。

当使用预制语句和已存储过程创建一个 Java 实例时，系统通知数据库对象所提供的 SQL 调用，执行语句之前，数据库为该 SQL 调用创建一个查询计划，在执行时，如果执行同样的固定语句不止一次，数据库就不会重建查询计划，而使用前面保留的查询计划。PreparedStatement 接口扩展了 Statement 接口，可以使 SQL 语句包含类似函数定义的参数，对一条简单的 SQL 语句赋予不同的参数重复执行。参数赋值的过程称为绑定参数（binding parameter）。PreparedStatement 和 Statement 的关系与区别如下。

（1）关系：PreparedStatement 是 Statement 的继承和扩展。

（2）区别：PreparedStatement 的安全性高，可以避免 SQL 注入风险；PreparedStatement 简单不烦琐，不用进行字符串拼接；PreparedStatement 的性能高，在执行多个相同数据库 DML 操作时，执行性能高。

【例 13.5】采用 PreparedStatement 实现后台登录功能。

```
/*
* 传入用户 id 和密码
*/
public static User login(String userId,String pwd){
    Connection conn = null;
    PreparedStatement pstmt = null;
    ResultSet rs = null;
    User user = null;//默认登录失败
    try{
        String sql ="select * from t_user where userid = ? and password = ?"; //? 占位符
        pstmt = conn.prepareStatement(sql);
        //为 SQL 命令中的参数赋值
        pstmt.setString(1,userId);
        pstmt.setString(2,pwd);
        rs = pstmt.executeQuery();
        if(rs.next()){ //登录成功
        String realName = rs.getString("realname");
        double money = rs.getDouble("money");
        user = new User(userId,realName,null,money);
    }
    }catch(SQLException e){
        e.printStackTrace();
    } catch (ClassNotFoundException e) {
```

```
            e.printStackTrace();
        } finally{
            //关闭各种数据库资源
        }
        return user;
}
```

通过改写登录功能的后台代码，我们对 PreparedStatement 的高安全性有了更好的认识。预编译语句 PreparedStatement 和 Statement 不同，在创建 PreparedStatement 对象时指定了 SQL 语句，该语句立即发送给数据库管理系统进行编译。当该编译语句被执行时，数据库管理系统直接运行编译后的 SQL 语句，而不需要像其他 SQL 语句那样重复编译。

PreparedStatement 语句中包含预编译的 SQL 执行语句，以此获得更高的执行效率，特别是需要反复调用一些 DML 语句时，使用 PreparedStatement 进行操作有明显的优势。另外，PreparedStatement 语句可以包含多个“?”代表的字段，在编写程序时利用 Set 方法为已编译 SQL 语句中的参数赋值，在赋值过程中，建议利用与参数类型匹配的方法，也可以利用 setObject()方法为各种类型的参数赋值。如需要多次执行 INSERT 语句，但只是每次插入的值不同，MySQL 服务器也需要每次都校验 SQL 语句的语法格式和编译，从而浪费了运算时间。使用预编译功能，只需对 SQL 语句进行一次语法校验和编译，所以效率得到提高。

4．关闭资源

完成数据的更新或查询后，许多对象都可以通过 close()方法关闭，如 Connection、Statement 和 ResultSet 等。为了保护数据库资源，保持良好的编程习惯，应显式地调用 close()方法进行关闭。需要注意的是，如果在自动提交关闭的模式下关闭了一个 Connection，那么所有未提交的事务都会丢失。

13.4　本章小结

本章涉及 JDBC 连接数据库的许多知识。JDBC 是一个独立于特定数据库管理系统的通用的 SQL 数据库存取和操作的公共接口，它定义了用于访问数据库的标准 Java 类库，使用这些类库可以一种标准的方法方便地访问数据库资源。

13.5　本章练习

一、单选题

1．下列关于 JDBC 的说法中，正确的是（　　）。

A．JDBC 是一种通用的数据库连接技术，它不仅可以在 Java 语言中使用，还可以在其他编程语言中使用

B．JDBC 是 Sun 公司设计出来的专门用于连接 Oracle 数据库的技术，连接其他数据库只能采用微软的 ODBC 解决方案

C．微软的 ODBC 和 Sun 公司的 JDBC 都能实现跨平台使用，只是 JDBC 的性能要高于 ODBC

D．JDBC 只是一个抽象的调用规范，底层程序实际上要依赖于每种数据库的驱动文件

2．JDBC 驱动器又称 JDBC 驱动程序，它的提供者是（　　）。

A．Sun　　B．数据库厂商　　C．ORACLE　　D．ISO

3．下列选项中，可用于存储结果集的对象是（　　）。

A．ResultSet　　B．Connection　　C．Statement　　D．PreparedStatement

4．下列 Statement 接口的方法中，用于执行各种 SQL 语句的是（　　）。

A．executeUpdate(Stringsql)　　B．executeQuery(Stringsql)

C．execute(Stringsql)　　D．executeDelete(Stringsql)

5．下列选项中，能够实现预编译的是（　　）。

A．Statement　　B．Connection

C．PreparedStatement　　D．DriverManager

二、多选题

1．Java 程序开发中常用的数据库有（　　）。

A．Oracle　　B．SQL Server 2008　　C．Mysql　　D．DB 2

2．下列选项中，属于 Statement 接口提供的方法有（　　）。

A．executeUpdate(Stringsql)　　B．executeQuery(Stringsql)

C．execute(Stringsql)　　D．query(Stringsql)

3．下列属于 JDBC 实现的有（　　）。

A．JDBC 驱动管理器　　B．JDBC 驱动器 API

C．JDBC 驱动器　　D．Java 程序

4．DriverManager 类包含的方法有（　　）。

A．getDriver(Driver driver）

B．getConnection(String url，String user，String pwd)

C．registerDriver(Driver driver)

D．getUser(String user)

第 14 章　数据库应用系统设计与开发实例

数据库是数据管理的最新技术，是计算机科学的重要分支。随着计算机科学与技术的迅速发展，计算机应用领域也在不断扩大。目前，信息资源已成为各个部门的重要财富，几乎各行各业都涉及关于计算机的应用，建立一个满足各级部门信息维护要求的行之有效的信息系统也成为一个企业或组织生存和发展的重要条件。

数据库在信息管理系统中占有非常重要的地位，数据库结构设计的好坏将直接对应用系统的效率以及实现的效果产生影响。合理的数据库结构设计可以提高数据库存储的效率，保证数据的完整性和一致性，同时有利于项目的顺利实现。

本章主要介绍如何设计图书管理信息系统的数据库，在完成数据库设计的基础上，运用 Ruoyi 集成开发环境，通过 Mybaits 开发框架实现一个图书管理系统的设计与开发，从而实现 MySQL 数据库在软件开发中的强大功能。

14.1　系 统 背 景

随着教育事业的不断发展、学校规模的不断扩大、学校图书馆的图书数量及其信息量的急剧增加，有关借阅图书的各种信息处理也随之展开。为提高学校图书管理工作的效率，开发一个切合学校自身情况的图书管理系统尤为重要。

在项目实施过程中，应采用软件工程的思想，了解当前一般高校的图书管理模式，以及管理人员在图书信息方面的管理方式，结合现阶段学生借阅的实际情况，全面、准确、有效地对图书借阅业务的各种信息进行管理，开发一个数据库系统应用软件，其基本功能包括学生注册、图书查询、图书借阅及后台管理等。

国内现有的图书检索和管理系统主要采用了对传统图书进行分类检索的方式，这样就使读者在不熟悉环境的情况下，很难找到合适的图书。另外，图书管理员在办理借阅或注册手续的过程中，要查询到借出的图书是一件非常困难的事情。每次新书入库登记，都要做好新书的申请、入库登记表，以及新书的入库账目，虽然这并不麻烦，但工作量相当大，同时在办理新书申报入仓登记后，还要经过相当复杂的申请手续方能将书借出。

为了提高图书的检索和查询效率，缓解图书管理员的工作压力，需要开发一款小型纸质书管理和检索软件，实现对图书的智能、高效检索。该软件系统具有以下功能：

（1）管理馆藏图书信息。

（2）管理读者个人信息。

（3）查询图书不同状态的不同属性（如图书分类、图书编号、图书作者等信息的查找）。

（4）实时查询读者图书记录。

系统可以较好地协助图书馆读者在最短的时间内查询自身所需的书目和编码，同时可以使图书管理员以最快的效率办好借阅相关事宜。

14.2　可行性分析

当着手开发一套系统时，首先要明确开发系统的主要任务是什么，完成的功能模块具体有哪些；判断是否有现成的技术快速实现系统开发和环境搭建，有没有简单明确地解决用户需求。通常一定规模的系统包含多个功能模块，在开发前需要考虑各功能模块的分工与衔接，避免在开发过程中耽搁额外的时间，花费大量的人力、物力。

图书管理系统已在互联网上实现多样化，图书馆各模块的功能都可以在网上高效运作。因此，项目研发之前需要完成可行性分析、需求分析、概要设计、数据库设计、模块开发等步骤，利用现有的手段进行客观分析，在每一个技术点列出可能的方案，并在权衡利弊的基础上选择合理的方案完成程序开发。

14.2.1　可行性分析的前提

本章要开发的系统采用数据库的数据管理新模式，针对图书、读者的数据进行管理，为图书管理员提供极大的帮助。

1．功能要求

（1）功能：能够准确快速地记录图书信息，实时了解图书的借出、退还和续借等信息，使读者和管理员可以采取一定的措施。

（2）性能：性能齐全，资源共享，操作简单，稳定快速。

（3）安全与保密性：图书管理系统为每个读者建立借阅账户，账户中存储读者信息与借阅信息，这些信息不能被其他人所更改，不能被泄露出去，方便读者通过管理员借阅、归还图书。

2．系统目的

系统的实施应有利于将图书管理员从每天烦琐的手工统计中解放出来，节省人力资源；有效地实现图书信息录入、修改、删除、关键字查询以及图书出借、归还、续借等数据操作与管理，并对读者的相应信息进行存储与管理，其中包括读者信息的登记、删除、修改以及资料的统计、查询；不仅要提高图书管理的准确性与自动化程度，还要节约系统开发的经费开支。

14.2.2　可行性分析的方法

一般来说，可行性分析主要包括以下几个方面。

1．技术可行性

它主要分析现有技术条件能否顺利完成开发工作，硬件、软件配置能否满足开发者的需要，以及分析各类技术人员的数量、水平、来源等。该系统使用 Ruoyi-Vue 框架与 MySQL 数据库进行连接。Ruoyi-Vue 是一个企业级快速开发平台，整合了目前的流行技术 Spring Boot、MyBaits、Spring Security、JWT、Vue 等，内置模块包括日志管理、代码生成、角色用户、定时任务、系统参数等，并提供了许多工具类，供用户直接使用，极大地减少了开发过程中重复动作的时间，把精力集中到业务中。

2．市场可行性分析

随着计算机产业的发展，计算机在各个行业的应用越来越普遍。高校图书馆的藏书规模不断扩大，传统的借阅模式已经不能满足当前需求。当前所研发的系统采用计算机软件代替人工操作，能够提高图书管理员的效率，满足读者的使用要求。

3．经济可行性分析

它包括基本建设费、软件开发费、管理和维护费、人员工资和培训费等的分析。从经济方面来看，该系统基于 Ruoyi 开源框架的技术路线，采用 MySQL 建立图书信息库，收集各个方面的图书信息，所用的技术方法和开发工具都是免费的，经济收益超过成本投资，从经济角度考虑此系统开发可行。

4．法律可行性分析

它是指系统的开发要有足够的安全性，要严格地保护读者的一切信息，防止信息泄露出去被有心人利用。

5．使用可行性分析

本开发项目是向高校师生提供的一个操作简单、信息保密性强的应用系统，应评估产品研发的几种方案，完成图书管理功能分解，在性能、功能和界面上给用户提供良好的体验。

可行性研究的根本任务是对后续开发提出建议，若在某一个问题上可行性不推荐，分析人员应按照分析结果寻找更好的方案或停止开发项目，以避免人力和物力的资源浪费。可行性分析研究的成本占整体工程成本的 5%左右。

14.2.3　研究目标

根据上述调查情况，本章决定开发一个图书管理系统，实现图书馆日常管理的数字化，使图书管理工作规范化、系统化、程序化、自动化，避免图书管理的随意性，提高信息处理的速度和准确性，能够及时、准确、有效地查询和修改图书情况。可通过系统管理界面设定图书借阅信息和用户信息，并可更高效地处理图书信息、用户信息和图书管理员的登记书目信息。

14.3　需 求 分 析

按照软件工程的项目设计方法，数据库设计可以分为需求分析、概念结构设计、逻辑结构设计、物理结构设计、数据库实施、数据库运行及维护等几个步骤。在项目实施开发过程中，当遇到系统数据关系复杂、数据存储量大、关联表比较杂乱时，需要先规范数据库的设计，再进行具体的数据库和表的创建工作。如果数据库设计不合理，在后期开发过程中需要增加字段时，会给开发工程带来巨大的工期代价。

为了开发出真正满足用户需求的软件产品，应明确地了解用户的需求。虽然在可行性分析中已经对用户需求有了初步的了解，但是很多细节还没有考虑到。可行性分析的目的是评估系统是否值得去开发，问题是否能够解决，而不是对需求进行定义。如果说可行性分析是要决定“做还是不做”，那么需求分析就是要回答“系统必须做什么”这个问题。

需求分析是一个非常重要的过程，其完成的好坏直接影响了后续软件开发的质量。需求分析的任务是明确用户对系统的确切要求，是发现问题、逐步求精、建立模型、规格说明和复审的过程。需求分析阶段的主要任务如下：

（1）建立用户组织的结构层次方框图。

（2）分析用户的业务活动，建立用户的数据管理业务数据流图。

（3）收集所需数据，整理数据库中的信息内容。

（4）分析用户的数据处理要求和数据安全性与完整性要求。

（5）确定系统功能和软硬件环境配置，最终形成系统需求分析说明书。

需求分析的重点是调查、收集与分析用户在数据管理中的信息要求、处理要求、安全性与完整性要求。难点是用户缺少计算机专业知识，不能准确地表达自己的需求，他们所提出的需求往往不断地变化；设计人员缺少用户的专业知识，不易理解用户的真正需求，甚至误解用户的需求。因此，需求分析阶段要求设计人员必须不断深入地与用户进行交流，逐步确定用户的实际需求。

14.3.1　需求分析步骤

为了准确地获取用户需求，需求分析必须遵循一系列的步骤。只有采取了合理的需求分析步骤，开发人员才能更有效地获取用户需求。一般来说，需求分析分为需求获取、分析建模、需求描述和需求验证。

（1）需求获取。需求获取就是收集并明确用户需求的过程。系统开发人员通过调查研究，要理解当前系统的工作模型、用户对新系统的设想与要求。在需求获取的初期，用户提出的需求一般模糊而凌乱，且不同用户的需求有可能发生冲突，对于发生冲突的需求必须仔细考虑并做出选择，可以通过问卷调查、访谈、实地操作、建立原型等方法获取需求分析。

（2）分析建模。获取需求后，应对开发的系统建立分析模型。从不同角度描述或理解软件系统，就需要不同的分析模型。常用的分析模型有数据流图、实体关系图、状态转换图、控制流图、用例图、类图、对象图等。

（3）需求描述。对于复杂的软件系统，需求描述阶段会产生系统定义文档、系统需求文档和软件需求文档；而对于简单的软件系统，需求描述阶段只需要输出软件需求文档。软件需求规格说明书主要描述软件部分的需求，应包含开发系统的业务模型、功能模型、数据模型、行为模型等内容。

（4）需求验证。需求分析阶段的工作成果是后续软件开发的重要基础，为了提高软件开发的质量，降低软件开发的成本，必须对需求的正确性进行严格的验证，确保需求的一致性、完整性、现实性、有效性。

需求分析是数据库设计的首要工作，也是后期概要设计和系统开发工作的基础，通过需求分析了解用户的每一个业务流程及信息处理流程，准确理解用户对信息系统的需求，其任务是通过详细调查现实世界要处理的对象，充分描述原系统工作概况和用户的各种需求，然后在新系统上确定新的功能，不能仅根据当前应用需求来设计数据库。

14.3.2　需求处理方法

按照某种分析方法对所获得的需求进行分析，建立所开发系统的逻辑模型。模型是为了理解事物而对事物做出的一种抽象，是对事物的一种无歧义的书面描述，通常由一组图形符号和组成图形的规则组成数据字典。数据字典用于描述软件使用或产生的所有数据对象，并对各种图形工具所不能表达的内容加以补充，如图 14.1 所示。

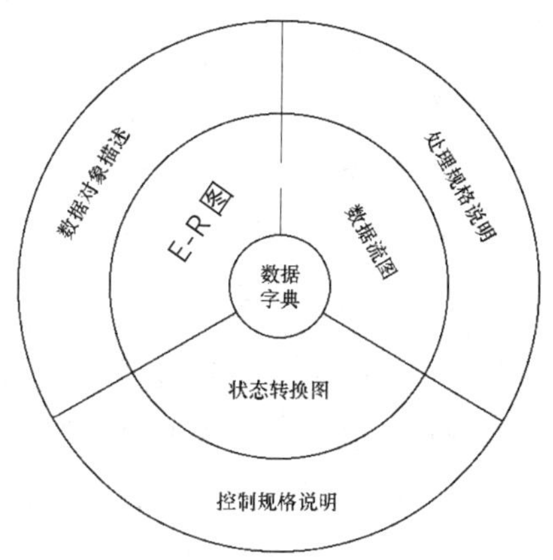

图 14.1　数据字典模型

（1）数据模型：使用 E-R 图指出数据在软件系统中移动时的变换情况，以及描绘变换数据流的功能和子功能，用于功能建模。

（2）功能模型：使用数据流图指出数据在软件系统中移动时的变换情况，以及描绘变换数据流的功能和子功能，用于功能建模。

（3）行为模型：使用状态转换图指明作为外部事件结果的系统行为，用于行为建模。

建模可以帮助开发者理解正在开发的系统，可以帮助开发者缩小问题的范围，每次着重研究一个方面，进而对整个系统产生更加深刻的理解。

14.4　数据库概要设计

完成了需求分析，回答了软件系统“能做什么”的问题，软件的生命周期就进入了设计阶段。软件设计是软件开发过程中的重要阶段，在此阶段中，开发人员将集中研究如何把需求分析模型转换为可行的设计模型，并将解决方案记录到相关的设计文档中。实际上，现在就是要回答“怎么做”才能实现软件系统的问题，也可以把设计阶段的任务理解为把软件系统“能做什么”的逻辑模型转换为“怎么做”的物理模型。

数据库结构设计在软件开发过程中处于核心地位，它是保证质量的关键步骤，为我们提供了可以用于质量评估的软件表示方法，是我们能够将用户需求准确地转化为软件产品或系统的唯一方法，是软件工程活动和随后的软件支持活动的基础。如图 14.2 所示，它是一个迭代的过程，通过设计，需求被变换为用于构建软件的“蓝图”，包括概念结构设计、逻辑结构设计和物理结构设计。

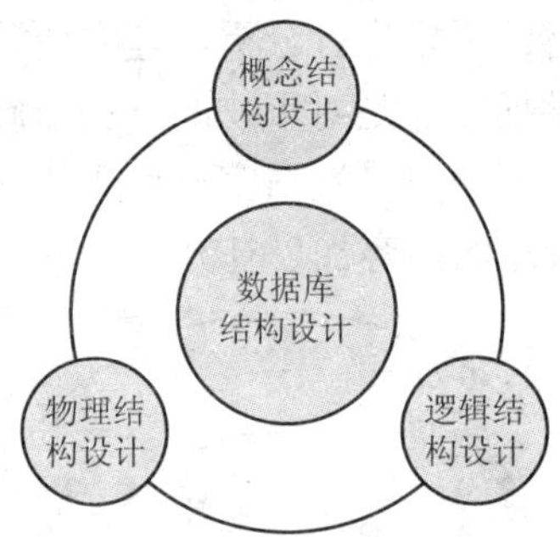

图 14.2　数据库设计模型

数据库的概念结构是系统中各种数据模型的共同基础，它描述了系统基础的数据结构，独立于特定的数据库系统。数据库的逻辑结构提供了比较接近数据库内部构造的逻辑描述，它能够为数据库物理结构的创建提供便利。数据库的物理结构是指数据库的物理模型，它包括数据库服务器物理空间上的表、存储过程、字段、视图、触发器、索引等，与特定的数据库系统密切相关。

14.4.1　数据设计

数据是信息的载体，信息是一种被加工为特定结构的数据。在数据库技术中，主要采用数据表存储基本信息。对用户要求描述的现实世界（可能是图书馆、商场或学校等），通过对其中信息的分类、聚集和概括，建立抽象的概念模型，如图 14.3 所示。

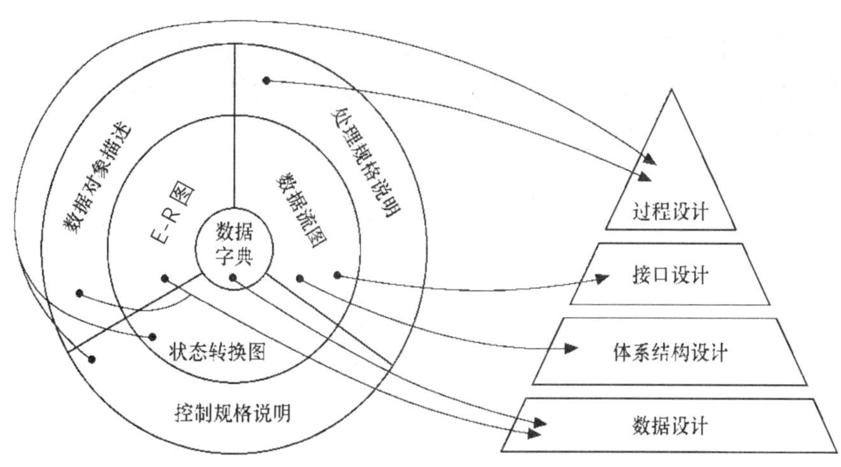

图 14.3　概念设计与数据模型转换

（1）概念模型。概念模型应反映现实世界各部门的信息结构、信息流动情况、信息间的互相制约关系以及各部门对信息存储、查询和加工的要求等。通常，数据库的概念结构用 E-R 图表示，在设计数据库逻辑结构的过程中，首先要将概念结构中的实体、属性、关系映射为数据表结构，形成初始的数据表后，要对其进行规范。一个好的关系模式应当不会发生插入异常、更新异常、删除异常等情况，数据冗余应尽可能少。

（2）逻辑模型。设计好数据表后，若数据表之间存在关联关系，那么可以采用主键、外键的方法，这是数据表之间参照完整性规则的依据。为了使数据具有更高的安全性，方便对数据进行组织和操作，还会采用数据视图的方法进一步完善数据库的逻辑结构设计。将现实世界的概念模型设计成数据库的一种逻辑模型（即某种特定数据库管理系统所支持的逻辑模型），与此同时，可能还需要为各种数据处理应用领域产生相应的逻辑子模式。

（3）物理模型。根据特定数据库管理系统所提供的多种存储结构和存取方法等依赖于具体计算机结构的各项物理设计措施，对具体的应用任务选定最合适的物理存储结构（包括文件类型、索引结构和数据的存放次序与位逻辑等）、存取方法和存取路径等。

在上述模型建立的基础上，根据收集的数据建立一个数据库，通过运行一些典型的应用任务验证数据库设计的正确性和合理性。对于大型数据库的设计过程，往往需要经过多次循环验证。当设计的某个步骤出现问题时，可能需要返回到前面进行修改。因此，在进行上述数据库设计时，应考虑后期修改设计的可能性和方便性。

14.4.2　数据描述

通过建立数据模型，我们可以得到数据项和数据结构，这样就可以设计出满足用户需求的各种实体集及他们之间的关联。建模常用的基本工具是 E-R 图，其基本要素包括实体、属性和关系，核心概念是实体和关系，它的基本策略是从现实中找出实体，然后用属性对其进行描述。

在建模的过程中，E-R 图以实体、关系和属性 3 个基本概念概括数据的基本结构。实体就是现实世界中的事物，多用矩形框表示，框内含有相应的实体名称；属性多用椭圆形表示，并用无向边与相应的实体连接起来，表示该属性归某实体所有。

实体是由若干属性组成的，每个属性都代表了实体的某些特征。系统中借阅者实体的属性如图 14.4 所示。

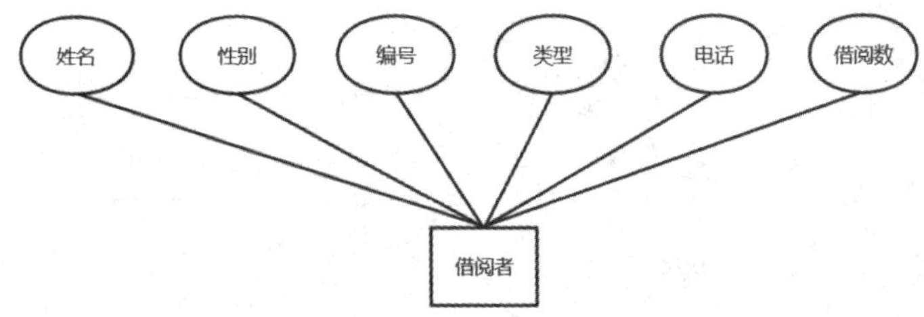

图 14.4　借阅者实体图

图书实体的属性如图 14.5 所示。

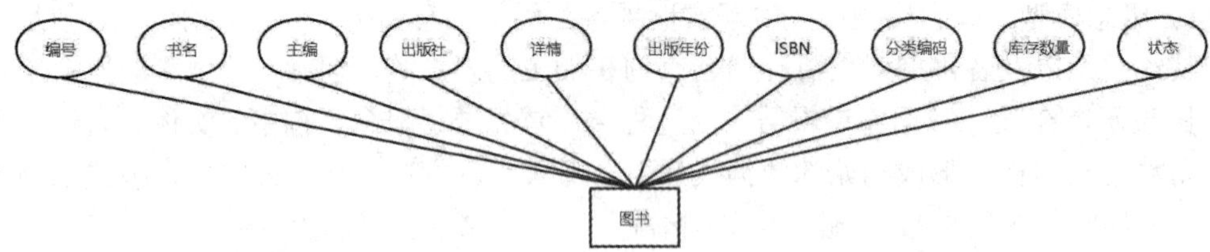

图 14.5　图书实体图

图书类型实体的属性如图 14.6 所示。

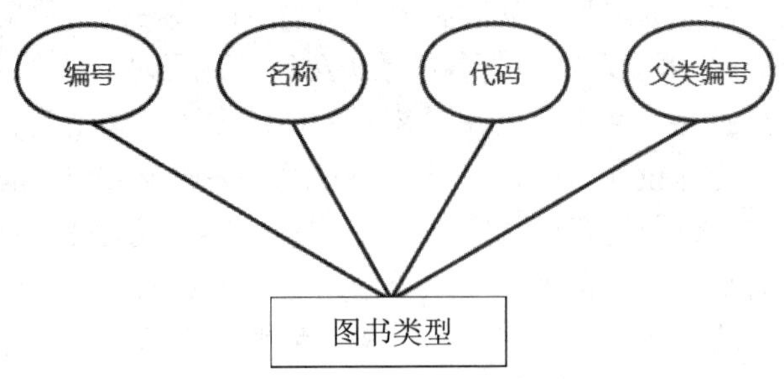

图 14.6　图书类型实体图

借阅联系的属性如图 14.7 所示。

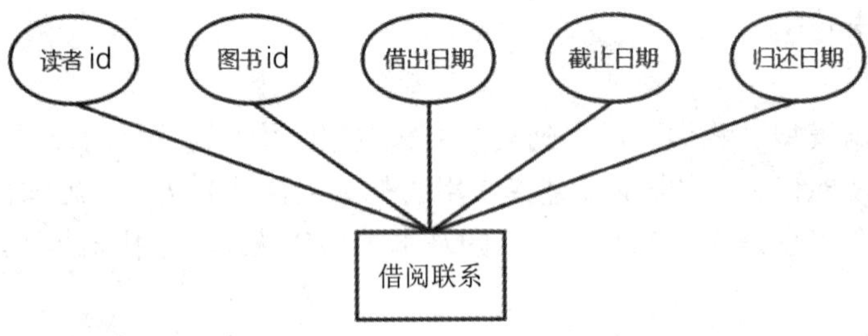

图 14.7　借阅联系属性图

逻辑结构设计的任务就是把概念结构设计阶段设计好的E-R图转换为与选用的数据库管理系统产品所支持的数据模型相符合的逻辑。通过 E-R 图转换关系模型绘制图书管理系统中读者与图书、图书与类型的全局图，汇总后得到整个图书管理系统的关系，如图 14.8 所示。

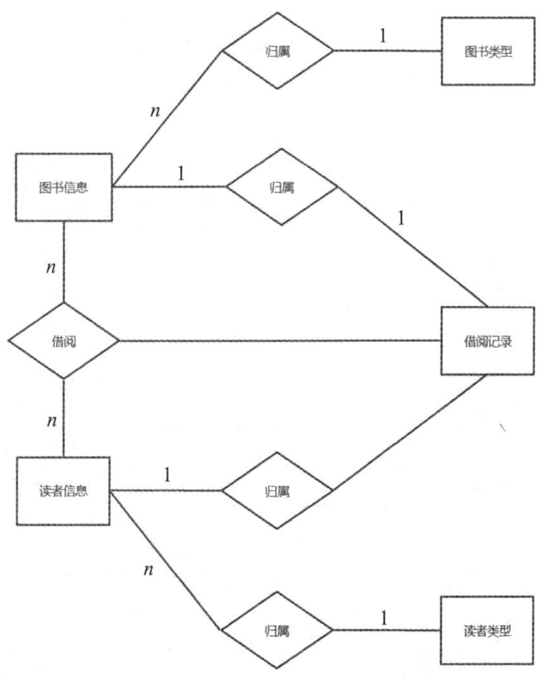

图 14.8　图书借阅 E-R 图

本阶段的任务就是将上述设计绘制的 E-R 图转化为关系模式，根据开发环境和实际应用需求将关系模式规范化到一定的程度。数据库中的数据是按照一定的逻辑结构存储的，可以采用数据模型表示。实体与实体之间的联系可以使用关系这种二维表进行描述，而关系模型就是用若干二维表进行表示实体之间的联系。在系统设计过程中，数据库的各种关系表设计如下：

（1）图书信息（图书编号、图书名称、主编、出版社、图书详情、出版年份、ISBN、库存数量、是否启用）。

（2）分类信息（分类编号、分类名称、分类代码、父类编码、是否启用）。

（3）借阅者信息（学生编号、学生姓名、学生性别、读者类型、借阅数量、联系电话、是否启用）。

（4）借阅者类型（类型编号、类型名称、可借阅数量、可借阅期限）。

（5）借阅信息（借阅编号、图书编号、借阅者编号、借出日期、借阅期限、归还日期）。

14.4.3　表结构设计

系统功能模块设计简单，只涉及管理员、借阅者和图书信息的功能，所有表都存放在数据库 library 中，一共存放 5 张表，分别是图书信息表 t_book、图书分类表 t_book_classification、借阅者信息表 t_reader、借阅者类型表 t_reader_type 及借阅信息表 t_borrow。在设计过程中，数据表均采用编号作为唯一索引，并设置为自动增长。数据库 library 中的 5 张表结构设计如表 14.1～表 14.5 所示。

表 14.1　图书信息表结构设计

字　段　名	数 据 类 型	是否为主键	描　　述
book_id	int	是	图书编号
book_name	varchar	否	图书书名
author	varchar	否	主编
publisher	varchar	否	出版社
introduction	text	否	图书详情
publisher_year	varchar	否	出版年份
ISBN	varchar	否	ISBN
classification_symbol	varchar	否	分类代码
num	int	否	库存数量
is_enable	bit	否	是否启用（1：启用，0：禁用）

表 14.2　图书分类表结构设计

字　段　名	数 据 类 型	是否为主键	描　　述
classification_id	int	是	分类编号
classification_name	varchar	否	分类名称
classification_symbol	varchar	否	分类代码
parent_classification_id	int	否	父类编号
is_enable	bit	否	是否启用（1：启用，0：禁用）

表 14.3　借阅者信息表结构设计

字　段　名	数 据 类 型	是否为主键	描　　述
reader_id	int	是	读者编号
name	varchar	否	姓名
gender	enum	否	性别
reader_type_id	Int	否	读者类型
borrowed_num	tinyint	否	已借阅数量
phone	varchar	否	联系电话
is_enable	bit	否	是否启用（1：启用，0：禁用）

表 14.4　借阅者类型表结构设计

字　段　名	数 据 类 型	是否为主键	描　　述
reader_type_id	int	是	读者类型编号
type_name	varchar	否	类型名称
limit_num	enum	否	可借阅图书数量
borrow_term	Int	否	归还期限（天）

表 14.5　借阅信息表结构设计

字段名	数据类型	是否为主键	描述
borrow_id	int	是	借阅编号
reader_id	varchar	否	读者编号
book_id	enum	否	图书编号
lend_date	Int	否	借出日期
date_of_expiry	tinyint	否	借阅期限
return_date	varchar	否	归还日期

14.5　图书管理系统开发

14.5.1　开发环境

（1）开发系统：Windows 11。

（2）数据库管理系统：MySQL 8.0。

（3）数据库工具：Navicat Premium 15。

（4）开发工具：IntelliJ IDEA 2020.1。

（5）开发框架：Ruoyi 4.4 + JDK 1.8 + Maven 3.5。

14.5.2　构建工程

本系统基于经典技术组合（Spring Boot、Apache Shiro、MyBatis、Thymeleaf），使用 Ruoyi 框架降低技术难度，从而节省人力成本，缩短项目周期，提高软件安全质量。如图 14.9 所示，开发过程中的第一步需要构建工程，在系统导入后将 Java 虚拟环境配置成计算机安装的 Java 版本，同时配置数据库的链接地址和密码。

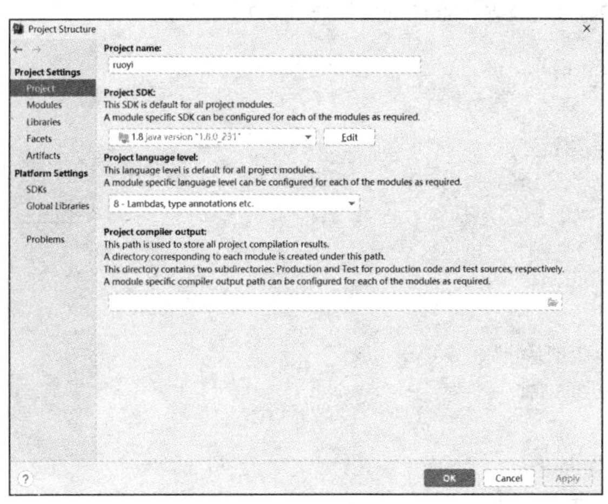

图 14.9　配置工程 Java 环境

```
# 数据源配置
spring:
datasource:
    type: com.alibaba.druid.pool.DruidDataSource
    driverClassName: com.mysql.cj.jdbc.Driver
    url: jdbc:mysql://localhost:3306/library?useUnicode=true
    username: root
    password: root
```

完成数据库连接后，可以为每一个数据表创建映射文件，并创建对应的 Java 实例，这里以图书信息为例创建映射文件。

```
# 数据源配置
<resultMap type="TBook" id="TBookResult">
    <result property="bookId"    column="book_id"    />
    <result property="bookName"    column="book_name"    />
    <result property="author"    column="author"    />
    <result property="publisher"    column="publisher"    />
    <result property="introduction"    column="introduction"    />
    <result property="publisherYear"    column="publisher_year"    />
    <result property="ISBN"    column="ISBN"    />
    <result property="classificationSymbol"    column="classification_symbol"    />
    <result property="num"    column="num"    />
    <result property="isEnable"    column="is_enable"    />
</resultMap>
```

将 Java 实例放到 domain 文件中，图书信息构建的 Java 类 TBook 实体如下：

```
/*
* TBook
*/
public class TBook extends BaseEntity
{
    private static final long serialVersionUID = 1L;
    /** 图书编号 */
    private Long bookId;
    /** 书名 */
    @Excel(name = "书名")
    private String bookName;
    /** 主编 */
    @Excel(name = "主编")
    private String author;
    /** 出版社 */
    @Excel(name = "出版社")
    private String publisher;
    /** 详情 */
    @Excel(name = "详情")
    private String introduction;
    /** 出版年份 */
```

```
    @Excel(name = "出版年份")
    private String publisherYear;
    /** ISBN */
    @Excel(name = "ISBN")
    private String ISBN;
    /** 分类编码 */
    @Excel(name = "分类编码")
    private String classificationSymbol;
    /** 库存数量 */
    @Excel(name = "库存数量")
    private String num;
    /** 是否启用（1：启用，0：禁用） */
    @Excel(name = "是否启用", readConverterExp = "1=：启用，0：禁用")
    private Integer isEnable;
}
```

在创建图书信息 Java 实体类后，可以根据需要定义接口，用于对图书进行管理，包括对图书信息的增、删、改、查等操作，其接口定义如下：

```
/*
* 图书信息 Service 业务层处理
*/
@Service
public class TBookServiceImpl implements ITBookService
{
    @Autowired
    private TBookMapper tBookMapper;
    /**
    * 查询图书信息
    * @param bookId 图书信息主键
    * @return 图书信息
    */
    @Override
    public TBook selectTBookByBookId(Long bookId)
    {
        return tBookMapper.selectTBookByBookId(bookId);
    }
    /**
    * 查询图书信息列表
    * @param tBook 图书信息
    * @return 图书信息
    */
    @Override
    public List<TBook> selectTBookList(TBook tBook)
    {
        return tBookMapper.selectTBookList(tBook);
    }
    /**
    * 新增图书信息
    * @param tBook 图书信息
```

```
    * @return 结果
    */
    @Override
    public int insertTBook(TBook tBook)
    {
        return tBookMapper.insertTBook(tBook);
    }
    /**
    * 修改图书信息
    * @param tBook 图书信息
    * @return 结果
    */
    @Override
    public int updateTBook(TBook tBook)
    {
        return tBookMapper.updateTBook(tBook);
    }
    /**
    * 批量删除图书信息
    * @param bookIds 需要删除的图书信息主键
    * @return 结果
    */
    @Override
    public int deleteTBookByBookIds(String bookIds)
    {
        return tBookMapper.deleteTBookByBookIds(Convert.toStrArray(bookIds));
    }
    /**
    * 删除图书信息
    * @param bookId 图书信息主键
    * @return 结果
    */
    @Override
    public int deleteTBookByBookId(Long bookId)
    {
        return tBookMapper.deleteTBookByBookId(bookId);
    }
}
```

14.5.3　系统界面实现

用户界面设计是接口设计的一个组成部分。对于交互式系统，用户界面设计和数据设计、体系结构设计、过程设计一样重要。近年来，用户界面在系统中所占的比例越来越大，在个别系统中，用户界面的设计工作量甚至占设计总量的一半以上。

用户界面的设计质量直接影响用户对软件产品的评价，从而影响软件产品的竞争力和寿命。因此，开发人员必须对用户界面设计给予足够重视。

由于篇幅有限，下面仅展示几个主要的系统界面。在登录界面中，用户通过输入用户名和密码进行系统登录，为了防止恶性密码试探攻击，在登录框中加入随机的数值算术验证码，用户填写正确的信息后即可单击"登录"按钮进入系统界面，如图 14.10 所示。

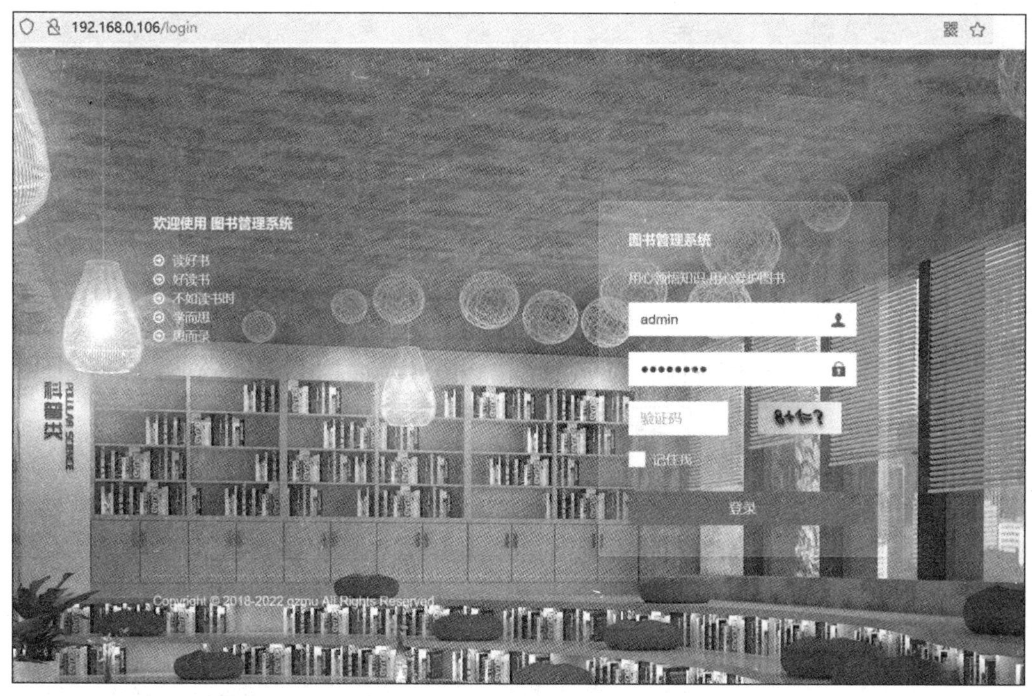

图 14.10　图书管理系统登录界面

图书管理系统的部分功能展示如图 14.11～图 14.14 所示。

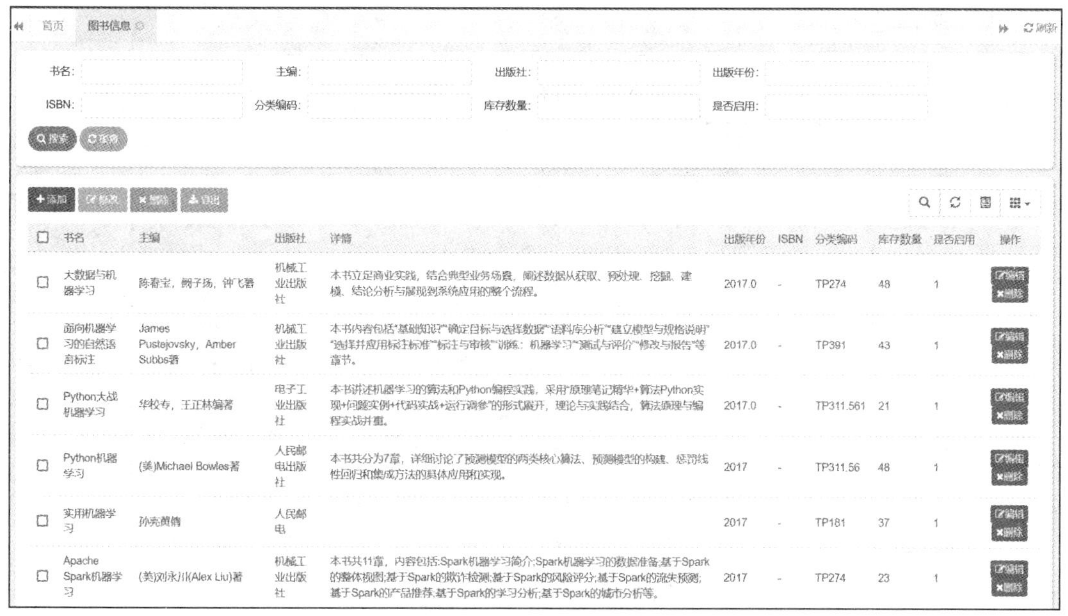

书名	主编	出版社	详情	出版年份	ISBN	分类编码	库存数量	是否启用	操作
大数据与机器学习	陈春宝，阙子扬，钟飞著	机械工业出版社	本书立足商业实践，结合典型业务场景，阐述数据从获取、预处理、挖掘、建模、结论分析与展现到系统应用的整个流程。	2017.0	-	TP274	48	1	编辑 删除
面向机器学习的自然语言标注	James Pustejovsky，Amber Subbs著	机械工业出版社	本书内容包括"基础知识""确定目标与选择数据""语料库分析""建立模型与规格说明""选择并应用标注标准""标注与审核""训练：机器学习""测试与评价""修改与报告"等章节。	2017.0	-	TP391	43	1	编辑 删除
Python大战机器学习	华校专，王正林编著	电子工业出版社	本书讲述机器学习的算法和Python编程实践，采用"原理笔记精华+算法Python实现+问题实例+代码实战+运行调参"的形式展开，理论与实践结合，算法原理与编程实战并重。	2017.0	-	TP311.561	21	1	编辑 删除
Python机器学习	(美)Michael Bowles著	人民邮电出版社	本书共分为7章，详细讨论了预测模型的两类核心算法、预测模型的构建、惩罚线性回归和集成方法的具体应用和实现。	2017	-	TP311.56	48	1	编辑 删除
实用机器学习	孙亮黄倩	人民邮电		2017	-	TP181	37	1	编辑 删除
Apache Spark机器学习	(美)刘永川(Alex Liu)著	机械工业出版社	本书共11章，内容包括:Spark机器学习简介;Spark机器学习的数据准备;基于Spark的整体视图;基于Spark的欺诈检测;基于Spark的风险评分;基于Spark的流失预测;基于Spark的产品推荐;基于Spark的学习分析;基于Spark的城市分析等。	2017	-	TP274	23	1	编辑 删除

图 14.11　图书信息管理界面

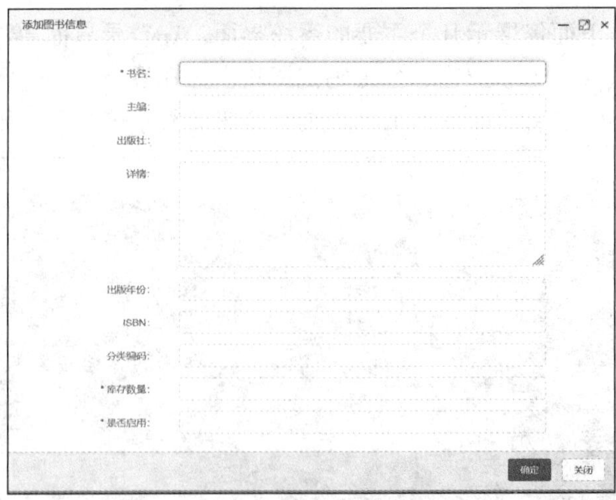

图 14.12　“添加图书信息”弹框

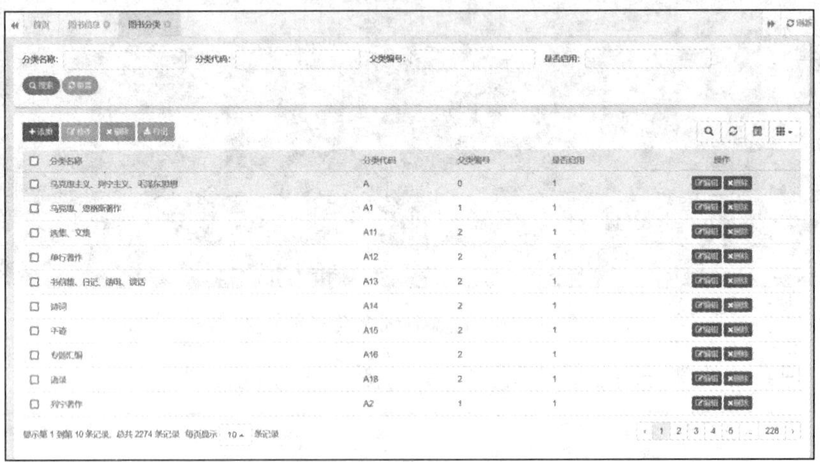

图 14.13　图书分类信息界面

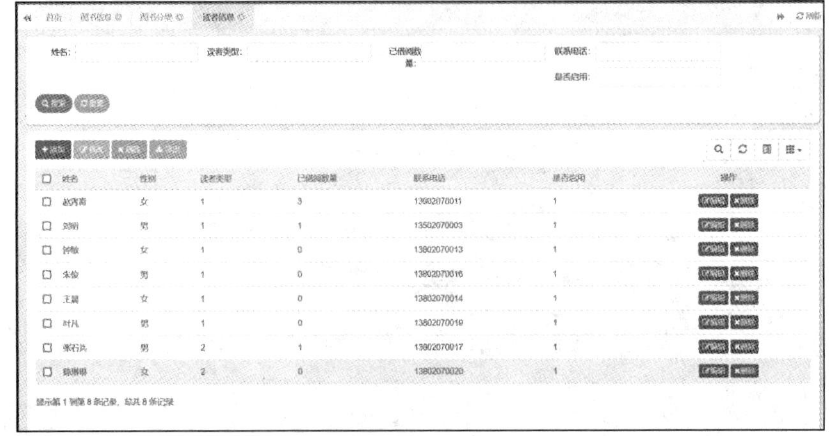

图 14.14　图书借阅记录查询

虽然上述实例完成了图书管理系统中图书和借阅者管理的主要功能，但是相比于目前市面上成熟的图书管理系统，还是缺少许多功能，如图书采购、新书推荐、热门图书、图书超时计费及共享书籍等，这些功能需要读者以后根据实际的项目自行开发。

14.6　本章小结

本章以基于 Ruoyi 框架开发的图书管理系统为例，运用软件工程项目开发思想介绍了整个项目开发的过程，其中详细介绍了利用 Java 访问 MySQL 数据库的过程和要点。数据库设计时不仅考虑了表字段的设计，还涉及了 Java 实体类和接口等内容。阅读本章内容时，需要读者对 Java 语言有相应的了解。通过本章的学习，读者可以对项目开发的整体流程和 MySQL 数据库的使用有一个全新的认识。

14.7　本章练习

一、选择题

1．软件开发瀑布模型中，软件定义时期的各个阶段依次是（　　）。

A．可行性研究、问题定义、需求分析　　B．问题定义、可行性研究、需求分析

C．可行性研究、需求分析、问题定义　　D．以上顺序都不对

2．可行性分析主要从（　　）方面进行研究。

A．技术可行性、经济可行性、操作可行性

B．技术可行性、经济可行性、系统可行性

C．经济可行性、系统可行性、操作可行性

D．经济可行性、系统可行性、时间可行性

3．在需求分析中，开发人员要从用户那里了解（　　）。

A．软件做什么　　B．用户使用界面　　C．输入的信息　　D．软件的规模

4．数据字典用于定义（　　）中各个成分的具体含义。

A．流程图　　B．功能结构图　　C．系统结构图　　D．数据流图

二、简答题

1．简述软件设计的过程。

2．简述概要设计的目标。

参考文献

[1] 徐丽霞，郭维树，袁连海．MySQL 8 数据库原理与应用（微课版）[M]．北京：电子工业出版社，2020．

[2] 黑马程序员．MySQL 数据库原理、设计与应用[M]．北京：清华大学出版社，2019．

[3] 李月军，付良廷．数据库原理及应用（MySQL 版）[M]．北京：清华大学出版社，2019．

[4] 姜桂洪．MySQL 数据库应用与开发 [M]．北京：清华大学出版社，2018．

[5] 孔祥盛．MySQL 数据库基础与实例教程[M]．北京：人民邮电出版社，2014．

[6] 郑阿奇．MySQL 实用教程[M]．3 版．北京：电子工业出版社，2018．

[7] 卜耀华，石玉芳．MySQL 数据库应用与实践教程[M]．北京：清华大学出版社，2017．

[8] 李俊山，叶霞，罗蓉，等．数据库原理及应用（SQL Server）[M]．3 版．北京：清华大学出版社，2017．

[9] 袁梅冷，李斌，肖正兴．Java 应用开发技术实例教程[M]．北京：人民邮电出版社，2017．

[10] 杨开振．深入浅出 Spring Boot 2.x[M]．北京：人民邮电出版社，2018．

[11] 龙浩，王文乐，刘金，等．软件工程：软件建模与文档写作[M]．北京：人民邮电出版社，2016．